全国教育科学"十一五"规划课题研究成果

工程电路分析基础

包伯成　乔晓华　主编
孙雨耕　主审

U0352134

高等教育出版社·北京

内容提要

　　本书根据2011年教育部高等学校电子电气基础课程教学指导分委员会制定的"电路分析基础"课程教学基本要求编写。围绕电路分析方法，全面介绍了电路分析的基本概念、基本原理和基本方法。主要内容包括电路的基本概念和定律、电阻电路的分析方法、线性电路叠加与等效变换、正弦稳态电路分析、三相电路、频率特性与谐振电路、耦合电感、理想变压器及双口网络、动态电路的时域分析。全书配有丰富的例题、思考题和习题，书后附有习题答案。

　　本书以工程应用为背景，结构合理、内容简练、重点突出、可读性强，便于自学。全书各章末附有研究性学习、应用性学习和综合性学习内容，涉及了近年来新的电路理论知识和工程性强的实际应用案例，旨在拓展读者的工程视野和理论联系实际的工程观点。本书可作为普通高等学校电子电气信息类各专业电路课程教材或教学参考书，也可供相关工程技术人员参考。

图书在版编目（ＣＩＰ）数据

　　工程电路分析基础/包伯成，乔晓华主编. --北京：高等教育出版社，2013.12(2018. 5重印)
　　ISBN 978-7-04-038899-2

　　Ⅰ.①工…　Ⅱ.①包…②乔…　Ⅲ.①电路分析-高等学校-教材　Ⅳ.①TM133

　　中国版本图书馆 CIP 数据核字（2013）第 277100 号

策划编辑　杜　炜	责任编辑　张江漫	封面设计　赵　阳	版式设计　杜微言
插图绘制　尹　莉	责任校对　刘春萍	责任印制　韩　刚	

出版发行　高等教育出版社	咨询电话	400-810-0598
社　　址　北京市西城区德外大街4号	网　　址	http://www.hep.edu.cn
邮政编码　100120		http://www.hep.com.cn
印　　刷　保定市中画美凯印刷有限公司	网上订购	http://www.landraco.com
开　　本　787mm×1092mm　1/16		http://www.landraco.com.cn
印　　张　19.75	版　　次	2013 年 12 月第 1 版
字　　数　440 千字	印　　次	2018 年 5 月第 4 次印刷
购书热线　010-58581118	定　　价	29.00 元

本书如有缺页、倒页、脱页等质量问题，请到所购图书销售部门联系调换

前　　言

工程电路分析基础课程是工程应用型高等学校电气信息类专业的一门重要的专业基础课程。通过本课程的学习,可使读者掌握电路的基本理论知识、基本分析方法和进行电路实验、仿真的初步技能,为学习后续课程准备应有的电路理论知识和分析方法。

根据电子电气学科教学改革的发展方向以及高等教育大众化发展阶段的特点,考虑到普通工科人才培养目标定位于应用型高级专门人才的实际需求,在充分吸收近年来电路教学改革成果的基础上,本书增加了应用性学习、研究性学习和综合性学习等拓展内容,突出了电路的工程应用背景。

本教材内容符合教育部高等学校电子电气基础课程教学指导分委员会2011年制定的《"电路分析基础"课程教学基本要求》。在编写过程中,作者力求思路清晰、可读性强、重点突出,并着重考虑了以下问题:

1. 强调电路理论方法与工程应用相结合。电路分析课程是电子电气信息类各专业学生最先学习的专业基础核心课程,电路理论逻辑性强,工程应用要求高,普通工科院校的学生学习本课程难度较大。以前针对精英教育所编写的教材内容需要化繁就简,突出应用性。

2. 正确处理内容多与学时少的关系。电路课程的教学内容相对成熟,电路理论体系逻辑性强,分析方法繁多。编写中对电路的基本概念、基本理论和基本分析方法力求简练,突出重点,注重分析方法的归纳总结。

3. 调整了部分章节的结构和内容,总体上降低了例题难度,增加了内容的可读性;并在每章节中增添了思考题,方便读者掌握每章节的知识点和相关的分析方法。

4. 引入了电路理论最新发展成果——忆阻元件的概念,增加了创新性学习内容和应用性学习内容,有利于培养学生的实践创新能力。

本教材第1~3章为电阻电路分析,第4~7章为正弦稳态电路分析,第8章为动态电路的时域分析。全书由多位编者分工撰写。常州大学陈江烨编写第1、8章,常州大学吴志敏编写第2、3章,常州大学段仲麒编写第4、5章,江苏理工学院乔晓华编写第6章,江苏理工学院高倩编写第7章。全书研究性学习内容由常州大学包伯成编写,应用性学习内容由乔晓华编写。全书由包伯成和乔晓华统稿。

本书承蒙天津大学孙雨耕教授仔细审阅,并提出了许多宝贵的建议。作者在此致以衷心的感谢。

在本教材编写过程中,课程组的老师和参与使用的学生提出了很好的建议,同时编者参阅了国内外已出版的大量优秀教材,在此一并表示感谢。

　　由于编者水平有限,错误和不妥之处在所难免,欢迎广大读者批评指正。编者联系方式:mervinbao@126.com。

编　者

2013 年 10 月

目　　录

第 1 章　电路的基本概念和定律

电路理论是当代电气工程与信息工程的重要理论基础之一,它与电子工程、通信工程、电气工程、自动化、计算机科学技术等学科专业的发展相互促进、相互影响。经历了一个多世纪的漫长道路以后,电路理论已经发展成为一门体系完整、逻辑严密、具有强大生命力的学科领域。电路理论包括电路分析和电路综合两大方面内容。电路分析的主要内容是指在给定电路结构及元件参数的条件下,找出输入(激励)与输出(响应)之间的关系;电路综合主要研究在给定输入(激励)与输出(响应)即电路传输特性的条件下,寻求可实现电路的结构和元件参数。

1.1　电路模型、集中参数电路

1.1.1　实际电路与电路模型

电路(electric circuit)是由金属导线和电气设备以及电子部件组成的导电回路,或者是电流可以在其中流通的由导体连接的电路元件的组合。实际电路是为了实现某种目的,把元器件或者电气设备按照一定的方式用导线连接起来构成的整体,它常常借助于电压、电流完成传输电能或信号,处理信号,测量,控制,计算等功能。电路规模的大小相差很大,小到硅片上的集成电路,大到高低压输电网。根据所处理信号的不同,电子电路可以分为模拟电路和数字电路。直流电通过的电路称为"直流电路";交流电通过的电路称为"交流电路"。

通常电路可分为三个部分:电源(source)、负载(load)和中间环节。电源(信号源)用来提供能量(提供信息),是将其他形式的能量转换为电能的装置,通常又称为"激励"(excitation);负载消耗能量(接收信息),是将电能转换为其他形式的能量的装置,通常又称为"响应"(response);中间环节是将电源和负载连接起来的部分,它起传输和分配电能的作用。

实际电路,根据其组成、性质和作用的不同有不同的分类方法,就实际电路是否满足线性关系,主要分为两类:一是线性电路,它是由线性元件所组成,描述线性电路的数学方程为线性方程;二是非线性电路,组成非线性电路的元件中至少含有一个非线性元件,描述非线性电路的数学方程为非线性方程。

电路系统的实际装置包括各种设备、器件和元件等,直接对实际电路进行分析和研究是很复杂、很困难、甚至是不可能的。像其他许多成熟完备的学科一样,电路理论亦必须采用科学的抽象分析方法,即用模型来代表实际电路元件的外部功能。以模型元件(或称理想电路元件)及其组合作为电路理论的研究对象,来得到实际电路的工作性能及效果,这就是电路模型(circuit model)理论(模型分析法)。模型分析法不仅是必要的而且是可能的,同时模型分析法还具有以下两个优点:① 只要模型取得足够准确,分析所得结论就能准确地反映实际电路的性能,而且还可以预测实际电路可能具有的而尚未发现的性能,从而对认识实际电路的规律性具有极其重要的指导意义。② 可以将实际电路中共同的本质的东西抽象出来,用统一的、普遍的方法进行分析和研究。电路理论中所说的电路,就是电路模型或理想电路,它是由各种理想电路元件按一定方式连接组成的一个整体。

当实际电路工作时,如果只考虑电源、负载和中间环节的主要电磁性能,而忽略其次要的电磁性能,则构成电路的各个器件或元件,就可以看成是理想电路元件。理想电路元件(ideal circuit element)是组成电路模型的最小单元,是具有某种确定电磁性质并有精确数学定义的基本结构,常用的理想电路元件有电阻、电容、电感、电压源、电流源、受控源等。

图 1-1(a)所示为一个简单的实际电路,这是一个将电池和灯泡用两根导线连接所组成的照明电路,其电路模型如图 1-1(b)所示。图中的电阻元件 R 是作为灯泡的电路模型,电压源 U_S 和电阻元件 R_S 的串联组合作为电池的电路模型,用理想导线(其电阻设为零)即线段表示连接导线。

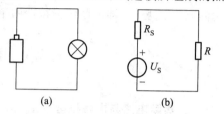

(a)　　　　　　(b)

图 1-1　实际电路与电路模型

应该指出,实际电路用电路模型来近似表示是有条件的。一种电路模型只有在一定条件下才是适用的,当条件发生改变时,电路模型也要作相应的改变。

1.1.2　集中参数电路

集中参数元件又称为理想电路元件,集中参数元件是指电路元件的尺寸远小于电路元件所在电路的工作波长时的理想模型。由集中参数元件构成的电路,称为集中参数电路(lumped parameter circuit),简称集中电路。在集中电路中任何时刻该电路任何地方的电压、电流都是与其空间位置无关的确定值。本书只对集中电路进行分析与计算。

应该指出,用集中电路来近似代替实际电路是有条件的,当实际电路的尺寸远小于电路正常工作信号的最高频率所对应的波长时,则实际电路视为集中电路。采用集中电路模型意味着不考虑电路中的电场和磁场的相互作用,不能考虑电磁波的传播现象,认为电路中电能的传输是瞬间完成的。如果电路的尺寸大于最高工作频率对应的波长或两者属于同一数量级时,便不能作为集中电路,应作为分布参数电路处理。

例如,用 $c = 3.0 \times 10^8$ m/s 代表光速(电磁波的传播速度),f 代表电路中信号的频率,λ 代表电路中信号的波长($\lambda = c/f$),在音频范围内,f 的最小值为 20 Hz,最大值等于 20 kHz,那么信号的最小波长为

$$\lambda = \frac{3.0 \times 10^8}{20 \times 10^3} \text{ m} = 15\ 000 \text{ m} = 15 \text{ km}$$

该波长比实验室中的常用电路尺寸大得多,则集中参数模型就适用。

又如,在电视信号中,$f = 100$ MHz,则波长为

$$\lambda = \frac{3.0 \times 10^8}{1 \times 10^8} \text{ m} = 3 \text{ m}$$

半波天线长度为 1.5 m,此天线元件尺寸与波长相差无几(属同一数量级),则采用集中电路分析该电路时,产生的误差就很大,因为信号在电路中的传输时间就不能忽略;电路中的电流、电压不仅是时间的函数,也是空间位置的函数;集中电路就不适用了,则必须采取分布参数电路模型来分析此类电路。

用理想电路元件或它们的组合来模拟实际电路器件,建立实际电路模型的方法,称为电路建模。如上所述,根据电路尺寸与其工作波长的大小关系,实际电路可分别建立集中参数电路模型或分布参数电路模型。

思考题

1-1 "电路的基本作用是实现电能和非电能的转换"这种说法是否正确?

1-2 晶体管调频收音机最高工作频率约为 108 MHz,那么该收音机电路适用于集中参数电路吗?

1.2 电路中的基本物理量

要分析研究电路理论,就要涉及到电路理论中描述电路工作状态和元件工作特性的基本的变量,而电流、电压、功率、能量、电荷、磁通是电路中常用的物理量,通常用符号 i、u、p、W、q 和 Φ 分别表示。一般选择电流、电压、电荷、磁通作为电路中的基本变量(所谓基本变量,就是能用它们方便地表示出电路中其他的各种物理量),磁链用 Ψ 表示。本节着重讨论电流、电压的参考方向问题,以及如何用电流、电压表示电路的功率和能量问题。

1.2.1 电流及其参考方向

定义:单位时间内通过某横截面的电荷量,称为电流强度,简称电流(current),用符号 I 或 i 表示。根据定义有

$$i(t) = \frac{dq(t)}{dt} \tag{1-1}$$

其中,在国际单位制(今后本书中统称为 SI 制,见附录 A)中,电流 i 的单位为安培(A),电荷 q 的单位为库仑(C),时间 t 的单位为秒(s)。

电流方向:通常规定正电荷移动的方向为电流的实际方向,又称为电流的真实方向。

在电路分析中,电流的大小和方向是描述电流变量不可缺少的两个方面。但是对于一个给定的电路,要直接给出某一电路元件中的电流真实方向是十分困难的,如交流电路中电流的真实

方向在经常改变，即使在直流电路中，要指出复杂电路中某一电路元件的电流真实方向也不是一件很容易的事，那么如何解决这一问题呢？

为了定量计算及分析电路，引入了电流参考方向的概念，即人为指定电流在电路中的流动方向，称为电流的参考方向(reference direction)(或正方向)。电流的参考方向可以任意选定，但一经选定，就不可以再改变。

电流参考方向的表示方法有两种：

一种直接在电路元件上用箭头标出，如图 1-2 所示。

另一种，用带字符 i 的双下标表示，如对于图 1-2 来说，可用 i_{ab} 表示电流参考方向由 a 指向 b。

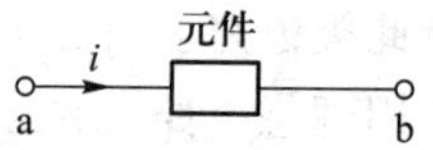

图 1-2 电流参考方向

当电流的真实方向与指定的参考方向一致时，电流规定为正值，反之为负值。同时当有了电流的参考方向后，分析计算电路时，若计算所得的电流为正值，表示电流的真实方向与假想的参考方向一致；若为负值，表示二者方向相反。

于是，在进行电路的分析计算时，由于指定了参考方向，就把电流这个实际的变量变成了代数量，既有数值又有与之相应的参考方向。在分析计算电路时，必须首先指定电流的参考方向。同时约定今后电路图中箭头所标电流方向都是电流的参考方向。

1.2.2 电压及其参考极性

定义：电路中 a、b 两点间的电压(voltage)表明了单位正电荷由 a 点转移到 b 点时所获得或失去的能量，用 U 或 u 表示。根据定义有

$$u(t) = \frac{\mathrm{d}W(t)}{\mathrm{d}q} \tag{1-2}$$

其中，电压 u 的单位为伏特(V)，能量 W 的单位为焦耳(J)，电荷 q 的单位为库仑(C)。

习惯上把电位降落(高电位指向低电位)方向规定为电压的实际方向(或真实方向)，通常电压的高电位端标为"+"极，低电位端标为"-"极。跟电流一样，电压也需要选定参考方向(又称参考极性)，即人为假定的电压正极性，在电路图中用"+"表示电压参考极性的高电位端，用"-"表示电压参考极性的低电位端，如图 1-3 所示。

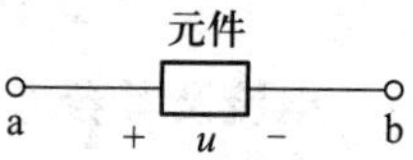

图 1-3 电压参考极性

电压的参考方向同样是任意选定的，但一经选定，就不可以再改变。如经计算 $u>0$，表示电压的真实方向与所设参考方向一致；若经计算 $u<0$，表示电压的真实方向与所设电压参考方向相反。

电压参考方向亦可用字符 u 的双下标表示，如 u_{ab} 表示 a 点为"+"极，b 点为"-"极。或也可用箭头表示(电位降落的方向)。

电压参考方向与其正负号一起表明电压的真实极性。例如图 1-3 中设 $u=-5$ V，表示实际上 b 点电位高，a 点电位低。

与电流类似,不标注电压参考方向的情况下,电压的正负是毫无意义的,因此,在分析计算电路时,必须首先选定电压的参考方向,同时约定今后电路图中"+"、"−"号所标电压方向都是电压的参考方向。

既然电路中电流与电压的参考方向都是任意选定的,两者之间独立无关,那么在电路分析中,如何处理两者之间的关系呢?

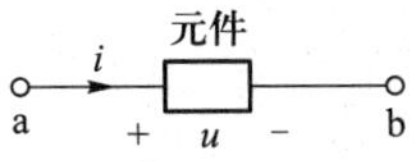

通常为了处理问题方便起见,对于同一元件或同一电路,习惯上采用关联参考方向(associated reference direction),即电流的参考方向与电压的参考方向取为一致(电流的参考方向由电压参考方向的"+"极性端指向"−"极性端),如图 1–4 所示。

图 1–4 关联参考方向

当电流、电压采用"关联"参考方向时,只要在电路图中标出其中任一变量的参考方向,则另一变量的参考方向即确定,可省略不标。

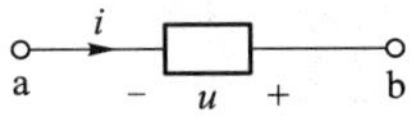

若电压与电流的参考方向相反,则称为非关联参考方向,如图 1–5 所示。在非关联参考方向中,两者的方向都必须标示出来。

图 1–5 非关联参考方向

1.2.3 电位的概念

在电路分析中,经常使用到电位的概念。电位(potential)是相对的,电路中某点电位的大小,与参考点(reference point)(即零电位点)的选择有关,因此讲某点电位为多少,是对所选的参考点而言,否则是没有意义的。同一电路中,只能选取一个参考点,工程上常选大地为参考点。电子线路中常选一条特定的公共线作为参考点,这条公共线是许多元件的汇聚处,并与机壳相连,也称"地线"。在检修电子线路时,常常需要测量电路中各点对"地"的电位,来判断电路的工作是否正常。

下面举例说明电位的计算。

【例 1–1】 如图 1–6(a)所示电路,已知 $u_{S1}=70$ V,$u_{S2}=40$ V,$i_1=4$ A,$i_2=2$ A,$i_3=6$ A,分别选择 a 和 d 点作为参考点,计算电路中其余各点电位和 u_{ab} 和 u_{cd}。

解 (1)如图 1–6(b)所示,选取 a 点作为参考点,则 a 点电位 $u_a=0$ V

$$u_b=-5i_3=-30 \text{ V}$$

$$u_c=10i_1=40 \text{ V}$$

$$u_d=5i_2=10 \text{ V}$$

$$u_{ab}=-u_b=30 \text{ V}$$

$$u_{cd}=u_{ca}+u_{ad}=u_c-u_d=(40-10) \text{ V}=30 \text{ V}$$

(2)如图 1–6(c)所示电路,选取 d 点作为参考点,则 d 点电位 $u_d=0$ V

$$u_a=-5i_2=-10 \text{ V}$$

$$u_b=-u_{S2}=-40 \text{ V}$$

$$u_c=u_{ca}+u_{ad}=u_{ca}+u_a=(40-10) \text{ V}=30 \text{ V}$$

$$u_{ab}=5i_3=30 \text{ V}$$

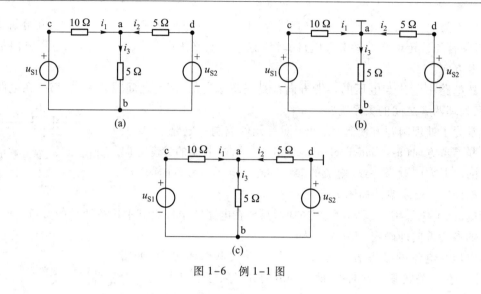

图 1-6　例 1-1 图

$$u_{cd} = u_c = 30 \text{ V}$$

　　从上例可以看出,参考点选取不同,电路中各点的电位也不同,但是两点间的电位差是不会改变的。即电路中各点的电位与参考点选取有关,两点间的电压与参考点选取无关。通常,电路中把电源、信号输入和输出的公共端接在一起作为参考点,因此电路中有一个习惯画法,即电源不再用符号表示出来,而只标出其电位的极性和数值。电路的简化画法如图 1-7 所示。

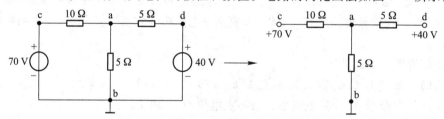

图 1-7　电路的简化画法

　　电路中电位相等的点,称之为等电位点,可以把等电位点视作开路或者短路,或者接上任意电阻,电路的计算结果都不会改变。

1.2.4　电功率

　　在电路的分析与计算中,功率和能量的分析与计算也是十分重要的。因为电路工作时,总伴随着电能与其他形式能量的相互转换;并且电气设备、电路部件本身在工作过程中都有功率的限制,在使用时若超过其额定值,过载会使设备或部件损坏,甚至不能正常工作。电功率与电路中的电压和电流密切相关联。

　　定义:某二端电路的功率(power)是该二端电路吸收或发出电能量(electric energy)的速

率,有

$$p(t) = \frac{dW(t)}{dt} \tag{1-3}$$

其中,功率 p 的单位为瓦特(W),能量 W 的单位为焦耳(J),时间 t 的单位为秒(s)。

对一个元件或一段电路来说,设 t 时刻电流与电压的真实方向如图 1-4 所示。若 dt 时间内由 a 点到 b 点正电荷量 $dq = i(t)dt$,电荷失去的能量(即电路所吸收的能量) $dW = u(t)dq = u(t)i(t)dt$,则该时刻该电路吸收电能的速率(功率) $p(t) = dW/dt = u(t)i(t)$。因此,根据关联参考方向可计算功率

$$p(t) = u(t)i(t) \tag{1-4}$$

若 $p(t) > 0$,则表示电路或元件吸收功率;若 $p(t) < 0$,则表示电路或元件发出功率。

注意:若为非关联参考方向,则需转换成关联参考方向后进行功率计算。

【例 1-2】 如图 1-8 所示,已知 $i = -4$ A,$u = 6$ V,求其功率。

解 根据功率的定义进行计算。图 1-8 中电压与电流为非关联参考方向,可以把电压的参考极性转换成相反的方向,则有

$$p(t) = (-u) \cdot i = [(-6) \times (-4)] \text{W} = 24 \text{ W}$$

说明图示元件实际吸收 24 W 功率。

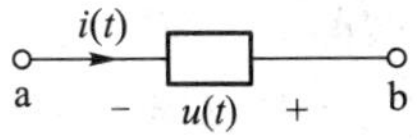

图 1-8 例 1-2 图

【例 1-3】 如图 1-9 所示,已知各元件两端电压和电流,试求:(1)各二端元件吸收的功率;(2)整个电路吸收的功率。

解 (1)对于元件 1、2、4,电流和电压采用关联参考方向,各元件的吸收功率为

$$P_1 = (1 \times 1) \text{W} = 1 \text{ W}$$

$$P_2 = [(-6) \times (-3)] \text{W} = 18 \text{ W}$$

$$P_4 = [5 \times (-1)] \text{W} = -5 \text{ W}$$

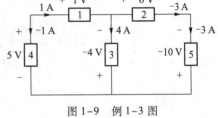

图 1-9 例 1-3 图

对于元件 3、5,电流和电压采用非关联参考方向,各元件的吸收功率为

$$P_3 = [-(-4) \times 4] \text{W} = 16 \text{ W}$$

$$P_5 = [-(-10) \times (-3)] \text{W} = -30 \text{ W}$$

由计算结果可知:

元件 1、2、3 吸收功率为正,表示这三个元件实际消耗功率,为负载。负载消耗总的功率为三者之和 35 W。

元件 4、5 吸收功率为负,表示这两个元件实际发出功率,为电源。电源发出总的功率是两者之和也为 35 W。

(2)整个电路吸收的功率

$$P = P_1 + P_2 + P_3 + P_4 + P_5 = (1 + 18 + 16 - 5 - 30) \text{W} = 0 \text{ W}$$

在一个电路中,有元件吸收功率,就有元件释放功率,吸收的功率应和释放的功率相等,称为

功率平衡原理。

由 $p(t) = \mathrm{d}W/\mathrm{d}t$，两边从 $-\infty$ 到 t 积分可得

$$W(t) = \int_{-\infty}^{t} p(\xi)\,\mathrm{d}\xi = \int_{-\infty}^{t} u(\xi)i(\xi)\,\mathrm{d}\xi \tag{1-5}$$

上式表示 u、i 取关联参考方向时，从 $-\infty$ 到 t 时间内输入电路的总能量，或称电路吸收的总能量。

思考题

1-3　选择题

（1）已知空间有 a、b 两点，电压 $u_{ab} = 10\ \mathrm{V}$，a 点电位等于 4 V，则 b 点电位等于（　　）。

A. -6 V　　　　　B. 6 V　　　　　C. 3 V

（2）电路如图 1-10 所示，$i = 0\ \mathrm{A}$，则 a 点电位 u_a 等于（　　）。

A. -1 V　　　　　B. 2 V　　　　　C. 1 V

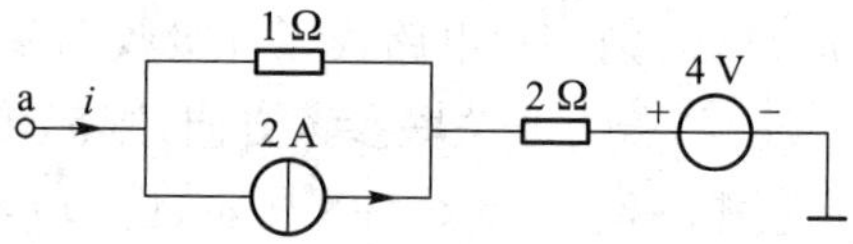

图 1-10　思考题 1-3(2)图

1-4　根据图 1-11 中所给定的数值，计算各元件吸收的功率。

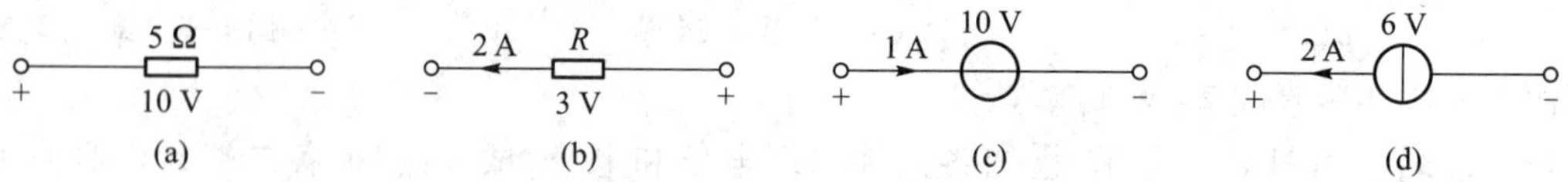

图 1-11　思考题 1-4 图

1-5　图 1-12 所示的电路中，已知各个元件所发出的功率分别为：$p_1 = -250\ \mathrm{W}$，$p_2 = 125\ \mathrm{W}$，$p_3 = -100\ \mathrm{W}$。求各元件上的电压 u_1、u_2 及 u_3。

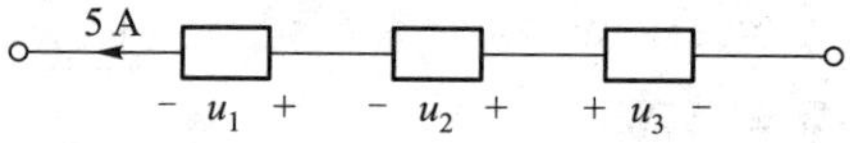

图 1-12　思考题 1-5 图

1.3　基尔霍夫定律

基尔霍夫定律（Kirchhoff's law）是集中电路的基本定律，包括电流定律（KCL）和电压定律（KVL），是 1847 年由德国物理学家基尔霍夫建立和提出的。

为了说明基尔霍夫定律，首先介绍支路、节点、回路等概念。

支路（branch）：电路中的一个二端元件或几个二端元件的组合，称为一条支路。通常，把流经元件的电流称为支路电流，把元件端电压称为支路电压。它们是电路分析的主要分析对象。

节点（node）：电路中支路的连接点称为节点。

在图 1-13 中有 6 条支路、4 个节点，各支路和节点的编号如图所示。

回路(loop):由支路相互连接所构成的一条闭合路径（其中节点不重复经过）称为回路,图 1-13 中支路{1,3,4}、{2,3,5}、{4,5,6}、{1,2,6}、{1,3,5,6}、{1,2,5,4}、{2,6,4,3}构成了 7 个回路。

网孔(mesh):当回路中不包围其他支路时称为网孔,图 1-13 中,支路{1,3,4}、{2,3,5}、{4,5,6}构成了 3 个网孔。

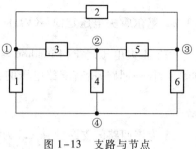

图 1-13 支路与节点

1.3.1 基尔霍夫电流定律(KCL)

基尔霍夫电流定律(Kirchhoff's current law)(基尔霍夫第一定律):在集中参数电路中,任何时刻,对任一节点,所有支路电流的代数和恒为零。即

$$\sum_{k=1}^{K} i_k(t) = 0 \tag{1-6}$$

式中,K 为该节点处的支路数,$i_k(t)$ 为第 k 条支路电流。

电流的代数和是根据电流是流出节点还是流入节点来判断的。在建立式(1-6)的节点电流方程(又称 KCL 方程)时,若规定流出节点的电流前面取"+"号,则流入节点的电流前面取"-"号(亦可作相反的规定,两者是等价的)。

以图 1-14 所示电路为例,对节点②应用 KCL。与节点②连接的有支路{3}、{4}和{5},各支路电流的参考方向如图所示,有

$$-i_3 + i_4 + i_5 = 0$$

或者

$$i_3 - i_4 - i_5 = 0$$

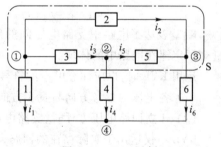

图 1-14 KCL 示例

KCL 通常用于节点,但对包围几个节点的闭合面也是适用的。由几个节点组成的闭合面有时也称为广义节点(generalized node)。因此对图 1-14 所示电路,用点画线表示的闭合面 S 内有 3 个节点,即节点①、②和③,它们构成了一个广义节点,且有

$$i_1 + i_4 + i_6 = 0$$

不难证明,上式等式依然成立。

KCL 表达了电路中支路电流间的约束关系,它的实质是电流连续性原理、电荷守恒定律在电路中的体现。电荷既不能创造也不能消灭。在集中参数电路中,节点是理想导体的连接点,不可能积聚电荷,也不可能产生电荷。所以在任一时刻流出节点的电荷必然等于流入节点的电荷。

运用 KCL 时,应注意电流的符号关系:

(1)各支路电流的参考方向与真实方向之间的关系。

(2)建立各节点的电流方程时,支路电流前正负号的选择。

1.3.2　基尔霍夫电压定律(KVL)

　　基尔霍夫电压定律(Kirchhoff's voltage law)(基尔霍夫第二定律):在集中参数电路中,任何时刻,沿任一回路,所有支路电压的代数和恒为零。即

$$\sum_{k=1}^{K} u_k(t) = 0 \tag{1-7}$$

式中,K 为该回路的支路数,$u_k(t)$ 为第 k 条支路电压。

　　在建立式(1-7)的回路电压方程(KVL方程)时,首先必须任意指定一个回路的绕行方向,凡支路电压的参考方向与回路的绕行方向一致者,该电压前面取"+"号;支路电压的参考极性与回路的绕行方向相反者,前面取"-"号。

　　以图1-15所示电路为例,对支路{1,2,6}构成的回路列写KVL方程时,需先指定各支路电压的参考极性和回路的绕行方向。绕行方向用虚线上的箭头表示,有关支路电压为 u_1、u_2、u_6,它们的参考极性如图1-15所示。

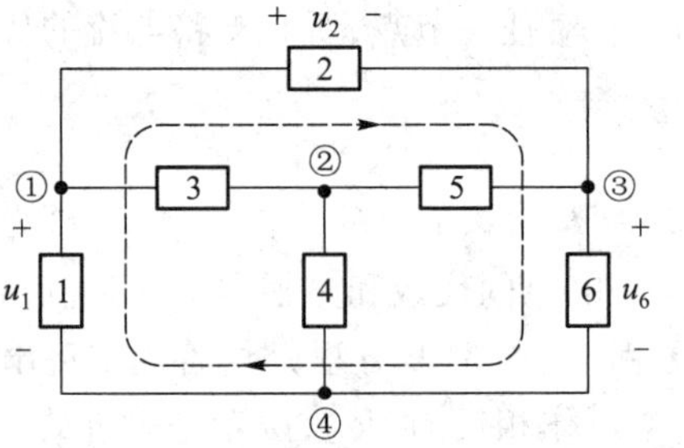

　　根据KVL,对指定的回路有

$$-u_1 + u_2 + u_6 = 0$$

节点①和③之间的电压有

$$u_{13} = u_2 = u_1 - u_6$$

图 1-15　KVL 示例

　　KVL 表达了电路中支路电压间的约束关系,它是能量守恒定律在电路中的体现。

　　运用 KVL 时,也应注意电压的符号关系:

　　(1)各电压的参考方向与真实方向之间的关系。

　　(2)建立回路电压方程时,支路电压前正负号的选择。

　　KVL 不仅适用于实际存在的回路,而且也适用于任意假想的回路,这种假想的回路称为广义回路。

　　【**例 1-4**】　如图1-16所示电路中,$i=1$ A,$u_1=5$ V,$u_S=4$ V,$R=3$ Ω,求电流源的端电压 u。

　　解　列写支路的 KVL 方程(也可假想有一回路)

$$u - iR - u_S - u_1 = 0$$

得到

$$u = 12 \text{ V}$$

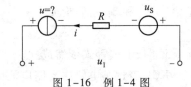

图 1-16　例 1-4 图

　　KCL 是对支路电流的线性约束,KVL 是对回路电压的线性约束。这种约束关系只与电路的连接方式有关,而与支路元件的性质无关,所以无论电路由什么元件组成,也无论元件是线性的还是非线性的,时变的还是非时变的,只要是集中参数电路,两个定律总是成立的。基尔霍夫定律是电路分析的理论基础。

思考题

1-6 电路如图 1-17 所示，$i_1 = 3$ A，$i_2 = -1$ A，$i_3 = 2$ A，试问电流 i 等于多少？

1-7 电路如图 1-18 所示，已知 $i_1 = 1$ A，$i_2 = 3$ A，求 i_3、i_4、i_5 和 i_6。

1-8 试沿顺时针的绕行方向，对图 1-19 列出尽可能多的 KVL 方程。

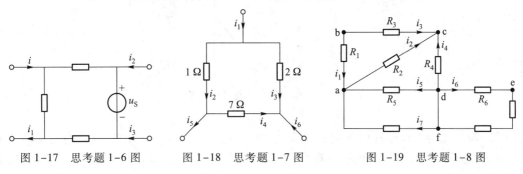

图 1-17 思考题 1-6 图   图 1-18 思考题 1-7 图   图 1-19 思考题 1-8 图

1.4 电 阻 元 件

1.4.1 电阻元件的定义

电路元件是电路中最基本的组成单元，其本身就是一个最简单的电路模型。电路元件通过其端子与外部电路相连接，元件的特性通过与端口有关的电路变量之间的代数函数关系来描述。每种元件反映一种确定的电磁性质。

电路元件按其与电路的连接端子可分为二端元件、三端元件及多端元件等；按线性关系可分为线性元件与非线性元件；按时间关系可分为时不变元件和时变元件；按能量关系可分为有源元件和无源元件。

电阻电路是只含电阻元件和电源元件的电路。电阻电路的理想元件有电阻元件、电压源、电流源和四种受控源，它们是可以用电压电流关系来表征的元件。

电阻元件是电路中用的最多的元件，是德国物理学家欧姆在 1862 年首先提出的。

定义：一个二端元件在任一时刻 t，其电压与电流的关系可由 i-u 平面上的一条曲线（伏安特性曲线）确定，则称该元件为电阻元件，简称电阻（resistor）。若该曲线是一条经过原点的直线（不随 t 变化），则称该电阻为线性电阻（线性时不变电阻）。

1.4.2 电阻元件伏安关系（VCR）

线性（linear）电阻元件的图形符号如图 1-20（a）所示。由欧姆定律的定义得，电阻元件的参数即电阻为

$$R = \frac{u}{i} \qquad\qquad (1-8)$$

R 是一个正实常数,单位为欧姆(Ω)。

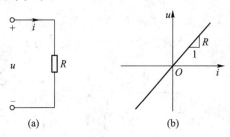

图 1-20　线性电阻元件及其伏安关系

图 1-20(b)画出线性电阻元件的伏安特性曲线,它是通过原点的一条直线,直线的斜率即为元件的电阻 R。因此,电阻元件的代数函数关系,即伏安关系(voltage-current relation,VCR)可以表示为

$$f(u,i) = 0 \qquad\qquad (1-9)$$

在电压、电流取关联参考方向时,式(1-9)变成

$$u = Ri \qquad\qquad (1-10)$$

或者

$$i = Gu \qquad\qquad (1-11)$$

式中,G 称为电阻元件的电导,单位为西门子(S),它是表征元件传导电流能力大小的物理量。其值为电阻 R 的倒数。R 和 G 都是电阻元件的参数。

【例 1-5】　已知某电阻元件两端电压为 $u = 2\cos t$ V,电流 $i = \cos t$ A,关联参考方向,画出该电阻元件的伏安特性曲线,并求出电阻 R。

解　u 除以 i 就可以得到电阻 R,并消去 $\cos t$,可得

$$R = \frac{u}{i} = 2 \ \Omega$$

并有

$$u = 2i$$

即伏安特性曲线斜率为 2,如图 1-21 所示,电阻值等于 2 Ω。

上文介绍的线性时不变电阻的伏安特性曲线是通过原点的一条直线,即电压和电流之比是正实常数电阻 R,并且不随时间变化。如果元件上的电压与电流比不是常数,即伏安关系不满足欧姆定律,而遵循某种特定的非线性函数关系,电阻值大小与电压和电流有关,伏安关系曲线不是过原点的直线,这种电阻称为非线性(nonlinear)电阻。而当伏安特性曲线随时间变

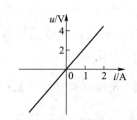

图 1-21　例 1-5 伏安关系曲线图

化时,称为时变(time varying)电阻。如图1-22(a)和(b)所示分别为非线性时不变电阻和非线性时变电阻的特性曲线。

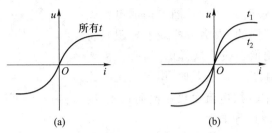

图1-22　非线性时不变、时变电阻的特性曲线

研究非线性元件是很有意义的。严格地说,一切实际电路都是非线性电路,许多非线性元件的非线性特征不容忽略,否则就无法解释电路中发生的物理现象。分析非线性电路的基本依据仍然是 KCL、KVL 和元件的伏安关系。

非线性电阻主要分为:

(1) 流控型电阻:电阻两端电压是其电流的单值函数。如图1-23(a)所示是流控型电阻伏安关系,对每一电流值有唯一的电压与之对应,对任意一个电压值则可能有多个电流与之对应(不唯一),它呈现出"S"型。某些充气二极管具有类似伏安关系。

(2) 压控型电阻:电阻两端电流是其电压的单值函数。如图1-23(b)所示是压控型电阻伏安关系,对每一电压值有唯一的电流与之对应,对任意一个电流值则可能有多个电压与之对应(不唯一),它呈现出"N"型。某些隧道二极管具有类似伏安关系。

"S"型和"N"型电阻的伏安关系均有一段下倾段,在此段内电流随电压增大而减小。

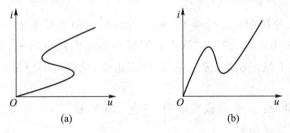

图1-23　流控型和压控型电阻的伏安特性曲线

(3) 单调型电阻:伏安关系曲线单调增长或单调下降。如图1-24(a)所示 PN 结二极管,它具有如图1-24(b)所示的单调型电阻伏安关系,电压和电流一一对应,既是压控又是流控,具有单向导电性,可以利用反向特性整流。

如果把图1-24(b)和图1-20(b)进行对比,会发现两者之间除了非线性和线性的不同,还有着不对称与对称的区别。对原点对称,说明元件对不同方向的电流或不同极性的电压表现是一样的,这种性质称为双向性,所有线性电阻都具备此特性。因此在使用线性电阻时,它的两个端钮是没有任何区别的。对原点不对称,说明元件对不同方向的电流或不同极性的电压表现是不同的,大多数非线性电阻具备此非双向性。因此在使用像二极管这样的元件时,需要认清它的正极和负极的端钮,正向偏置时,电流由正极流向负极,电阻较小;反向偏置时,电流由负极流向正极,电阻很大,这种特性称之为单向导电性。

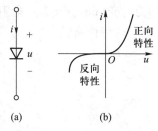

图 1-24　PN 结二极管和伏安特性曲线

1.4.3　电阻元件的功率

当电压 u 和电流 i 取关联参考方向时,电阻元件消耗的功率为

$$p = ui = Ri^2 = \frac{u^2}{R}$$
$$= Gu^2 = \frac{i^2}{G} \tag{1-12}$$

即电阻元件吸收的功率与电流的平方或电压的平方成正比。R 和 G 是正实常数,功率 p 恒为正值,说明线性电阻元件是一种无源元件、耗能元件。

电阻元件的特殊情况:

当 $R = \infty$(或 $G = 0$)时,此时加在电阻两端的电压不论为何值,流过它的电流恒为零,称此种现象为"开路"(即电阻元件视作为开路)。

当 $R = 0$(或 $G = \infty$)时,此时流过电阻元件的电流不论为何值,它两端的电压恒为零,称此种现象为"短路"(即电阻元件视作为短路)。

功率的计算是电路分析中的一个重要内容,对理想电阻元件来说,功率的数值范围不受限制,但对任何一个实际的电阻器,使用时都不得超过所标注的额定功率,否则会烧坏电阻器。因此各种电气设备都规定了额定功率、额定电压、额定电流,使用时不得超过额定值,以保证设备安全工作。

【例 1-6】　一个 100 Ω、5 W 的碳膜电阻,接在 220 V 的电压上使用时,会引起怎样的后果?

解　这个电阻实际消耗功率

$$P = \frac{U^2}{R} = \frac{220^2}{100} \text{ W} = 484 \text{ W}$$

远远大于其额定功率 5 W,将引起烧毁事故,因此实际使用不得超过额定电压和额定电流

$$U_N = \sqrt{P_N R} = \sqrt{5 \times 100} \text{ V} = 22.36 \text{ V}$$

$$I_N = \sqrt{\frac{P_N}{R}} = \sqrt{\frac{5}{100}} \text{ A} = 0.224 \text{ A}$$

思考题

1-9 某一电阻元件为 10 Ω，额定功率 $p=40$ W。（1）当加在电阻两端电压为 30 V 时，该电阻能正常工作吗？（2）若要使该电阻正常工作，外加电压不能超过多少伏？

1-10 一个 4 Ω 的电阻中流过电流 $i=2.5\cos(\omega t)$ A，求电压和功率。

1.5 电容元件

1.5.1 电容元件的定义

从实际电容器抽象出来的电路模型称为电容（capacitor）元件。图 1-25（a）和（b）所示是常用的平板式电容器，基本结构是由两块金属极板中间隔以绝缘介质构成。图 1-25（a）中的绝缘介质是空气，图 1-25（b）中的绝缘介质是固体绝缘片。

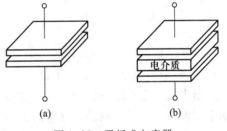

图 1-25 平板式电容器

当把电容器两端加上电源，此时电容充电，上端极板上的电子被吸引到电源的正端，再经由电源到达其负端，最后被电源负极排斥到电容下端极板上，因为上端极板上失去的每一个电子都被下端极板获得，所以两块极板上的电荷量相同。由于两块极板分别聚集了等量的异性电荷，所以电容在其绝缘介质中建立了电场，并储存电场能量。当电源移除后，两极板上的电荷由于电场力的作用互相吸引，但中间介质是绝缘的，所以互相不能中和，电荷被长久地储存起来。因此电容器是一种能存储电场能的电路器件，如果忽略电容器在实际工作中的漏电和磁场影响等次要因素，就可以把它抽象成一个只存储电场能量的元件——电容元件。

电容元件的定义是：某个二端元件在任一时刻的电荷量 $q(t)$ 和电压 $u(t)$ 之间存在代数关系

$$f(q,u)=0 \tag{1-13}$$

此元件可称为电容元件。这一关系可由 q-u 平面上的一条特性曲线确立。当此特性曲线是通过原点的直线时，称为线性电容元件，否则称作非线性电容元件。当特性曲线不随时间变化时，称为时不变电容元件，否则称作时变电容元件。本书中除非特别指明，则只讨论线性时不变电容元件，其符号和特性曲线如图 1-26（a）和（b）所示，在任意时刻，电荷与其端电压的关系为

$$q(t)=Cu(t) \tag{1-14}$$

C 称作电容的电路参数，单位是法拉（F），由于法拉在使用中单位过大，实际的电容值通常在皮法（pF）到微法（μF）的范围内，见附录 B。C 是一个与 q、u 无关的

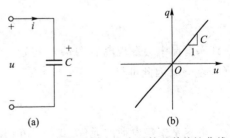

图 1-26 线性时不变电容元件及其特性曲线

正实常数,其数值等于单位电压加于电容元件两端时,电容元件储存的电荷量,因此 C 代表了电容元件储存电荷的能力。

1.5.2　电容元件伏安关系

上面对电容的定义是基于 q-u 关系,但在电路模型的分析中更注重元件的 VCR,以下将对电容的伏安关系进行推导。

假设此时将一个外部元器件连接到电容上,那么将产生一个正的电流,它从电容的一个极板流出,然后进入另一个极板,在外加元器件两端,流入和流出的电流大小相同。而对于电容内部,如图 1-26(a)所示,进入一个极板的正电流表示正电荷通过导线流向该极板,前面曾介绍过中间的介质是绝缘的,因此电荷不能穿越介质,将聚集在极板上,事实上此时的传导电流与该电荷具有如下关系:

$$i(t) = \frac{\mathrm{d}q(t)}{\mathrm{d}t} \tag{1-15}$$

如果将该极板看成一个大的节点,然后应用基尔霍夫电流定律(KCL),发现电流从外部电路流入该极板,但是没有电流从极板上流出,很显然应用该定律不成立,一个多世纪以前,英国物理学家麦克斯韦应用电磁理论解释了这个矛盾。他假设当电压或电场随时间变化时均产生位移电流,则电容两极板内部流动的位移电流正好与从电容外部导线流入的传导电流相等。因此,如果同时考虑这两个电流,基尔霍夫电流定律就满足了。

把 $q(t) = Cu(t)$ 代入上式,可得

$$i(t) = C \frac{\mathrm{d}u(t)}{\mathrm{d}t} \tag{1-16}$$

式(1-16)就是电容元件 VCR 的微分形式,若 u 与 i 为非关联参考方向,上式的右侧需要加负号。

从电容元件的 VCR 可以得到某一时刻电容电流与该时刻电容电压的变化率成正比,而与电压的大小无关。如果电压恒定不变,则电流为零,此时电容相当于开路,所以电容具有隔直流通交流的特性。同时也表明电容两端的电压不能跃变,因为这样的变化将产生无穷大的电流,实际上这是不可能的。

将式(1-16)对时间从 t_0 到 t 进行积分,得到相应的 $u(t_0)$ 到 $u(t)$ 的电压为

$$u(t) = \frac{1}{C} \int_{t_0}^{t} i(\xi) \mathrm{d}\xi + u(t_0) \tag{1-17}$$

在许多情况中会发现电容两端的初始电压 $u(t_0)$ 难以确定,为方便起见,可以假定 $t_0 = -\infty$ 和 $u(-\infty) = 0$,因此可得

$$u(t) = \frac{1}{C} \int_{-\infty}^{t} i(\xi) \mathrm{d}\xi \tag{1-18}$$

电容是聚集电荷的元件,式(1-16)和(1-17)是分别从电荷变化的角度和电荷积累的角度来描述电容的伏安关系的。

1.5.3 电容的储能

如果电容的电压和电流的参考方向相关联，那么瞬时功率

$$p(t) = u(t)i(t) = Cu(t)\frac{du(t)}{dt} \tag{1-19}$$

当 $p > 0$ 时，电容从外电路吸收能量储存为电场能；当 $p < 0$ 时，电容释放储存的电场能。根据能量与功率之间的关系

$$p(t) = \frac{dW(t)}{dt} \tag{1-20}$$

可以求出 t 时刻电容吸收的总能量

$$W(t) = \int_{-\infty}^{t} p(\xi)d\xi = \int_{-\infty}^{t} Cu(\xi)\frac{du(\xi)}{d\xi}d\xi = C\int_{u(-\infty)}^{u(t)} u(\xi)du(\xi)$$
$$= \frac{1}{2}Cu^2(\xi)\Big|_{u(-\infty)}^{u(t)} = \frac{1}{2}Cu^2(t) - \frac{1}{2}Cu^2(-\infty) \tag{1-21}$$

在 $t = -\infty$ 时电容还未储能，因此 $u(-\infty) = 0$，电容在 t 时刻储存的电场能量

$$W(t) = \frac{1}{2}Cu^2(t) \tag{1-22}$$

上式说明电容的储能只与当前的 $u(t)$ 有关，因为 $C > 0$，所以 $W(t)$ 总是大于等于零。当 $u(t)$ 增大时，$W(t)$ 增加，电容吸收电源能量充电；当 $u(t)$ 减少时，$W(t)$ 减少，电容处于放电状态。可以看出电容是吞吐能量的元件，属于无源元件。正是电容的储能本质使电容电压具有记忆特性，而电容的电流在有界条件下储能不能跃变导致电容电压具有连续性。如果储能跃变，能量变化的速率即功率将为无限大，这在电容电流为有界条件下是不可能的。

【例 1-7】 已知一个 20 μF 的电容在 $0 < t < 5\pi$ ms 时两端电压为 $u(t) = 50\sin(200t)$ V，试计算电荷量、功率和能量，设 $t = 0$ 时能量为 0，画出能量的波形。

解　　$q(t) = Cu(t) = 1\,000\sin(200t)$ μC

　　　　$i(t) = C\frac{du(t)}{dt} = 0.2\cos(200t)$ A

　　　　$p(t) = u(t)i(t) = 5\cos(400t)$ W

　　　　$W(t) = \int_{t_1}^{t_2} p(\xi)d\xi = 1.25[1 - \cos(400t)]$ mJ

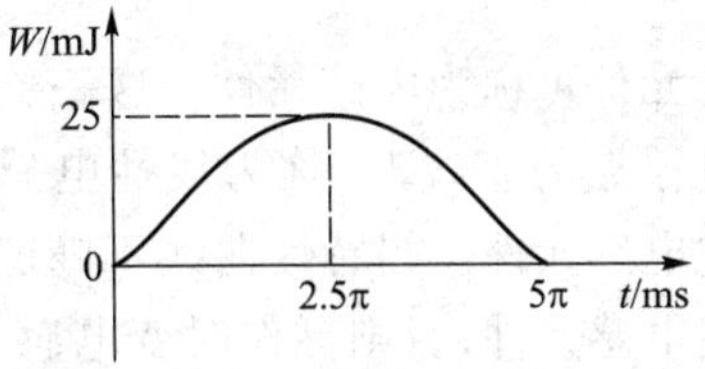

图 1-27　例 1-7 图

在 $0 < t < 2.5\pi$ ms 间隔内，电压与电荷分别从 0 增到 50 V 和 1 000 μC，此时能量增至 25 mJ，之后能量又返还给电源，减小为 0。能量的波形如图 1-27 所示。

思考题

1-11　一个 1 F 的电容，在某一个时刻其两端的电压为 10 V，能否算出该时刻的电流是多少，为什么？如果已知电压为 $u = 5t^2$，且在某一时刻瞬时值为 10 V，结果又如何？

1-12   如果 100 pF 电容两端的电压随时间变化的关系如图 1-28 所示,求流过该电容的电流。

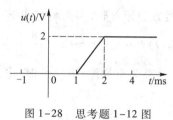

图 1-28   思考题 1-12 图

1.6   电 感 元 件

1.6.1   电感元件的定义

从实际电感器抽象出来的电路模型称为电感(inductance)元件。导线中有电流时,其周围产生磁场。实际电感器可以通过将一定长度的导线绕成线圈构成,如图 1-29 所示,等效于增大产生磁场的电流,同时也增大了磁场。假设穿过一匝线圈的磁通量为 Φ,那么与每匝线圈交链的磁通量之和称为磁链 Ψ,若有 N 匝线圈,那么

$$\Psi = N\Phi \qquad (1-23)$$

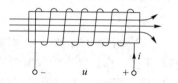

图 1-29   电感器及其磁通线

Ψ 和 Φ 都是线圈本身的电流产生的,如果忽略实际电感器在工作时消耗能量等次要因素,就可以把它看成是一个只存储磁场能量的理想元件——电感元件。

电感元件的定义是:某个二端元件在任一时刻的磁链 $\Psi(t)$ 和电流 $i(t)$ 之间存在代数关系

$$f(\Psi, i) = 0 \qquad (1-24)$$

此元件可称为电感元件。这一关系可由 Ψ-i 平面上的一条特性曲线确立。当此特性曲线是通过原点的直线时,称为线性电感元件,否则称作非线性电感元件。当特性曲线不随时间变化时,称为时不变电感元件,否则称作时变电感元件。本书中除非特别指明,则只讨论线性时不变电感元件,其符号和特性曲线如图 1-30(a)和(b)所示,在任意时刻,磁链与电流的关系为

$$\Psi(t) = Li(t) \qquad (1-25)$$

图 1-30   线性时不变电感元件及其特性曲线

这里磁链和电流采用关联参考方向,即两者的参考方向符合右手螺旋定则。L 称作电感的电路参数,单位是亨利(H)。L 是一个与 Ψ、i 无关的正实常数,其数值等于单位电流流过电感元件时,电感元件所产生的磁链,因此 L 代表了电感元件储存磁场的能力。

为使每单位电流产生的磁场增加,常在线圈中加入铁磁物质,可以使同样的电流产生的磁链比不加铁磁物质时成百成千倍地增加,但是 $\Psi\text{-}i$ 关系变成了非线性的。

1.6.2　电感元件伏安关系

上面对电感的定义是基于 $\Psi\text{-}i$ 关系,但在电路模型的分析中更注重元件的 VCR,以下将对电感的伏安关系进行推导。

根据电磁感应定律,感应电压等于 Ψ 的变化率,当电压的参考方向与磁链的参考方向相关联时,即符合右手螺旋定则,可得

$$u(t) = \frac{\mathrm{d}\Psi(t)}{\mathrm{d}t} \tag{1-26}$$

将式(1-25)代入式(1-26),得

$$u(t) = L\frac{\mathrm{d}i(t)}{\mathrm{d}t} \tag{1-27}$$

这就是电感元件 VCR 的微分形式,若电压和电流的参考方向非关联,上式的右侧需要加负号。

【例1-8】　流过 3H 电感的电流波形如图 1-31(a)所示,求电感电压并画出草图。

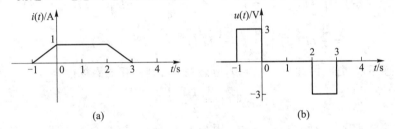

图 1-31　例 1-8 图

解　只要电压和电流参考方向相关联,就可得到

$$u(t) = 3\frac{\mathrm{d}i(t)}{\mathrm{d}t}$$

因为当 $t<-1$ s 时电流为 0,因此在此区间电压也为 0,然后电流以 1 A/s 的速率开始线性增加,从而产生 3 V 的固定电压。接下来的 2 s 间隔内电流不变,因此电压再次为 0。最后电流下降使得斜率为 -1 A/s,因此电压等于 -3 V。当 $t>3$ s 时,电流为常数 0,所以电压也为 0,完整的电压波形图 1-31(b)所示。

从电感元件的 VCR 可以得到某一时刻电感电压与该时刻电流的变化率成正比,而与电流的大小无关。如果电流恒定不变,即电压为零,此时电感相当于短路,所以电感具有隔高频交流通直流的特性。同时也表明电感上的电流不能跃变,因为这样的变化将产生无穷大的电压,实际上这是不可能的。

将式(1-27)对时间从 t_0 到 t 进行积分,得到相应的 $i(t_0)$ 到 $i(t)$ 的电压为

$$i(t) = \frac{1}{L} \int_{t_0}^{t} u(\xi) \, \mathrm{d}\xi + i(t_0) \tag{1-28}$$

在实际求解中为保证电感初始时没有任何能量,可以选取 $t_0 = -\infty$ 和 $i(-\infty) = 0$,因此可得

$$i(t) = \frac{1}{L} \int_{-\infty}^{t} u(\xi) \, \mathrm{d}\xi \tag{1-29}$$

1.6.3　电感的储能

如果电感的电压和电流的参考方向相关联,那么瞬时功率

$$p(t) = u(t) i(t) = L i(t) \frac{\mathrm{d} i(t)}{\mathrm{d} t} \tag{1-30}$$

当 $p > 0$ 时,电感从外电路吸收能量储存为磁场能;当 $p < 0$ 时,电感释放储存的磁场能。根据能量与功率之间的关系

$$p(t) = \frac{\mathrm{d} W(t)}{\mathrm{d} t} \tag{1-31}$$

可以求出 t 时刻电容吸收的总能量

$$W(t) = \int_{-\infty}^{t} p(\xi) \, \mathrm{d}\xi = \int_{-\infty}^{t} L i(\xi) \, \frac{\mathrm{d} i(\xi)}{\mathrm{d} \xi} \mathrm{d}\xi = L \int_{i(-\infty)}^{i(t)} i(\xi) \, \mathrm{d} i(\xi)$$
$$= \frac{1}{2} L i^2(\xi) \Big|_{i(-\infty)}^{i(t)} = \frac{1}{2} L i^2(t) - \frac{1}{2} L i^2(-\infty) \tag{1-32}$$

在 $t = -\infty$ 时电感还未储能,因此 $i(-\infty) = 0$,电感在 t 时刻储存的磁场能量

$$W(t) = \frac{1}{2} L i^2(t) \tag{1-33}$$

上式说明电感的储能只与当前的 $i(t)$ 有关,因为 $L > 0$,所以 $W(t)$ 总是大于等于零。当 $i(t)$ 增大时,$W(t)$ 增加,电感从电源吸收能量,存储的磁场能增加;当 $i(t)$ 减少时,$W(t)$ 减少,电感释放能量,存储的磁场能减少。可以看出电感是吞吐能量的元件,属于无源元件。正是电感的储能本质使电感电流具有记忆特性,而电感的电压在有界条件下储能不能跃变导致电感电流具有连续性。如果储能跃变,能量变化的速率即功率将为无限大,这在电感电压为有界条件下是不可能的。

思考题

1-13　如果一个电感线圈两端电压为零,是否有可能储能?

1-14　在 $t = 0$ 时,流过 10 mH 电感的电流为 20 mA,该电流以 5 mA/μs 的速率下降。(1) 试绘出 -5 μs $< t < 5$ μs 期间的电流波形图;(2) 求 $t = 0$ 时的电感电压;(3) 求 $t = 4$ μs 时的储能大小。

1.7　电压源、电流源及受控源

电源是电路中另一个用得比较多的元件,实际电源有电池、发电机、信号源等。电压源和电流源是从实际电源抽象得到的电路模型,它们是二端有源元件。

电源可分为两类:独立电源和受控电源(又称为受控源)。

独立电源(即电压源或电流源)是能独立地向外电路提供能量的电源,其向外电路输出的电压或电流值不受外电路电压或电流变化的影响。

受控源向外电路输出的电压或电流随其控制支路电压或电流变化,在控制支路电压或电流恒定时,受控源向外电路输出的电压或电流也随之确定。

1.7.1　电压源

定义:如果一个二端元件接到任一电路中,其两端的电压总能保持规定的值 $u_S(t)$,而与通过它的电流大小无关,则称该二端元件为理想电压源(ideal voltage source),简称电压源。电压源的图形符号如图 1-32(a)所示。

电压源的端电压 $u(t)$ 可表示为

$$u(t) = u_S(t) \tag{1-34}$$

式中 $u_S(t)$ 为给定的时间函数,称为电压源的激励电压。当 $u_S(t)$ 为恒定值时,这种电压源称为直流电压源,它的图形符号如图 1-32(b)所示,其中长线表示电源的"+"端。

电压源在 t_1 时刻的伏安特性曲线如图 1-32(c)所示,它是一条不通过原点且与电流轴平行的直线。电压源两端的电压由电压源本身决定,与外电路无关,与流经它的电流方向、大小也无关;但是通过电压源的电流由外电路来决定,而不是它自己本身。所以电路中的电流可以从不同方向流经电压

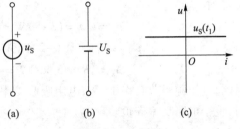

(a)　　　　(b)　　　　(c)

图 1-32　电压源

源,因此电压源存在两种工作状态,当电流经"−"流入从"+"流出电压源时,它向外发出功率,作为电源工作;当电流经"+"流进从"−"流出电压源时,它从外电路吸收功率,作为负载工作。如果一个电压源的电压 $u_S = 0$ 时,则此电压源相当于一条短路线,与电压源的特性相矛盾,所以理想电压源是不允许"短路"的。

1.7.2　电流源

定义:如果一个二端元件接到任一电路中,流经它的电流始终保持规定的值 $i_S(t)$,而与其两端的电压大小无关,则称该二端元件为理想电流源(ideal current source),简称电流源。电流源的图形符号如图 1-33(a)所示。

电流源发出的电流 $i(t)$ 可表示为

$$i(t) = i_S(t) \tag{1-35}$$

式中 $i_S(t)$ 为给定的时间函数,称为电流源的激励电流。当 $i_S(t)$ 为恒定值时,这种电流源称为直流电流源。

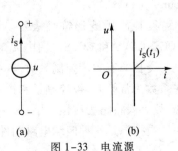

(a)　　　　(b)

图 1-33　电流源

电流源在 t_1 时刻的伏安特性曲线如图 1-33(b)所示,它是一条不通过原点且与电压轴平行的直线。电流源的输出电流由电流源本身决定,与外电路无关,也与它两端的电压无关;但是电流源两端的电压由外部电路决定,而不是由它本身来决定的。所以对于电流源同样存在两种工作状态,当其电流和电压的实际方向为非关联参考方向时,它向外发出功率,作为电源工作;当其电流和电压的实际方向为关联参考方向时,它从外电路吸收功率,作为负载工作。

如果一个电流源的电流 $i_S = 0$ 时,则此电流源相当于"开路",与电流源特性相矛盾,所以理想电流源是不允许"开路"的。

【例 1-9】　如图 1-34 所示,已知 $i_S = 3$ A,$u_S = 5$ V,$R = 5$ Ω,求各元件的功率。

解　列出图 1-34 电路的 KVL 方程

$$u_1 + u_S + u_2 = 0$$

得到电流源两端的电压

$$u_1 = -u_S - u_2 = (-5 - 3 \times 5) \text{ V} = -20 \text{ V}$$

各支路电压与电流的参考方向均为关联参考方向,由功率的定义可得到

$$p_{uS} = i_S u_S = (3 \times 5) \text{ W} = 15 \text{ W}$$
$$p_{iS} = i_S u_1 = [3 \times (-20)] \text{ W} = -60 \text{ W}$$
$$p_R = i_S^2 R = (3^2 \times 5) \text{ W} = 45 \text{ W}$$

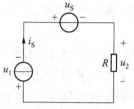

图 1-34　例 1-9 图

因此,电压源吸收功率 15 W,电阻吸收功率 45 W,而电流源发出功率 60 W。这里电压源作负载用,整个电路功率守恒。

1.7.3　受控源

双极晶体管的集电极电流受基极电流控制,运算放大器的输出电压受输入电压控制,对这类器件进行电路建模时要用到受控源,受控源是非独立电源。

受控源(controlled source)是四端电路元件,有两条支路,一条为电压或电流控制支路,另一条为受控电压源或受控电流源支路。因此,受控源可分为四种,分别为电压控制电压源(voltage controlled voltage source,VCVS)、电压控制电流源(voltage controlled current source,VCCS)、电流控制电压源(current controlled voltage source,CCVS)和电流控制电流源(current controlled current source,CCCS)。

受控源用菱形符号表示。四种受控源的图形符号如图 1-35 所示,分别对应于 VCVS、VCCS、CCVS 和 CCCS。图中 u_1 和 i_1 分别表示受控电源的控制电压和控制电流,μ、r、g 和 β 分别是与受控源有关的控制系数,其中 μ 和 β 是量纲一的量,r 和 g 分别具有电阻和电导的量纲。这些系数为常数时,被控制量和控制量成正比,这种受控源称为线性受控源。本书只考虑线性受控源,故一般将略去线性二字。

受控源是一种四端电路元件,它可以由如下两个代数方程定义

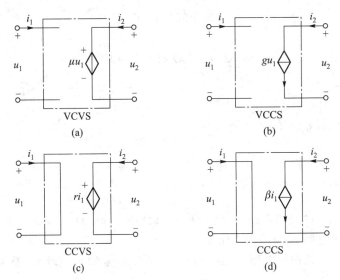

图 1-35　四种受控源

$$\begin{cases} f_1(u_1,u_2,i_1,i_2)=0 \\ f_2(u_1,u_2,i_1,i_2)=0 \end{cases} \tag{1-36}$$

其中，f_1 表示控制端口的函数关系，f_2 表示受控端口的函数关系，受控源的控制支路或为开路，或为短路，分别对应于控制量是开路电压 u_1 或短路电流 i_1。以 VCVS 为例，表征该受控源的特性方程是

$$\begin{cases} f_1(u_1,u_2,i_1,i_2)=i_1=0 \\ f_2(u_1,u_2,i_1,i_2)=u_2-\mu u_1=0 \text{ 或 } u_2=\mu u_1 \end{cases} \tag{1-37}$$

类似地，其他三种受控源的特性方程分别是

$$\text{VCCS}: i_1=0, i_2=gu_1$$

$$\text{CCVS}: u_1=0, u_2=ri_1$$

$$\text{CCCS}: u_1=0, i_2=\beta i_1$$

各式中，μ 称为转移电压比，g 称为转移电导，r 称为转移电阻，β 称为转移电流比。

当采用关联参考方向时，受控源吸收的功率为

$$p=u_1i_1+u_2i_2 \tag{1-38}$$

考虑到控制支路不是开路（$i_1=0$）便是短路（$u_1=0$），所以，所有四种受控源的功率为

$$p=u_2i_2 \tag{1-39}$$

即受控源的功率可以由受控支路计算得到，可以是发出功率，也可以是吸收功率。

【例 1-10】　图 1-36 中 $i_\mathrm{S}=2$ A，VCCS 的控制系数 $g=2$ S，求输出电压 u。

解　由图 1-36 左部先求出控制电压 u_1，有

$$u_1 = 5i_S = 10 \text{ V}$$

故输出电压

$$u = 2gu_1 = 2 \times 2 \times 10 \text{ V} = 40 \text{ V}$$

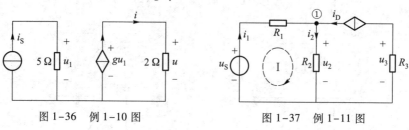

图 1-36   例 1-10 图   图 1-37   例 1-11 图

【**例 1-11**】   图 1-37 所示电路中,已知 $R_1 = 2 \text{ k}\Omega$, $R_2 = 500 \ \Omega$, $R_3 = 200 \ \Omega$, $u_S = 12 \text{ V}$, CCCS 的激励电流 $i_D = 5i_1$。求电阻 R_3 两端的电压 u_3。

解   这是一个有受控源的电路,宜选择控制量 i_1 作为未知量先求解,解得 i_1 后再通过 i_D 求 u_3。可分以下步骤进行:

(1) 在节点①使用 KCL,可知流过 R_2 的电流 i_2 为

$$i_2 = i_1 + i_D = i_1 + 5i_1 = 6i_1$$

(2) 在网孔 I 中使用 KVL 得

$$u_S = R_1 i_1 + R_2 i_2 = (R_1 + 6R_2)i_1$$

代入 u_S、R_1、R_2 的数值,可得

$$i_1 = 2.4 \text{ mA}$$

(3) R_3 两端的电压 u_3 为

$$u_3 = -R_3 i_D = -R_3 \times 5i_1 = -2.4 \text{ V}$$

以上例题主要说明 KCL 与 KVL 在求解电路中的应用,同时说明如何处理电路中的受控源支路。

最后将受控源与独立电源进行如下比较:

(1) 独立源的电压(或电流)由电源本身决定,与电路中其他支路的电压、电流无关,而受控源的电压(或电流)由控制支路决定。

(2) 独立源在电路中起"激励"作用,在电路中产生电压、电流,而受控源只是反映输出端与输入端的受控关系,在电路中不能单独作为"激励"。

(3) 独立源是二端元件,而受控源有输入端和输出端之分,属于四端电路元件。

(4) 受控电压源输出的电流 i_2,受控电流源输出的电压 u_2 需由与受控源输出端相连接的外电路决定;同时,受控源也可以输出功率,说明受控源是有源元件,这是与独立电源性能相似的地方。

思考题

1-15   选择题

（1）当某电路中 a、b 两点间短路时，其电路特点是（　　）。

A. $U_{ab}=0, R=\infty$　　　　B. $U_{ab}=0, R=0$　　　　C. $I_{ab}=0, R=0$

（2）在图 1-38 所示电路中，已知 $u=-8$ V，电流 $i=-2$ A，则电阻 R 为（　　）。

A. 4 Ω　　　　　　　B. 2 Ω　　　　　　　C. -4 Ω

（3）电路如图 1-39 所示，电压 u 等于（　　）。

A. 0 V　　　　　　　B. 20 V　　　　　　C. 25 V

图 1-38　思考题 1-15（2）图　　　　　图 1-39　思考题 1-15（3）图

（4）电路如图 1-40 所示，电压 u 等于（　　）。

A. -4 V　　　　　　　B. -2 V　　　　　　C. 4 V

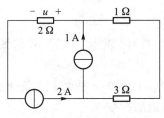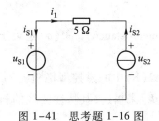

图 1-40　思考题 1-15（4）图　　　　　图 1-41　思考题 1-16 图

1-16　电路如图 1-41 所示，已知电压源电压 $u_{S1}=10$ V，电流源的电流为 $i_{S2}=3$ A，求此时电压源和电流源发出的功率。

＊1.8　研究性学习：忆阻元件

忆阻元件是一种有记忆功能的非线性基本电路元件。由于忆阻元件所具有的非线性特性消失后，它将退化为一个线性电阻元件，因此忆阻元件也称为广义电阻元件。

1.8.1　忆阻元件的定义

忆阻元件（memristor）是从实际忆阻器抽象出来的电路模型，可以记忆流经它的电荷数量。忆阻元件是一个基本的无源二端电路元件，分成荷控型（或流控型）和磁控型（或压控型）两种。

忆阻元件的定义是：如果一个二端元件，在任一时刻的磁通量 $\Phi(t)$ 和电荷量 $q(t)$ 之间存在

代数关系

$$f(\Phi, q) = 0 \tag{1-40}$$

即这一关系可以由 Φ-q 或 q-Φ 平面上的一条曲线所确定,则此二端元件称为忆阻元件。

荷控型和磁控型忆阻元件的符号分别如图 1-42(a)和(b)所示,它们的特性曲线是一条通过原点的非线性曲线,分别如图 1-43(a)和(b)所示。

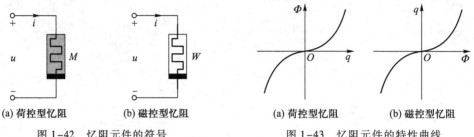

(a) 荷控型忆阻	(b) 磁控型忆阻		(a) 荷控型忆阻	(b) 磁控型忆阻
图 1-42 忆阻元件的符号			图 1-43 忆阻元件的特性曲线	

图 1-42(a)中的荷控型忆阻元件可以用如图 1-43(a)中 q-Φ 平面上一条通过原点的特性曲线 $\Phi = \Phi(q)$ 来描述,其特性曲线的斜率即磁通量按电荷的改变率

$$M(q) = \frac{\mathrm{d}\Phi(q)}{\mathrm{d}q} \tag{1-41}$$

称为忆阻(memristance)。$M(q)$ 是关于 q 的非线性函数,具有与电阻(值)一样的量纲,其单位是欧姆(Ω)。

图 1-42(b)中的磁控型忆阻元件可以用如图 1-43(b)中 Φ-q 平面上一条通过原点的特性曲线 $q = q(\Phi)$ 来描述,其特性曲线的斜率即电荷量按磁通的改变率

$$W(\Phi) = \frac{\mathrm{d}q(\Phi)}{\mathrm{d}\Phi} \tag{1-42}$$

称为忆导(memductance)。$W(\Phi)$ 是关于 Φ 的非线性函数,具有与电导(值)一样的量纲,其单位是西门子(S)。

1.8.2 忆阻元件伏安关系

假设忆阻上的电压 u 与电流 i 采用关联参考方向。对于图 1-42(a)中的荷控型忆阻元件,流过它的电流 $i(t)$ 和它两端的电压 $u(t)$ 之间的 VCR 关系可以描述为

$$u(t) = M(q)i(t) \tag{1-43}$$

对于图 1-42(b)中的磁控型忆阻元件,流过它的电流和它两端的电压之间的关系可以描述为

$$i(t) = W(\Phi)u(t) \tag{1-44}$$

若 u 与 i 为非关联参考方向,式(1-43)和式(1-44)的右侧应加以负号。

式(1-43)中的状态变量是电荷 q,它是电流 i 的积分。荷控型忆阻元件的两端电压 u 一般是流过电流 i 的双值函数,其典型的 VCR 曲线如图 1-44(a)所示。

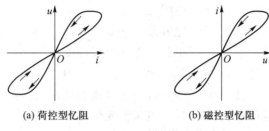

(a) 荷控型忆阻　　　　　　(b) 磁控型忆阻

图 1-44　忆阻元件的伏安关系

式(1-44)中的状态变量是磁通 Φ,它是电压 u 的积分。磁控型忆阻元件流过的电流 i 一般是两端电压 u 的双值函数,其典型的 VCR 曲线如图 1-44(b)所示。

从图 1-44 中可以看出,忆阻元件的 VCR 具有斜体"8"字形的紧磁滞回线的特性,除原点外,荷控型忆阻元件的 u 是 i 的双值函数,而磁控型忆阻元件的 i 是 u 的双值函数。

以磁控型忆阻元件说明忆阻元件的无源性和有源性。上述磁控型忆阻元件所消耗的即时功率为

$$p(t) = W(\Phi)u^2(t) \tag{1-45}$$

从时刻 t_0 至 t,对所有 $t \geqslant t_0$,流入此忆阻元件的能量满足

$$W(t_0, t) = \int_{t_0}^{t} p(\xi) \, \mathrm{d}\xi \tag{1-46}$$

若图 1-43(b)中磁控型忆阻元件的特性曲线是单调上升的,其电荷 q 是磁通 Φ 的单值函数,$W(\Phi)$ 保持为正值,即有 $p(t) \geqslant 0$ 和 $W(t_0, t) \geqslant 0$ 此元件是无源的,称之为无源忆阻元件。若图 1-43(b)中磁控型忆阻元件的特性曲线是非单调上升的,其忆导 $W(\Phi)$ 在 Φ 的变化区间有可能变成负值,使得 $p(t)$ 和 $W(t_0, t)$ 随着时间演化可能会出现负值,则此元件是有源的,称之为有源忆阻元件。

1.8.3　基本变量组合的完备性

在电路基本理论中,电路和元件特性是由四个基本变量(即电流、电压、电荷和磁通)来描述的,其中描述电压和电流关系、电压和电荷关系、电流和磁通关系的元件,即电阻器、电容器和电感器是目前实现电路的基本组成元件,如图 1-45 所示。根据图 1-45 中基本变量组合完备性原理,加州大学伯克利分校蔡少棠(Leon O. Chua)于 1971 年从理论上预测了描述电荷和磁通关系元件的存在性,并定义这类元件为记忆电阻器(简称忆阻器)。

根据基本元件的定义,电路的四个基本变量与各个基本二端元件之间存在的对应关系有

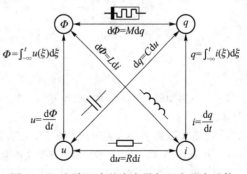

图 1-45　电路四个基本变量与四个基本元件

$$电阻元件:f(u,i)=0$$

$$电容元件:f(q,u)=0$$

$$电感元件:f(\varPhi,i)=0$$

$$忆阻元件:f(\varPhi,q)=0$$

忆阻元件具有其他三种基本元件的任意组合都不能复制的特性,它是一种有记忆功能的非线性电阻,可以记忆流经它的电荷数量,通过控制电流的变化可改变其阻值。

2008 年 5 月,惠普公司实验室研究人员史特科夫(Dmitri B. Strukov)等首次报道了忆阻器的可实现性。2008 年 11 月,美国加州大学两位学者描述了在半导体自旋电子器件中发现了自旋记忆效应,提出了自旋电子忆阻性器件。2009 年 3 月,两位华裔研究人员阐述了三种可能的磁性忆阻器例子,发明了一种全新的基于电子磁性特性的电子自旋忆阻器。忆阻与电阻、电容、电感一起,终于构成了完整的电路理论基础。

通过忆阻器的电流可以改变其电阻,而且断电时这种变化还能继续保持,这就使得忆阻器成为天然的非挥发性存储器。忆阻器的出现,将使得集成电路元件变得更小,计算机可以即开即关,而且拥有可以模拟复杂的人脑神经功能的超级能力。因此,忆阻器的记忆特性将对计算机科学、生物工程学、神经网络、电子工程、通信工程等产生极其深远的影响;同时忆阻电路元件的存在,使基础元件由电阻、电容和电感增加到了四个,忆阻元件为电路设计与忆阻电路应用提供了全新的发展空间。

习　题　1

1-1　各二端元件的电压、电流和吸收功率如题 1-1 图所示。试确定图上指出的未知量。

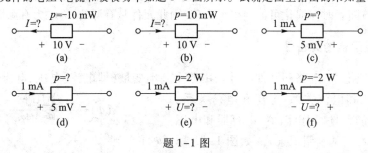

题 1-1 图

1-2　电路如题 1-2 图所示。已知 $I_1 = 24$ A,$I_3 = 1$ A,$I_4 = 5$ A,$I_7 = -5$ A,$I_{10} = -3$ A。试尽可能多地确定其他未知电流。

1-3　题 1-3 图中,各支路电压电流采用关联参考方向。已知 $U_1 = 10$ V,$U_2 = 5$ V,$U_4 = -3$ V,$U_6 = 2$ V,$U_7 = -3$ V 和 $U_{12} = 8$ V。尽可能多地确定其余支路电压。若要确定全部电压,尚需知道哪些支路电压?

1-4　题 1-4 图中,已知 $I_1 = 4$ A,$I_2 = 6$ A,$I_3 = -2$ A,求 I_4 的值。

1-5　题 1-5 图中,已知 $I_1 = 2$ A,$I_2 = 8$ A,$I_4 = 6$ A,求支路电流 I_3、I_5、I_6。

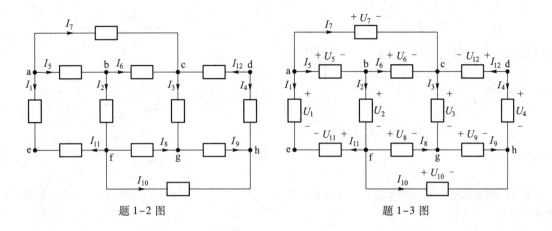

题 1-2 图　　　　　　　　　　　题 1-3 图

1-6　电路如题 1-6 图所示,已知 $I_1 = 2$ A,$I_2 = -3$ A,$U_1 = 10$ V,$U_4 = 5$ V。试求各二端元件的吸收功率。

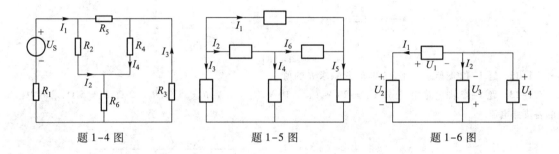

题 1-4 图　　　　　　　　题 1-5 图　　　　　　　题 1-6 图

1-7　有两个阻值均为 1 Ω 的电阻,一个额定功率为 25 W,另一个为 50 W,作为题 1-7 图所示电路的负载应选哪一个? 此时该负载消耗的功率是多少?

1-8　电路如题 1-8 图所示,电压 U_{ab} 等于多少?

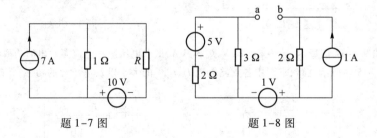

题 1-7 图　　　　　　　题 1-8 图

1-9　在题 1-9 图所示电路中,已知 $U_{S1} = 20$ V,$U_{S2} = 10$ V。(1)若 $U_{S3} = 10$ V,求 U_{ab} 和 U_{cd};(2)欲使 $U_{cd} = 0$ V,则 U_{S3} 等于多少?

1-10　如题 1-10 图所示电路中,a、d 两点之间开路,求 U_{ac} 和 U_{ad}。

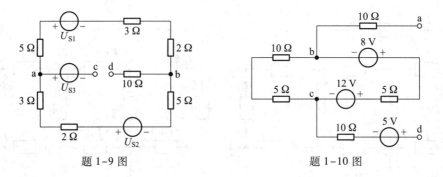

題 1-9 圖   題 1-10 圖

1-11 电路如题 1-11 图所示:(1) 图(a)中 $u = 7\cos(2t)$ V,求 i;(2) 图(b)中已知 $u = 3\cos(2t)$ V,求 5 Ω 电阻的功率。

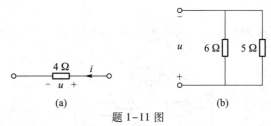

題 1-11 圖

1-12 题 1-12 图所示电路,已知 $I = 1$ A,求 R 的值。

1-13 题 1-13 图电路中,已知 $U_{S1} = 20$ V,$U_{S2} = 10$ V,$U_{S3} = 5$ V,$R_1 = 5$ Ω,$R_2 = 2$ Ω,$R_3 = 5$ Ω,求图中标出的各支路电流。

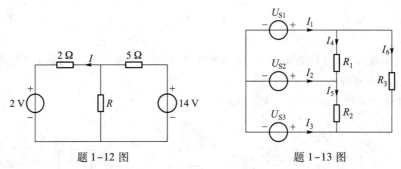

題 1-12 圖   題 1-13 圖

1-14 电路如题 1-14 图所示,若 $U_{S1} = 10$ V,$I_{S2} = 3$ A,试求电压源和电流源发出的功率。

1-15 如题 1-15 图所示电路,求图中各支路电流 I_1、I_2、I_3 的大小以及电压源的功率,并确定是发出还是吸收功率。

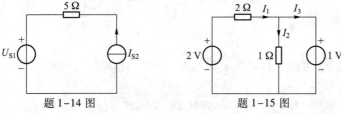

題 1-14 圖   題 1-15 圖

1-16 电路如题 1-16 图所示。已知 $i_4 = 1$ A,求各元件电压和吸收功率,并校验功率平衡。

1-17 电路如题 1-17 图所示,试求电流源电压 U 和电压源电流 I;U_X 和 I_x。

1-18 电路如题 1-18 图所示,已知 $I_1 = 2$ A,$U = 5$ V,求电流源 I_S、电阻 R 的数值。

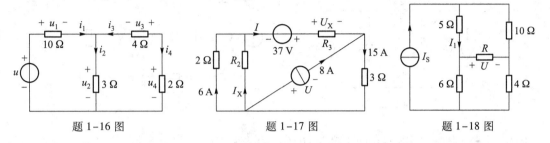

题 1-16 图　　　　　　题 1-17 图　　　　　　题 1-18 图

1-19 电路如题 1-19 图所示,试求电压源和电流源发出的功率。

1-20 电路如题 1-20 图所示,电流 I 等于多少?

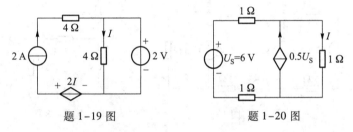

题 1-19 图　　　　　　　　题 1-20 图

1-21 电路如题 1-21 图所示,试求电流 I_1 和电压 U_{ab}。

1-22 在题 1-22 图所示电路中,试求电流 I。

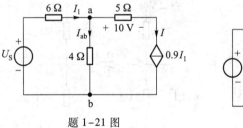
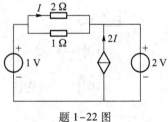

题 1-21 图　　　　　　　　题 1-22 图

1-23 在题 1-23 图所示电路中,已知 $I = 0.5I_1$,求 I_1。

1-24 在题 1-24 图所示电路中,求 I_1。

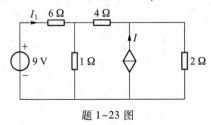
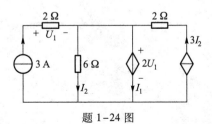

题 1-23 图　　　　　　　　题 1-24 图

1-25　电路如题 1-25 图所示,其中 $g=2$ S,求 U 和 R。

1-26　电路如题 1-26 图所示,电阻 $R=1$ Ω,试求 I_1、I_2;U_a、U_b。

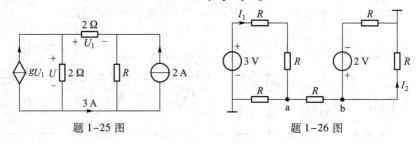

题 1-25 图　　　　　　　题 1-26 图

1-27　电路如题 1-27 图所示,问 a、b 端的电压 U_{ab} 等于多少?

1-28　电路如题 1-28 图所示,求在开关 S 断开和闭合两种状态下 a 点的电位。

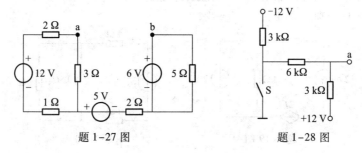

题 1-27 图　　　　　　　题 1-28 图

1-29　电路如题 1-29 图所示,当开关 S 断开或闭合时,试求电位器滑动端移动时,a 点电位的变化范围。

1-30　电路如题 1-30 图所示,求 2 kΩ 电阻上的电压 U。

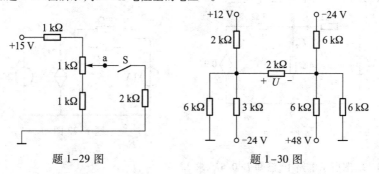

题 1-29 图　　　　　　　题 1-30 图

第2章　电阻电路的分析方法

本章将学习和研究线性电阻电路的一般分析方法,此分析方法不改变电路的结构,分析过程往往较有规律,因此特别适用于对整体电路的分析和利用计算机进行求解。其大体步骤是:首先选择一组特定的电路变量(电压或电流),然后利用基尔霍夫定律(KCL、KVL)和支路伏安关系(VCR),建立以电路变量为变量的电路方程组,解方程求得电路变量,最后由电路变量求出待求未知量。

2.1　两类约束与电路方程

2.1.1　KCL、KVL 与元件的伏安关系(VCR)

电路中存在两种约束关系,一类是元件的相互连接给支路电压和电流带来的约束,可称为拓扑约束,取决于电路的连接方式。与一个节点相连接的各支路,其电流必须受到 KCL 的约束;与一个回路相联系的各支路,其电压必须受到 KVL 的约束(与元件的性质无关)。

另一类是元件的特性对其电压和电流造成的约束,可称为元件约束,取决于元件的性质。例如,一个线性时不变电阻两端的电压 u 和流过的电流 i 服从欧姆定律 $u=Ri$ 的约束关系;理想电流源的电流是定值,即 $i=i_S$ 等。

基尔霍夫电流定律(Kirchhoff's current law,KCL)、基尔霍夫电压定律(Kirchhoff's voltage law,KVL)和元件伏安关系(voltage-current relation,VCR)是对电路中各电压变量、电流变量施加的全部约束。

集中参数电路中的电压和电流都受这两类约束的支配。根据这两类约束关系,可以列出联系电路中所有电压变量和电流变量的足够的独立方程组,因此两类约束是分析求解一切集中参数电路问题的基本依据。

2.1.2　独立的电路方程

以图 2-1 所示电路为例来说明独立的 KCL、KVL 方程的建立。该电路有 4 个节点,5 条支路,共计 5 个支路电压变量、5 个支路电流变量,已在图中标出。

依次对节点①、②、③和④运用 KCL 可得

$$\begin{cases} i_0 - i_1 = 0 \\ i_1 - i_2 - i_3 = 0 \\ i_2 + i_4 = 0 \\ -i_0 + i_3 - i_4 = 0 \end{cases} \qquad (2-1)$$

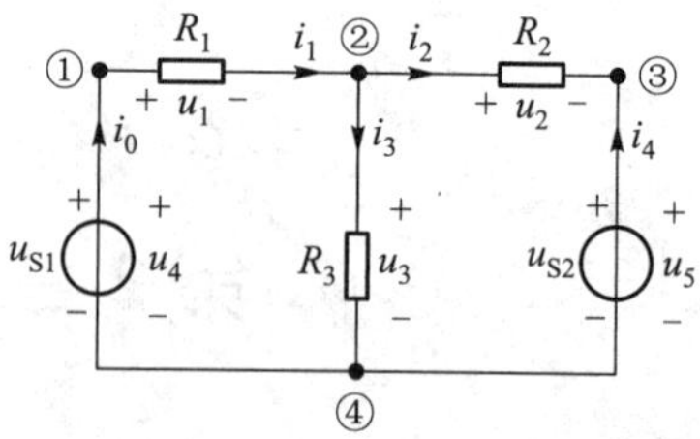

图 2-1　电阻电路

这 4 个方程式只有 3 个是独立的,例如第 4 个式子可由前三式相加或相减得出。其他各式也有类似情况。因此,只需列出其中的任意 3 个式子。

对图 2-1 所示电路中的两个网孔运用 KVL(选择顺时针绕行方向)可得

$$\begin{cases} u_1 + u_3 - u_4 = 0 \\ -u_3 + u_2 + u_5 = 0 \end{cases} \qquad (2-2)$$

这里只列出了根据两个网孔所得的方程,式中 u_1、u_2、u_3 分别为 R_1、R_2、R_3 电压。实际上,还可再列出一个 KVL 方程,即由外回路得

$$u_1 + u_2 + u_5 - u_4 = 0$$

显然这一方程也可由式(2-2)中的两式相加获得,因而不是独立的。

一般情况下,如果电路有 b 条支路、n 个节点,则独立的回路数为 $[b-(n-1)]$ 个,这 $[b-(n-1)]$ 个回路称为独立回路。对平面电路(即可以画在平面上而没有任何支路互相交叉的电路)来说,网孔数有 $[b-(n-1)]$ 个,按网孔列出的 KVL 方程是相互独立的。

由 5 条支路所得的 VCR 为

$$\begin{cases} u_1 = R_1 i_1 \\ u_2 = R_2 i_2 \\ u_3 = R_3 i_3 \\ u_4 = u_{S1} \\ u_5 = u_{S2} \end{cases} \qquad (2-3)$$

这 5 个式子是独立的,其中任何一个式子不能由其他式子推导出来。

以上总共得到了 10 个支路电压、支路电流变量的 10 个独立方程式。由于两电压源支路的电压是给定的,而支路电流是未知的,因此,该电路中的未知量实为 8 个,而上述 VCR 中除去最后两式后,连同由 KCL、KVL 所得的 5 个方程式,共为 8 个方程式,由此可解得电路中每一个支路电压和支路电流。

在一般情况下,如果电路有 b 条支路,则有 $2b$ 个支路电压、支路电流变量,需用 $2b$ 个联立方程来反映它们的全部约束关系。显然,由 b 条支路的 VCR 可得到 b 个独立方程,而其余的 b 个独立方程可以由 KCL 及 KVL 提供。

独立的 KCL、KVL 方程数有如下结论:

(1) 设电路的节点数为 n,则独立的 KCL 方程为 $(n-1)$ 个,且为任意的 $(n-1)$ 个。

(2) 给定一平面电路,则该电路有 $[b-(n-1)]$ 个网孔,且 $[b-(n-1)]$ 个网孔的 KVL 方程是

独立的。

（3）由 KCL 及 KVL 可以得到的独立方程总数是 b 个。

说明:平面电路为可以画在一个平面上而不使任何两条支路交叉的电路。网孔的概念只适用于平面电路。

能提供独立的 KCL 方程的节点,称为独立节点;能提供独立的 KVL 方程的回路称为独立回路。

思考题

2-1　填空题

（1）对于一个具有 b 条支路、n 个节点的电路,共有____个支路电流,____个支路电压。

（2）对于一个具有 b 条支路、n 个节点的电路,独立的 KCL 方程有____个,独立的 KVL 方程有____个,VCR 方程有____个。

2-2　单项选择题

（1）图 2-2 所示电路中的电阻 R 为（　　　）。

A. 1 Ω　　　　　　B. 4 Ω　　　　　　C. 8 Ω

（2）图 2-3 所示电路中,电流 I 的值应为（　　　）。

A. 10 A　　　　　　B. 2 A　　　　　　C. -2 A

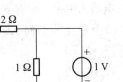

图 2-2　思考题 2-2(1)图

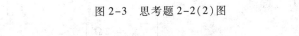

图 2-3　思考题 2-2(2)图　　　　　　图 2-4　思考题 2-3 图

2-3　求图 2-4 所示电路中的各支路电流及 1 V 电压源发出的功率。

2.2　支路电流法

对含有 b 条支路的电路,列出如上节所述的 $2b$ 个联立方程从而解出 $2b$ 个支路电压、支路电流,称为 $2b$ 法。$2b$ 法适用于任意集中参数电路,但 $2b$ 法的缺点是方程数太多,给手算求解带来困难。

以 b 个支路电流（或支路电压）为未知量,列出 b 个独立 KCL 及 KVL 方程,称为 $1b$ 法。

在 $1b$ 法中,若选支路电流为电路变量,则称为支路电流法（branch current method）;若选支路电压为电路变量,则称为支路电压法（branch voltage method）。

支路电流法利用元件 VCR,将电路方程中的支路电压用支路电流代替,使联立方程数由 $2b$

个减少为 b 个。

对图 2-1 所示电路以电阻支路以及电压源支路的电流 i_1、i_2、i_3、i_4、i_0 为未知量,仍按任意三个节点写出三个 KCL 方程,其联立方程可列写如下

$$\begin{cases} i_0 - i_1 = 0 \\ i_1 - i_2 - i_3 = 0 \\ i_2 + i_4 = 0 \end{cases} \tag{2-4}$$

将式(2-3)的 VCR 方程代入式(2-2)的 KVL 方程,得

$$\begin{cases} R_1 i_1 + R_3 i_3 - u_{S1} = 0 \\ -R_3 i_3 + R_2 i_2 + u_{S2} = 0 \end{cases} \tag{2-5}$$

由上列的 5 个方程即可解出所需的支路电流,进而求出所需电压。式(2-5)所示的两个方程可根据 KVL 结合电阻元件及电源元件的 VCR 直接列出。

列写支路电流法的电路方程的步骤如下:

(1) 选定各支路电流的参考方向;

(2) 对 $(n-1)$ 个独立节点列出 KCL 方程;

(3) 选取 $[b-(n-1)]$ 个独立回路,指定回路的绕行方向,列出 KVL 方程。

【例 2-1】　试列出图 2-5 所示电路的求解支路电流的方程。

解　(1) 在电路图中标出所有支路电流及其参考方向。

(2) 对 $(n-1)$ 个独立节点列 KCL 方程。

节点①:$-I_1 + I_2 + I_3 = 0$

节点②:$-I_2 + I_4 + I_5 = 0$

节点③:$-I_3 - I_4 + I_6 = 0$

(3) 对 $[b-(n-1)]$ 个独立回路列 KVL 方程。

回路 1:$I_2 + 2I_5 = -6 + 7$

回路 2:$2I_3 - 3I_4 - I_2 = 0$

回路 3:$3I_4 + I_6 - 2I_5 = 6$

(4) 联立 KCL、KVL 方程解出支路电流。

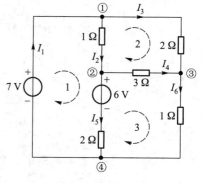

图 2-5　例 2-1 图

在支路电流法中,如果电路中存在电流源支路时,则在 KVL 方程中将出现相应的未知电压(电流源两端的电压),在求解支路电流时将一并求出。

【例 2-2】　图 2-6 所示电路中含有理想电流源,求各支路电流及理想电流源的端电压 U。

解　(1) 在电路图中标出所有支路电流及其参考方向。

(2) 对 $(n-1)$ 个独立节点列 KCL 方程。

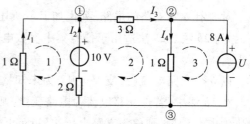

图 2-6　例 2-2 图

节点①: $-I_1-I_2+I_3=0$

节点②: $-I_3-8+I_4=0$

（3）对$[b-(n-1)]$个独立回路列 KVL 方程。

回路 1: $I_1-2I_2=-10$

回路 2: $3I_3+I_4+2I_2=10$

回路 3: $-I_4+U=0$

（4）联立上述 5 个方程解出支路电流及理想电流源的端电压 U。

$$I_1=-4\,\text{A}$$

$$I_2=3\,\text{A}$$

$$I_3=-1\,\text{A}$$

$$I_4=7\,\text{A}$$

$$U=7\,\text{V}$$

支路电流法是分析线性电路的一种最基本的方法，在方程数目不多的情况下可以使用。由于支路电流法要同时列写 KCL 和 KVL 方程，所以方程数目较多，手工求解繁琐。

类似地，也可以支路电压为变量，建立联立方程组来求解电路，在 1b 法中，这种方法常称为支路电压法。把支路的 VCR 代入 KCL 后可以得到以支路电压为变量的方程，把它们和 KVL 方程联立，即可求得所需的支路电压，进而求出所需的电流。在支路电压法中，若电路中含有电压源支路，则在 KCL 方程中将出现相应的未知电流（流过电压源的电流），在求解支路电压时将一并求出。

仍以图 2-1 所示电路为例，以电阻支路电压以及电压源支路的电流 u_1、u_2、u_3、i_4、i_0 为未知量，以式（2-3）的 VCR 代入式（2-2）的 KCL 方程得

$$\begin{cases} i_0-\dfrac{u_1}{R_1}=0 \\[2mm] \dfrac{u_1}{R_1}-\dfrac{u_2}{R_2}-\dfrac{u_3}{R_3}=0 \\[2mm] \dfrac{u_2}{R_2}+i_4=0 \end{cases} \qquad (2\text{-}6)$$

两个 KVL 方程则仍如式（2-2）所示。解出 5 个联立方程，即可求得所需的支路电压及电压源电流，进而求出所需的电流。

2b 法和 1b 法均立足于支路，可合称为支路分析法。

思考题

2-4 填空题

（1）支路电流法是以＿＿＿＿＿为未知量建立联立方程组来求解电路的方法，对于一个具有 n

个节点、b 条支路的电路其支路电流有＿个，可列出＿个独立的 KCL 方程和＿＿＿个独立的 KVL 方程。

（2）支路电压法是以＿＿＿＿＿＿为未知量建立联立方程组来求解电路的方法。

2-5　试用支路电流法求图 2-7 所示电路中的各支路电流 I_1、I_2、I_3。

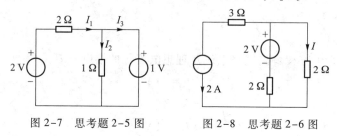

图 2-7　思考题 2-5 图　　　　　图 2-8　思考题 2-6 图

2-6　试用支路电流法求图 2-8 所示电路中的电流 I。

2.3　网孔电流法

网孔电流法（mesh-analysis method）是以网孔电流（mesh current）作为电路的独立变量来列写方程。所谓网孔电流是一种假想的沿着网孔边界流动的电流，如图 2-9 中以虚线表示的 i_{M1}、i_{M2}、i_{M3} 就是三个网孔电流。一个具有 n 个节点 b 条支路的平面电路共有 $[b-(n-1)]$ 个网孔，因而也有相同数量的网孔电流。

网孔电流有两个特点：

独立性：网孔电流自动满足 KCL，而且相互独立，这是因为每一个网孔电流沿着网孔流动，当它流经某节点时，从该节点流入，又从该节点流出。

完备性：电路中所有支路电流都可以用网孔电流或者网孔电流的组合来表示。

由于网孔电流自动满足 KCL，因此用网孔电流作为求解变量，只需按 KVL 和支路的 VCR 列写 $[b-(n-1)]$ 个方程。

2.3.1　网孔 KVL 方程列写

在选定网孔电流后，可为每一个网孔列写一个 KVL 方程，方程中的支路电压可以通过欧姆定律用网孔电流来表示。在列方程时，把网孔电流的参考方向作为列方程时的回路绕行方向。以网孔电流为变量的方程组称为网孔方程。根据以上所述，对图 2-9 所示电路，可得

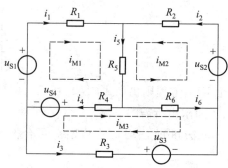

图 2-9　网孔电流法用图

$$\begin{cases} R_1 i_{M1} + R_5(i_{M1}+i_{M2}) + R_4(i_{M1}-i_{M3}) + u_{S4} - u_{S1} = 0 \\ R_2 i_{M2} + R_5(i_{M2}+i_{M1}) + R_6(i_{M2}+i_{M3}) - u_{S2} = 0 \\ R_3 i_{M3} + R_4(i_{M3}-i_{M1}) + R_6(i_{M3}+i_{M2}) - u_{S4} - u_{S3} = 0 \end{cases} \quad (2-7)$$

经过整理可得

$$\begin{cases} (R_1+R_4+R_5) i_{M1} + R_5 i_{M2} - R_4 i_{M3} = u_{S1} - u_{S4} \\ R_5 i_{M1} + (R_2+R_5+R_6) i_{M2} + R_6 i_{M3} = u_{S2} \\ -R_4 i_{M1} + R_6 i_{M2} + (R_3+R_4+R_6) i_{M3} = u_{S3} + u_{S4} \end{cases} \quad (2-8)$$

式（2-8）的物理意义是：各网孔电流在电阻上的电压降之和，等于该网孔中电压源电位升之和。

把式（2-8）改写为如下形式

$$\begin{cases} R_{11} i_{M1} + R_{12} i_{M2} + R_{13} i_{M3} = u_{S11} \\ R_{21} i_{M1} + R_{22} i_{M2} + R_{23} i_{M3} = u_{S22} \\ R_{31} i_{M1} + R_{32} i_{M2} + R_{33} i_{M3} = u_{S33} \end{cases} \quad (2-9)$$

式中，R_{11}、R_{22}、R_{33} 分别称为网孔 1、2 和 3 的自电阻，它们分别是各自网孔内所有电阻的总和；R_{12} 和 R_{21} 称为网孔 1 和 2 的互电阻，它们是该两网孔的共有电阻，且有 $R_{12}=R_{21}$；R_{13} 和 R_{31} 称为网孔 1 和 3 的互电阻，它们是该两网孔的共有电阻的负值，且有 $R_{13}=R_{31}$；R_{23} 和 R_{32} 称为网孔 2 和 3 的互电阻，它们是该两网孔的共有电阻，且有 $R_{23}=R_{32}$。

自电阻均为正值，而互电阻可为正、负值。互电阻的正、负值要视有关的网孔电流流过共有电阻时其相互方向的关系如何而定，同向为正，异向为负。

u_{S11}、u_{S22}、u_{S33} 分别为网孔 1、2 和 3 中各电压源电压的代数和，当网孔电流的方向与电压源电压的参考方向相反（即电位升）为正，反之（即电位降）为负。

对具有 m 个网孔的平面电路，网孔电流方程的一般形式可以由式（2-9）推广而得，即有

$$\begin{cases} R_{11} i_{M1} + R_{12} i_{M2} + \cdots + R_{1m} i_{Mm} = u_{S11} \\ R_{21} i_{M1} + R_{22} i_{M2} + \cdots + R_{2m} i_{Mm} = u_{S22} \\ \qquad \cdots\cdots\cdots\cdots \\ R_{m1} i_{M1} + R_{m2} i_{M2} + \cdots + R_{mm} i_{Mm} = u_{Smm} \end{cases} \quad (2-10)$$

一般情况下，可选择网孔电流的参考方向均为顺时针或者均为逆时针的同一绕行方向，这时所有的互电阻均为有关网孔共有电阻总和的负值。方程等式右部为有关网孔中所有电压源电压的代数和，即各电压源的方向与网孔电流一致时，前面取"-"号，反之取"+"号。

【例 2-3】 用网孔电流法求解图 2-10 所示电路的各支路电流。已知 $R_1=5\ \Omega$，$R_2=10\ \Omega$，$R_3=20\ \Omega$。

解 电路为平面电路，共有 2 个网孔。

（1）选取网孔电流 I_{M1}、I_{M2}，如图 2-10 所示。

（2）列网孔电流方程。

由自电阻 $R_{11}=R_1+R_3=25\ \Omega$、$R_{22}=R_2+R_3=30\ \Omega$，互电

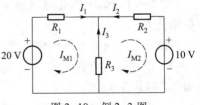

图 2-10 例 2-3 图

阻 $R_{12}=R_{21}=-R_3=-20\ \Omega$，以及 $u_{S11}=20\ \mathrm{V}$、$u_{S22}=-10\ \mathrm{V}$，得网孔方程

$$25I_{M1}-20I_{M2}=20\ \mathrm{V}$$

$$-20I_{M1}+30I_{M2}=-10\ \mathrm{V}$$

（3）用消去法或行列式法，解得

$$I_{M1}=\frac{8}{7}\ \mathrm{A}=1.143\ \mathrm{A}$$

$$I_{M2}=\frac{3}{7}\ \mathrm{A}=0.429\ \mathrm{A}$$

（4）指定各支路电流如图2-10所示，有

$$I_1=I_{M1}=1.143\ \mathrm{A}$$

$$I_2=-I_{M2}=-0.429\ \mathrm{A}$$

$$I_3=I_{M2}-I_{M1}=-0.714\ \mathrm{A}$$

（5）用 KVL 来校验。

取一个未用过的回路，例如取由 R_1、R_2 电阻及 20 V、10 V 电压源构成的外网孔，沿顺时针绕行方向，有

$$R_1I_1-R_2I_2=(20-10)\ \mathrm{V}$$

代入各值，答案正确。

2.3.2　含电流源支路的处理

如果电路中存在电流源支路时，需要特殊处理。常用的方法有以下几种。

方法 1　对电路进行变形，将电流源置于网孔外边沿（即使无伴电流源电流仅属于某一个网孔电流），则电流源的电流即为某一个网孔电流，可少列一个 KVL 方程。

方法 2　当公共支路含有电流源时，可以先把电流源看作电压源。假设电流源两端的电压为未知量，列写到网孔 KVL 方程（2-10）式的右边。这样，网孔方程中增加了一个未知量，可以通过增列电流源的电流与网孔电流的约束方程来解决。

方法 3　用含有公共电流源的相邻网孔来构造一个"超网孔"（super mesh），使电流源位于超网孔的内部，再对不含电流源的网孔（包括超网孔）列写网孔 KVL 方程。这种方法没有把电流源的电压引入 KVL 方程，可以相应减少电路方程数，是一种较简便的方法。

【例 2-4】　试用网孔电流法求解图 2-11 所示电路中的电流 I_X。

解法一　把电流源看作电压源来处理

（1）设网孔电流的参考方向及电流源电压的参考极性如图 2-11 所示。

（2）把电流源看作电压为 u 的电压源列入到网孔

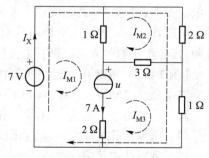

图 2-11　例 2-4 图

KVL 方程。

$$网孔1 \quad 3I_{M1} - I_{M2} - 2I_{M3} = 7 - u$$
$$网孔2 \quad -I_{M1} + 6I_{M2} - 3I_{M3} = 0$$
$$网孔3 \quad -2I_{M1} - 3I_{M2} + 6I_{M3} = u$$

再增列电流源支路与解变量网孔电流的约束方程

$$I_{M1} - I_{M3} = 7$$

（3）联立上述 4 个方程求解得

$$I_{M1} = 9 \text{ A} \quad I_{M2} = 2.5 \text{ A} \quad I_{M3} = 2 \text{ A}$$

（4）最后求解其他变量

$$I_X = I_{M1} = 9 \text{ A}$$

注意：电流源两端有电压，假设为 u。网孔电流方程实质上是 KVL 方程，在列方程时应把电流源电压考虑在内。由于 u 也是未知量，故需增列一个补充方程，即上式中的第 4 个方程。

解法二 构造"超网孔"的方法

（1）设网孔电流的参考方向如图 2-11 所示。

（2）由于 7 A 电流源位于网孔 1 和网孔 3 的公共边界上，因此可以构造一个不含电流源的"超网孔"，如图 2-11 中虚折线所示。对于不含电流源支路的网孔（包括超网孔）列写 KVL 方程。

$$网孔2 \quad -I_{M1} + 6I_{M2} - 3I_{M3} = 0$$
$$超网孔 \quad 2I_{M2} + I_{M3} = 7$$

再增列电流源支路与解变量网孔电流的约束方程

$$I_{M1} - I_{M3} = 7$$

（3）联立上述 3 个方程求解得

$$I_{M1} = 9 \text{ A} \quad I_{M2} = 2.5 \text{ A} \quad I_{M3} = 2 \text{ A}$$

（4）最后求解其他变量

$$I_X = I_{M1} = 9 \text{ A}$$

2.3.3 含受控源支路的处理

当电阻电路中含受控源，可以先把受控源当作独立电源，列写到各网孔 KVL 方程等式的右边，再增列控制量用网孔电流表示的补充方程。

【例2-5】 用网孔电流法求图 2-12 所示含受控源电路中的 I_X（图中 $r = 8 \ \Omega$）。

解 （1）设网孔电流的参考方向如图 2-12 所示。

（2）把受控电压源看作独立电源，列写到各网孔 KVL 方程等式的右边。

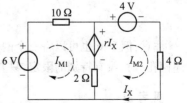

图 2-12 例 2-5 图

网孔 1　　$12I_{M1} - 2I_{M2} = 6 - 8I_X$

网孔 2　　$-2I_{M1} + 6I_{M2} = -4 + 8I_X$

（3）增列控制量用网孔电流表示的补充方程。

$$I_X = I_{M2}$$

（4）联立上述 3 个方程求解得

$$I_X = I_{M2} = 3 \ \text{A}$$

【例 2-6】　用网孔电流法求图 2-13 所示电路中受控电流源发出的功率。

解　（1）设网孔电流的参考方向如图 2-13 所示。

（2）先把受控电流源看作独立电源，由于受控电流源位于网孔 1 和网孔 3 的公共边界上，可以合并成一个包含网孔 1 和网孔 3 的"超网孔"，如图 2-13 中虚折线所示。对不含受控电流源的网孔（包括超网孔）列写网孔 KVL 方程。

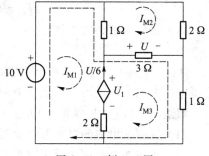

图 2-13　例 2-6 图

网孔 2　　$-I_{M1} + 6I_{M2} - 3I_{M3} = 0$

超网孔　　$I_{M1} - I_{M2} + 3(I_{M3} - I_{M2}) + I_{M3} = 10$

（3）增列受控电流源支路与网孔电流的约束方程。

$$\frac{U}{6} = I_{M3} - I_{M1}$$

（4）增列控制量用网孔电流表示的补充方程。

$$U = 3(I_{M3} - I_{M2})$$

（5）联立上述 4 个方程求解得

$$I_{M1} = 3.6 \ \text{A}$$

$$I_{M2} = 2.8 \ \text{A}$$

$$I_{M3} = 4.4 \ \text{A}$$

$$U = 4.8 \ \text{V}$$

（6）由网孔 1 列写的 KVL 方程 $3I_{M1} - I_{M2} - 2I_{M3} = 10 - U_1$，可得

$$U_1 = 10.8 \ \text{V}$$

（7）最后求得受控源发出的功率为

$$P = U_1 \times \frac{U}{6} = 8.64 \ \text{W}$$

注意：例 2-6 也可以将三个网孔合并成一个"超网孔"，即由最外围回路列写 KVL 方程。构造"超网孔"时，没有特别的限定，只要保证"超网孔"KVL 方程是独立的、且不含（受控）电流源即可。

思 考 题

2-7　用网孔电流法计算图 2-14 所示电路中的支路电流 I。

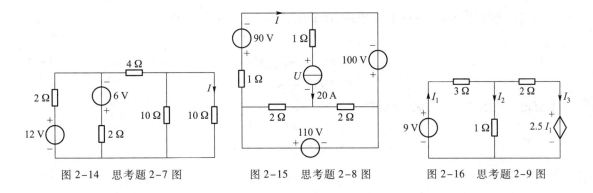

图 2-14　思考题 2-7 图　　　图 2-15　思考题 2-8 图　　　图 2-16　思考题 2-9 图

2-8　用网孔电流法计算图 2-15 所示电路中的电流 I 和电压 U。

2-9　用网孔电流法计算图 2-16 所示电路中的电流 I_1、I_2、I_3。

2.4　节点电压法

节点电压法(node-analysis method)是以节点电压(node voltage)作为电路的独立变量,是从支路电压法减少 KVL 方程的思路上得出的一种方法。

在电路中任选一个节点为参考点(reference node),其余的每一个节点到参考点的电压降,就称为这个节点的节点电压。显然,对于具有 n 个节点的电路,就有$(n-1)$个节点电压。

节点电压法的基本思想是:选节点电压为未知量,可以减少方程个数。节点电压自动满足 KVL,仅列写 KCL 方程就可以求解电路。各支路电压可视为节点电压的线性组合。求出节点电压后,便可方便地得到各支路电压、电流。同时类似于网孔电流,节点电压也具有独立性和完备性。

2.4.1　节点 KCL 方程列写

以图 2-17 所示电路来说,它有四个节点,若选节点④为参考节点,则其余三个节点分别对参考节点的电压即为 u_{N1}、u_{N2} 和 u_{N3}。

当任一回路中的各支路电压均以节点电压表示时,每个节点电压均会在方程中出现两次,且一正一负,即其代数和恒等于零,所以节点电压自动满足 KVL。因此求解节点电压所需的方程组只能来自 KCL 和支路的 VCR。

在选定参考节点后,可为每一个独立节点列写一个 KCL 方程,方程中的支路电流可以用节点电压来表示。通常,各节点电压一律假定为电压降。以节点电压为变量的方程组称为节点电压方程。

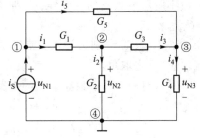

图 2-17　节点电压法用图

根据以上所述,对图 2-17 所示电路,在节点①、②、③运用 KCL 得

$$\begin{cases} 节点① & i_1 + i_5 - i_S = 0 \\ 节点② & -i_1 + i_2 + i_3 = 0 \\ 节点③ & -i_3 + i_4 - i_5 = 0 \end{cases} \tag{2-11}$$

用节点电压表示各支路电流,分别为

$$\begin{cases} i_1 = G_1(u_{N1} - u_{N2}) \\ i_2 = G_2 u_{N2} \\ i_3 = G_3(u_{N2} - u_{N3}) \\ i_4 = G_4 u_{N3} \\ i_5 = G_5(u_{N1} - u_{N3}) \end{cases} \tag{2-12}$$

将式(2-12)代入式(2-11),并进行整理,可得

$$\begin{cases} 节点① & (G_1 + G_5)u_{N1} - G_1 u_{N2} - G_5 u_{N3} = i_S \\ 节点② & -G_1 u_{N1} + (G_1 + G_2 + G_3)u_{N2} - G_3 u_{N3} = 0 \\ 节点③ & -G_5 u_{N1} - G_3 u_{N2} + (G_3 + G_4 + G_5)u_{N3} = 0 \end{cases} \tag{2-13}$$

这就是以节点电压 u_{N1}、u_{N2} 和 u_{N3} 为变量的三个方程。解这三个方程求得节点电压后,便可算出电路中所有的支路电压。

式(2-13)的物理意义是:各节点电压作用在电导上流出某节点的电流之和,等于电流源输入该节点的电流之和。

把式(2-13)改写为如下形式:

$$\begin{cases} G_{11}u_{N1} + G_{12}u_{N2} + G_{13}u_{N3} = i_{S11} \\ G_{21}u_{N1} + G_{22}u_{N2} + G_{23}u_{N3} = i_{S22} \\ G_{31}u_{N1} + G_{32}u_{N2} + G_{33}u_{N3} = i_{S33} \end{cases} \tag{2-14}$$

式中,G_{11}、G_{22}、G_{33} 分别称为节点①、②和③的自电导,它们分别是各节点上所有电导的总和,等于接在节点 j 上所有支路电导之和(包括电压源与电阻串联支路),总为正。G_{12} 和 G_{21} 称为节点①和②的互电导,它们是该两节点间的共有电导的负值,且有 $G_{12} = G_{21}$;G_{13}、G_{31}、G_{23}、G_{32} 分别为其下标数字所示节点间的互电导,分别为有关两节点间共有电导的和,总为负值,且有 $G_{13} = G_{31}$,$G_{23} = G_{32}$。

i_{S11}、i_{S22}、i_{S33} 分别为输入节点①、②、③的电流源电流的代数和,其中输入节点的电流源的电流取正,反之取负。

对具有 $(n-1)$ 个独立节点的电路,节点方程的标准形式应为

$$\begin{cases} G_{11}u_{N1} + G_{12}u_{N2} + \cdots + G_{1(n-1)}u_{N(n-1)} = i_{S11} \\ G_{21}u_{N1} + G_{22}u_{N2} + \cdots + G_{2(n-1)}u_{N(n-1)} = i_{S22} \\ \qquad\qquad \cdots\cdots\cdots\cdots \\ G_{(n-1)1}u_{N1} + G_{(n-1)2}u_{N2} + \cdots + G_{(n-1)(n-1)}u_{N(n-1)} = i_{S(n-1)(n-1)} \end{cases} \tag{2-15}$$

由于各节点电压都一律假定为电压降,因而各互电导都是负值。

【**例 2-7**】 电路如图 2-18 所示,试用节点电压法求解节点电压 U_{N1} 和 U_{N2},并求支路电流 I_1、I_2 和 I_3。

解 (1)设参考节点并用接地符号标出,其余节点的节点电压设为 U_{N1}、U_{N2}。

(2)以节点电压 U_{N1}、U_{N2} 为求解变量,列写 $(n-1)$ 个 KCL 方程。

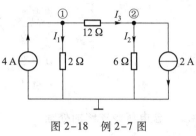

图 2-18 例 2-7 图

$$节点① \quad \left(\frac{1}{2}+\frac{1}{12}\right)U_{N1}-\left(\frac{1}{12}\right)U_{N2}=4$$

$$节点② \quad -\left(\frac{1}{12}\right)U_{N1}+\left(\frac{1}{12}+\frac{1}{6}\right)U_{N2}=-2$$

(3)整理上述方程得

$$节点① \quad \frac{7}{12}U_{N1}-\frac{1}{12}U_{N2}=4$$

$$节点② \quad -\frac{1}{12}U_{N1}+\frac{3}{12}U_{N2}=-2$$

解得

$$U_{N1}=6 \text{ V}$$

$$U_{N2}=-6 \text{ V}$$

(4)支路电流为

$$I_1=\frac{U_{N1}}{2}=3 \text{ A}$$

$$I_2=\frac{U_{N2}}{6}=-1 \text{ A}$$

$$I_3=\frac{U_{N1}-U_{N2}}{12}=1 \text{ A}$$

【**例 2-8**】 试列出图 2-19 所示电路的节点电压方程。

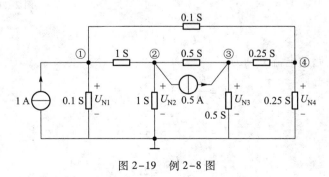

图 2-19 例 2-8 图

解 （1）设参考节点并用接地符号标出，其余节点的节点电压设为 U_{N1}、U_{N2}、U_{N3}、U_{N4}，如图 2–19 所示。

（2）以节点电压 U_{N1}、U_{N2}、U_{N3}、U_{N4} 为求解变量，列写（$n-1$）个 KCL 方程。

$$节点① \quad 1.2U_{N1}-U_{N2}-0.1U_{N4}=1$$
$$节点② \quad -U_{N1}+2.5U_{N2}-0.5U_{N3}=-0.5$$
$$节点③ \quad -0.5U_{N2}+1.25U_{N3}-0.25U_{N4}=0.5$$
$$节点④ \quad -0.1U_{N1}-0.25U_{N3}+0.6U_{N4}=0$$

2.4.2 含电压源支路的处理

如果电路中存在电压源支路时，需要特殊处理。常用的方法有以下几种。

方法 1   尽量取电压源支路的一端为参考节点，这时电压源的另一端的节点电压为已知量，故不必再对该节点列写节点 KCL 方程。

方法 2   若电压源两端均不能成为参考节点，在列写节点 KCL 方程时必须考虑流过电压源的电流，需要先假设电压源的电流为未知量，把电压源看作电流为 i 的电流源，列写到节点 KCL 方程等式的右边。由于 i 是未知量，故必须再增列电压源的电压与求解变量节点电压的约束方程。这种方法使求解变量的个数增加，电路方程增加，比较麻烦。

方法 3   用含有公共电压源的相邻节点来构造一个"超节点"（super node），使电压源位于超节点的内部，再对不含电压源支路的节点（包括超节点）列写 KCL 方程。这种方法没有把电压源的电流引入 KCL 方程，可以相应减少电路方程数，是一种较简便的方法。

【例 2–9】 试用节点电压法求图 2–20 所示电路中的各支路电流。

解 （1）取电压源一端节点为参考节点，如图 2–20 所示，则电压源的另一端的节点电压为已知。所列方程如下。

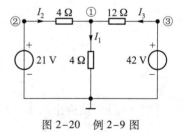

图 2–20   例 2–9 图

$$节点① \quad \left(\frac{1}{4}+\frac{1}{4}+\frac{1}{12}\right)U_{N1}-\frac{1}{4}U_{N2}-\frac{1}{12}U_{N3}=0$$
$$节点② \quad U_{N2}=21$$
$$节点③ \quad U_{N3}=42$$

联立求解可得：

$$U_{N1}=15\text{ V}$$

（2）三个电阻支路的电流分别为

$$I_1=\frac{U_{N1}}{4}=3.75\text{ A}$$

$$I_2=\frac{U_{N2}-U_{N1}}{4}=1.5\text{ A}$$

$$I_3=\frac{U_{N3}-U_{N1}}{12}=2.25\text{ A}$$

其中 I_2 和 I_3 分别为流过 21 V 电压源和 42 V 电压源的电流。

【例 2-10】　试用节点电压法分析图 2-21 所示电路。

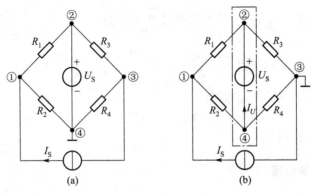

图 2-21　例 2-10 图

解法一　取电压源支路的一端为参考节点的方法

取电压源一端节点④为参考节点,如图 2-21(a)所示,则电压源另一端②的节点电压为已知。所列各节点的 KCL 方程如下:

$$节点① \quad \frac{U_{N1}-U_{N2}}{R_1}+\frac{U_{N1}}{R_2}=I_S$$

$$节点② \quad U_{N2}=U_S$$

$$节点③ \quad \frac{U_{N3}-U_{N2}}{R_3}+\frac{U_{N3}}{R_4}=-I_S$$

将上述 3 个方程联立求解即可。

解法二　先将电压源当作电流源的方法

设节点③为参考节点,并设流过电压源的电流为 I_U,如图 2-21(b)所示,可列出各节点的 KCL 方程如下。

$$节点① \quad \frac{U_{N1}-U_{N2}}{R_1}+\frac{U_{N1}-U_{N4}}{R_2}=I_S$$

$$节点② \quad \frac{U_{N2}-U_{N1}}{R_1}+\frac{U_{N2}}{R_3}=I_U$$

$$节点④ \quad \frac{U_{N4}-U_{N1}}{R_2}+\frac{U_{N4}}{R_4}=-I_U$$

再相应增加一个电压源支路的约束方程

$$U_{N2}-U_{N4}=U_S$$

将上述 4 个方程联立求解即可。

解法三　构造"超节点"的方法

设节点③为参考节点,用含有电压源的节点②和节点④来构造一个"超节点",如图 2-21 (b)中的虚线框所示,对于不含电压源支路的节点(包括超节点)列写 KCL 方程。

$$节点① \quad \frac{U_{N1}-U_{N2}}{R_1}+\frac{U_{N1}-U_{N4}}{R_2}=I_S$$

$$超节点 \quad \frac{U_{N2}-U_{N1}}{R_1}+\frac{U_{N4}-U_{N1}}{R_2}+\frac{U_{N2}}{R_3}+\frac{U_{N4}}{R_4}=0$$

再相应增加一个电压源支路的约束方程

$$U_{N2}-U_{N4}=U_S$$

将上述 3 个方程联立求解即可。

2.4.3 含受控源支路的处理

当电路中含有受控源时,先把受控源看作独立源,列写到各节点 KCL 方程等式的右边,再增列用求解变量节点电压表示的控制量的补充方程。

【例 2-11】 电路如图 2-22 所示,试列出节点电压方程。

解 (1)先把受控源看作独立源,设流过 CCVS 的电流为 i_1,对节点①、②、③列写节点电压方程

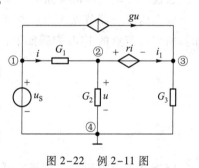

$$u_{N1}=u_S$$

$$-G_1 u_{N1}+(G_1+G_2)u_{N2}=-i_1$$

$$G_3 u_{N3}=i_1+gu$$

图 2-22 例 2-11 图

(2)增列受控电压源的电压与节点电压的约束方程

$$ri=u_{N2}-u_{N3}$$

(3)增列控制量与节点电压的约束方程

$$i=G_1(u_{N1}-u_{N2})$$

$$u=u_{N2}$$

(4)联立上述 6 个方程求解。

节点电压法的步骤可以归纳如下:

(1)指定参考节点,其余节点对参考节点之间的电压即为节点电压。

(2)列出节点电压方程,注意自电导总是正值,互电导总是负值,流进节点的电流源电流取正值,流出节点的电流源电流取负值。

(3)当电路中有受控电压源或独立电压源时,需指定其电流的参考方向,然后参照电流源支路进行处理。

至此,已学习了支路电流法、网孔电流法、节点电压法。支路电流法需联立求解的方程数等于支路数,计算量大,故在实际中用的较少;对具有 n 个节点、b 条支路的连通网络,用网孔电流法需联立求解的方程数为 $[b-(n-1)]$ 个,用节点电压法需列 $(n-1)$ 个方程求解,均少于支路数,

并且方程较有规律,可从网络直接列出。网络分析中究竟用哪一种分析法,要根据网络的具体情况而定。同时,若网络中电源的类型大多为电流源,则列节点电压方程较为简单,若网络中电源的类型大多为电压源,则列网孔电流方程较为简单。最后指出,网孔电流法只适用于平面网络,而节点电压法无此限制。

思考题

2-10 用节点电压法计算图 2-23 所示电路中的电流 I。

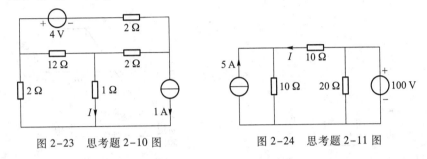

图 2-23 思考题 2-10 图   图 2-24 思考题 2-11 图

2-11 用节点电压法求图 2-24 所示电路中的电流 I。

2-12 用节点电压法求图 2-25 所示电路中的电压 U_x。

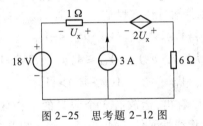

图 2-25 思考题 2-12 图

2.5 理想运算放大器电路分析

运算放大器(operational amplifier)简称"运放",是具有很高电压放大倍数的电路单元。在实际电路中,通常结合反馈网络共同组成某种功能模块。早期应用于模拟计算机中,用以完成对信号的加法、减法、积分、微分等数学运算,故得名"运算放大器"。运放是一个从功能的角度命名的电路单元,可以由分立的器件实现,也可以实现在半导体芯片当中。随着半导体技术的发展,大部分的运放是以单芯片的形式存在,其应用也远远超出了运算的范围。运放的种类繁多,广泛应用于电子行业,其体积小,外部操作比较简单,在分析和设计时常把它看作一个电路元件。

2.5.1 运算放大器电路模型

电路分析中讲到的运算放大器是指实际运算放大器的电路模型。图 2-26 所示是运算放大器模型的符号,三个端点分别是:同相输入端(non-inverting input terminal,用"+"表示),反相输入端(inverting input terminal,用"−"表示)和输出端(output terminal)。运算放大器还要有直流电源供电,分别是 $+V_{CC}$ 和 $-V_{CC}$。输入端、输出端和电源的公共端(即接地端)设计在运算放大器的外部。

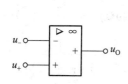

图 2-26 运放模型的符号

图 2-27 运放的转移特性

运算放大器的转移特性(输出−输入特性)如图 2-27 所示。对于运放,输出电压是两个输入电压之差(u_+-u_-)的函数。电压传输特性方程是

$$u_O = \begin{cases} -V_{CC} & A(u_+-u_-) < -V_{CC} \\ A(u_+-u_-) & -V_{CC} \leqslant A(u_+-u_-) \leqslant +V_{CC} \\ +V_{CC} & A(u_+-u_-) > +V_{CC} \end{cases} \tag{2-16}$$

从图 2-27 和式(2-16)可以看出,运放有 3 个明显的工作区域。当输入电压之差($|u_+-u_-|$)的数值很小时,运放的特性像线性元件,输出电压是输入电压的线性函数。线性区外,运放的输出饱和,运放的特性像非线性元件,因为输出电压不再是输入电压的线性函数。

如果运放工作在线性区,其电路模型可由图 2-28 表示,为了简单起见,省略了运放供给内部工作的直流电源,图中 R_i 为输入电阻,R_o 为输出电阻,受控源则用来表示运算放大器的电压放大作用,A 为运放的电压放大倍数(电压增益),u_+ 为同相输入端的输入电压,u_- 为反相输入端的输入电压,当两个输入电压同时作用时,受控源的电压可表示为

$$A(u_+-u_-) = Au_d \tag{2-17}$$

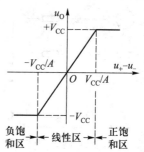

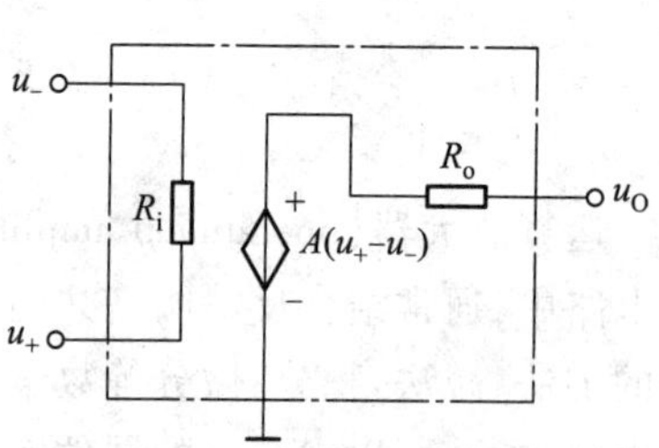

图 2-28 线性运放的模型

u_d 称为差分输入电压(differential input voltage)。

当输出电阻 R_o 可以忽略不计时,式(2-17)表示的受控源的电压即为运算放大器的输出电压,即

$$u_0 = A(u_+ - u_-) = Au_d \qquad (2-18)$$

如果把反相输入端接"地",而把输入电压加在同相输入端与"地"之间,则输出电压为 Au_+,说明输出电压与同相输入端的输入电压对"地"而言的极性相同;如果把同相输入端接"地",而把输入电压加在反相输入端与"地"之间,则输出电压为 $-Au_-$,负号表示反相,说明输出电压与反相输入端的输入电压对"地"而言的极性相反。反向输入端和同相输入端因此而得名。

2.5.2 理想运算放大器电路分析

作为电路元件的运放,是实际运放的理想化的模型,理想化的条件如下:

(1)开环电压增益无穷大,$A \to \infty$;

(2)输入电阻无穷大,$R_i \to \infty$;

(3)输出电阻无穷小,$R_o \to 0$;

(4)共模抑制比无穷大,$K_{CMRR} \to \infty$。

根据理想运放的特征,可以得出理想运放工作在线性区的两个重要分析依据。

(1)虚短

由于电压增益 A 为无穷大,且输出电压 u_0 为有限值,由式(2-18)可知,$u_d \approx 0$,即

$$u_+ \approx u_- \qquad (2-19)$$

(2)虚断

由于输入电阻 R_i 无穷大,因此两个输入端的输入电流为零,用 i_+ 表示同相输入端电流,i_- 表示反相输入端电流,则

$$i_+ = i_- \approx 0 \qquad (2-20)$$

利用虚短和虚断的特征可以方便地分析含有运放的电路。

【例 2-12】 图 2-29 所示电路是一个反相放大器,试求出输入 u_1 与输出 u_0 的关系。

解 输入信号 u_1 经输入电阻 R_1 送到反相输入端,同相输入端相当于接"地"(又称"虚地"),有时会在同相输入端和"地"之间加一个平衡电阻,其作用主要是消除静态电流对输出电压的影响。平衡电阻的取值为 $R_1 // R_F$。

根据"虚断"$i_+ = 0$,得 $u_+ = 0$;再根据"虚短"得 $u_- = u_+ = 0$。

对节点①列节点 KCL 方程

$$\frac{0 - u_1}{R_1} + \frac{0 - u_0}{R_F} = 0$$

可以得出

$$u_0 = -\frac{R_F}{R_1} u_1 \qquad (2-21)$$

上式表明,输出电压与输入电压是比例运算关系,或者说是比例放大关系,并且成反相,所以这种电路又可以称为反相比例运算电路。

图 2-29 中,当 $R_1 = R_F$ 时,由式(2-21)可得

$$u_0 = -u_1 \qquad (2-22)$$

这就是反相器。

【例 2-13】　图 2-30 所示电路是一个反相加法器,可对输入电压进行加法运算,试求出输入电压与输出电压之间的关系。

解　根据"虚断"$i_+ = 0$,得 $u_+ = 0$;再根据"虚短"得 $u_- = u_+ = 0$。

对节点①列节点 KCL 方程

$$\frac{0-u_1}{R_1} + \frac{0-u_2}{R_2} + \frac{0-u_3}{R_3} + \frac{0-u_0}{R_F} = 0$$

可得

$$u_0 = -\left(\frac{R_F}{R_1}u_1 + \frac{R_F}{R_2}u_2 + \frac{R_F}{R_3}u_3\right) \qquad (2-23)$$

当 $R_1 = R_2 = R_3 = R_F$ 时,式(2-23)可写成

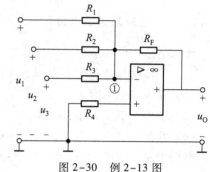

图 2-30　例 2-13 图

$$u_0 = -(u_1 + u_2 + u_3) \qquad (2-24)$$

【例 2-14】　图 2-31 所示电路是一个同相放大器,试求输入 u_I 与输出 u_0 的关系。

解　根据"虚断"$i_+ = 0$,得 $u_+ = u_I$;再根据"虚短"得 $u_- = u_+ = u_I$。

对节点①列节点 KCL 方程

$$\frac{u_1 - 0}{R_1} + \frac{u_I - u_0}{R_F} = 0$$

可得

$$u_0 = \left(1 + \frac{R_F}{R_1}\right)u_I \qquad (2-25)$$

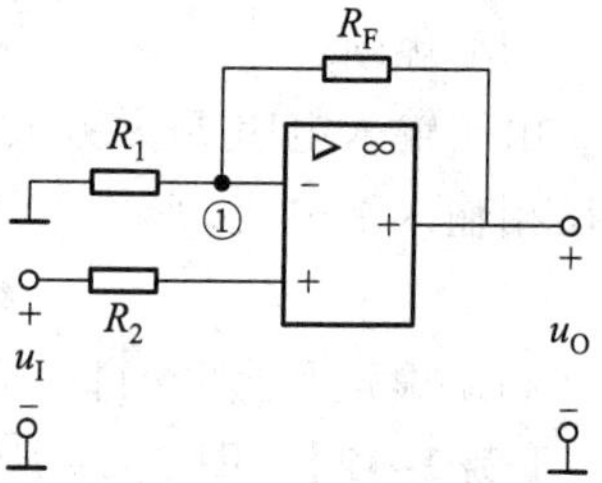

当电阻 $R_1 = \infty$(断开)或者 $R_F = 0$ 时,式(2-25)可以写成

图 2-31　例 2-14 图

$$u_0 = u_I \qquad (2-26)$$

这就是电压跟随器(voltage follower)。电压跟随器电路如图 2-32 所示。

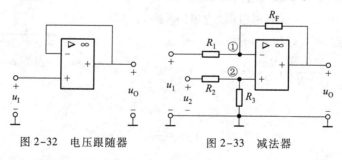

图 2-32　电压跟随器　　　　图 2-33　减法器

【例 2-15】　图 2-33 所示电路是一个减法器,试求输出电压 u_0 与输入电压 u_1、u_2 的关系。

解　根据"虚断",即 $i_+ = i_- = 0$,对节点①、②列节点 KCL 方程。

$$节点①　\frac{u_- - u_1}{R_1} + \frac{u_- - u_0}{R_F} = 0$$

$$节点②　\frac{u_+ - u_2}{R_2} + \frac{u_+ - 0}{R_3} = 0$$

根据"虚短",即 $u_+ = u_-$,从上式可以解出

$$u_0 = \left(1 + \frac{R_F}{R_1}\right)\frac{R_3}{R_2 + R_3}u_2 - \frac{R_F}{R_1}u_1 \tag{2-27}$$

当 $R_1 = R_2$ 和 $R_F = R_3$ 时,式(2-27)可写成

$$u_0 = \frac{R_F}{R_1}(u_2 - u_1) \tag{2-28}$$

当 $R_1 = R_2 = R_F = R_3$ 时,式(2-28)可写成

$$u_0 = u_2 - u_1 \tag{2-29}$$

由式(2-28)可以看出,输出电压与输入电压 u_2 和 u_1 之差成比例,因此该电路也可以称为差分放大器。

【例 2-16】　设计一个差分放大器,要求如下:

(1)差分放大器的增益为 8,能放大两个输入电压的差。使用理想运放以及±8V 电源。

(2)假定(1)中设计的差分放大器中 $u_1 = 1$ V,为了保证运放处于线性工作区,输入电压 u_2 的变化范围是多少?

解　(1)使用差分放大器的计算公式(2-28)

$$u_0 = \frac{R_F}{R_1}(u_2 - u_1) = 8(u_2 - u_1)$$

则

$$\frac{R_F}{R_1} = 8$$

在实际电阻中寻找两个电阻,其比值为 8。这里选择 $R_F = 12$ kΩ,则 $R_1 = 1.5$ kΩ,同时考虑到差分放大器还要满足 $R_2 = R_1$,$R_3 = R_F$。因此设计电路如图 2-34 所示。

(2)利用差分放大器的方程求解两个不同的 u_2 的值,首先代入 $u_0 = +8$ V,其次代入 $u_0 = -8$ V:

$$u_0 = 8(u_2 - 1) = +8,　则 u_2 = 2 \text{ V}$$

$$u_0 = 8(u_2 - 1) = -8,　则 u_2 = 0 \text{ V}$$

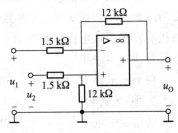

图 2-34　例 2-15 的差分放大器

因此,在(1)中的差分放大器中 $u_1 = 1$ V,只要 0 V$\leqslant u_2 \leqslant 2$ V,则运放将处于线性工作区。

思考题

2-13　填空题

（1）实际运算放大器理想化的条件是_____、_____、_____和_____。

（2）实际运算放大器的两个工作区是_____和_____。

（3）理想运算放大器工作在线性区的两个重要分析依据是_____和_____。

（4）$i_+ = i_- \approx 0$ 称为_____，$u_+ \approx u_-$ 称为_____。

2-14　电路如图 2-35 所示，已知 $R_1 = R_2 = 2$ kΩ，$R_F = 10$ kΩ，$R_3 = 18$ kΩ，$u_I = 1$ V，求 u_0。

2-15　电路如图 2-36 所示，已知 $u_{I1} = 10$ mV，$u_{I2} = 100$ mV，$R_1 = 33$ kΩ，$R_{F1} = 330$ kΩ，$R_{F2} = 150$ kΩ，$R_2 = 10$ kΩ，$R_3 = 5$ kΩ，$R_4 = 30$ kΩ，$R_5 = 3.3$ kΩ，求 u_{O1}、u_{O2}。

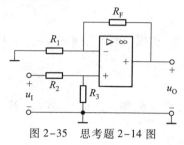

图 2-35　思考题 2-14 图

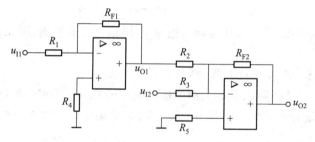

图 2-36　思考题 2-15 图

2.6　电路的对偶性

从前面的学习过程中可以发现，电路中的许多变量、元件、结构及定律等都是成对出现的，存在明显的一一对应关系，这种类比关系就称为电路的对偶特性（duality）。利用对偶特性，可以帮助我们发现对偶电路的规律；同时利用对偶特性可以使需要分析的电路减少一半，使需要记忆的电路特性减少一半。

在平面电路中，对于每一节点，可列一个 KCL 方程：$\sum i_k = 0$；而对于每一个网孔，可列一个 KVL 方程：$\sum u_k = 0$。

电路变量电流与电压对偶，电路结构节点与网孔对偶，电路定律 KCL 与 KVL 对偶。

在电路分析中，将上述对偶的变量、元件、结构、定律等统称为对偶元素。上述数学表达式形式相同，若将其中一式的各元素用它的对偶元素替换，则得到另一式。像这样具有对偶性质的关系式称为对偶关系式。

电路的对偶特性是电路的一个普遍性质,电路中存在大量对偶元素。

表 2-1 给出一些电路中常见的互为对偶的元素。

应当指出,对偶电路反映了不同结构电路之间存在的对偶特性,它与等效变换是两个不同的概念。两个等效电路的对外特性完全相同,而对偶两电路的对外特性一般不相同。

表 2-1　电路中的一些对偶量

对偶变量	电压 u	电流 i
	电荷 q	磁链 Ψ
	网孔电流	节点电压
对偶元件	电阻 R	电导 G
	电容 C	电感 L
	电压源 U_s	电流源 I_s
	VCCS	CCVS
	VCVS	CCCS
对偶约束关系	KCL	KVL
	$u = Ri$	$i = Gu$
	$i = c\dfrac{\mathrm{d}u}{\mathrm{d}t}$	$u = L\dfrac{\mathrm{d}i}{\mathrm{d}t}$
对偶电路结构	串联	并联
	短路($R = 0$)	开路($G = 0$)
	独立节点	网孔
对偶电路方程	节点 KCL 方程	网孔 KVL 方程
对偶分析方法	节点电压法	网孔电流法

＊2.7　研究性学习:储能元件的 VCR 曲线

电容元件和电感元件为两个储能元件,当正弦电压(或电流)源施加在这两个基本元件的两端时,可利用 Multisim 电路仿真软件给出它们的伏安关系(VCR)曲线。下面以电容元件为例进行储能元件的 VCR 曲线研究。电感元件与电容元件具有对偶性,由读者自行完成电感元件的 VCR 曲线研究。

2.7.1　电容元件 VCR

假设电容上的电压 $u_c(t)$ 与电流 $i_c(t)$ 采用关联参考方向,则电容 VCR 的微分形式为

$$i_C(t) = C\frac{\mathrm{d}u_C(t)}{\mathrm{d}t} \qquad\qquad (2-30)$$

式中系数 C 为电容元件的电容。电容 VCR 的积分形式为

$$u_C(t) = u_C(0) + \frac{1}{C}\int_0^t i_C(\xi)\,\mathrm{d}\xi \qquad\qquad (2-31)$$

其中,电容电压的初始值 $u_C(0) = \frac{1}{C}\int_{-\infty}^0 i_C(\xi)\,\mathrm{d}\xi$。

在电容上施加一个正弦电压激励 $u_C(t) = U_m\sin(\omega t)$,于是流过电容的电流

$$i_C(t) = \omega C U_m\cos(\omega t) \qquad\qquad (2-32)$$

在电容上施加一个正弦电流激励 $i_C(t) = I_m\sin(\omega t)$,电容电压的初始值为 $u_C(0)$,电流在电容上积累电荷所产生的电压

$$u_C(t) = u_C(0) + \frac{I_m}{\omega C}[1-\cos(\omega t)] \qquad\qquad (2-33)$$

式(2-33)说明正弦电流激励在电容上产生的电压具有一个直流电压分量,它是由电容电压的初始值和电容上积累电荷所产生的直流电压分量共同确定的。

2.7.2 VCR 曲线的 Multisim 仿真

已知 $C = 100\ \mu\mathrm{F}$。当电容上施加一个振幅为 2 V、频率分别为 1 kHz 和 2 kHz 的正弦电压激励时,利用 Multisim 软件进行电路仿真,电容元件的伏安关系曲线分别如图 2-37(a) 和 (b) 所示。比较从图 2-37 中的仿真结果,容易观察到,激励频率增大一倍,电流的振幅就增大一倍。当电容上施加一个振幅为 2 A、频率为 1 kHz 的正弦电流激励时,对于电容电压初始值 $u_C(0) = 0$ V 和 $u_C(0) = 2$ V,由电路仿真得到的电容元件的伏安关系曲线分别如图 2-38(a) 和 (b) 所示。将图 2-37 和 2-38 的电路仿真结果与式(2-32)和(2-33)的理论分析结果作比较,两者的伏安关系曲线是完全一致的。

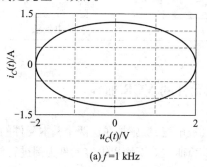

(a) $f=1$ kHz

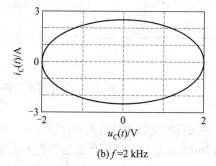

(b) $f=2$ kHz

图 2-37 不同激励频率时电容元件 VCR 曲线

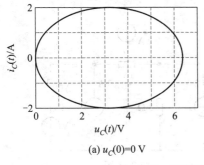

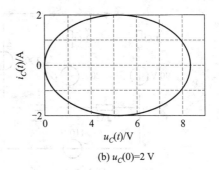

(a) $u_C(0)=0$ V　　　　　　　　　(b) $u_C(0)=2$ V

图 2-38　不同状态初值时电容元件 VCR 曲线

习　题　2

2-1　对题 2-1 图所示的电路,用支路电流法求解支路电流 I_1、I_2、I_3。

2-2　对题 2-2 图所示的电路,用支路电流法求解支路电流 I_1、I_2、I_3。

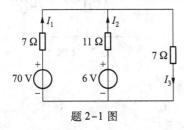

题 2-1 图

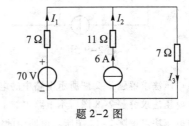

题 2-2 图

2-3　对题 2-3 图所示的电路,用支路电流法求解支路电流 I_1、I_2、I_3。

2-4　用支路电流法求解题 2-4 图所示电路中的支路电流 I_1、I_2、I_3。

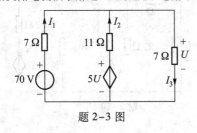

题 2-3 图

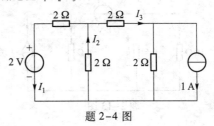

题 2-4 图

2-5　用网孔电流法求解题 2-1 图所示的电路中的支路电流 I_1、I_2、I_3。

2-6　用网孔电流法求解题 2-3 图所示电路中的支路电流 I_1、I_2、I_3。

2-7　用网孔电流法求解题 2-7 图所示电路中的电流 I 和电压 U。

2-8　用网孔电流法求解题 2-8 图所示电路中的电流 I。

2-9　用网孔电流法求解题 2-9 图所示电路中的电流 I。

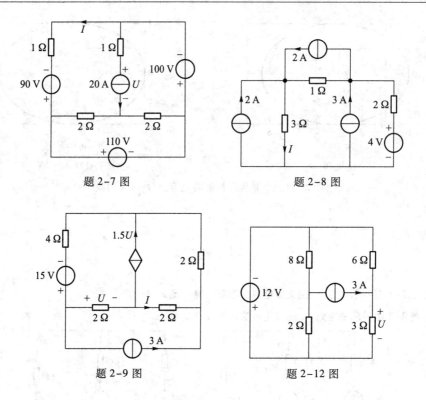

题 2-7 图   题 2-8 图

题 2-9 图   题 2-12 图

2-10 用节点电压法求解题 2-2 图所示电路中的电流 I_1、I_3。

2-11 用节点电压法求解题 2-8 图所示电路中的电流 I。

2-12 用节点电压法求解题 2-12 图所示电路中的电压 U。

2-13 用节点电压法求解题 2-13 图所示电路中的电流 I_1、I_2。

2-14 用节点电压法求解题 2-14 图所示电路中的电流 I_1 及 20 V 电压源的功率。

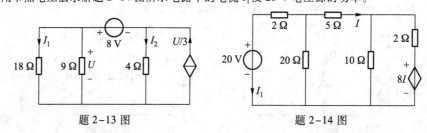

题 2-13 图   题 2-14 图

2-15 用节点电压法求解题 2-15 图所示电路中的电流 I。

2-16 用节点电压法求解题 2-16 图所示电路中的电流 I。

2-17 对题 2-17 图所示的电路,(1) 求 20 V 电压源吸收的功率,用网孔电流法还是节点电压法合适? 并说明原因。(2) 使用在(1)中所选择的方法求 20 V 电压源吸收的功率。

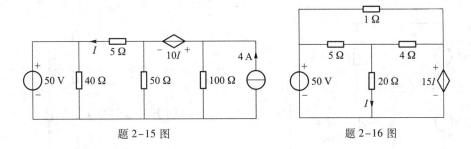

題 2–15 图　　　　　　　　　　　題 2–16 图

2-18　对题 2-18 图所示的电路,(1) 求节点②、④间的 1 kΩ 电阻上消耗的功率,用网孔电流法还是节点电压法合适? 并说明原因。(2) 使用在(1)中所选择的方法求此 1 kΩ 电阻上消耗的功率。(3) 求 10 mA 电流源产生的功率,使用何种分析方法合适? 请解释。(4) 使用在(3)中所选择的方法求 10 mA 电流源产生的功率。

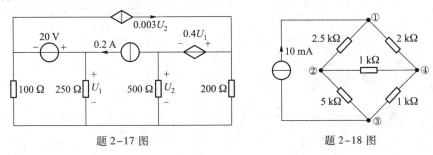

題 2–17 图　　　　　　　　　　　題 2–18 图

2-19　题 2-19 图所示电路是一个典型的三线分配系统的直流形式。电阻 R_a、R_b、R_c 表示三条导线的电阻,三条导线分别连接到三个负载 R_1、R_2、R_3,提供 125 V/250 V 电压。电阻 R_1、R_2 表示连接到 125 V 电路的负载,电阻 R_3 表示连接到 250 V 电路的负载。

（1）使用哪种电路分析方法合适,为什么?

（2）计算 U_1、U_2、U_3。

（3）计算释放到负载 R_1、R_2、R_3 上的功率。

（4）电源产生的功率有百分之多少释放到负载上?

（5）R_b 支路表示分配电路的中性导线。如果中性导线开路,会带来什么不利的影响(提示:计算 U_1、U_2,使用这个电路上的负载应该有 125 V 的额定电压)?

2-20　将题 2-20 图所示电路中的可变直流电流源调整到使 4 A 电流源产生的功率为零,求此时的 I_s。

2-21　电路如题 2-21 图所示,试求输出 u_0 与输入 u_s 的关系。

2-22　为了用低值电阻实现高的电压放大倍数,常用 T 型网络接入运放中代替反馈电阻 R_F,电路如题2-22图所示,试求输出电压与输入电压的关系。

2-23　电路如题 2-23 图所示,试分别计算开关 S 断开和闭合时输出电压与输入电压的比值。

2-24　电路如题 2-24 图所示,试求出输出 u_0 和输入 u_{I1}、u_{I2} 的关系式。

2-25　电路如题 2-25 图所示,运放是理想的且供电电源为 ±15 V,试计算下列几种情况下输出电压 u_0 的值。(1) $u_1=4$ V,$u_2=0$ V;(2) $u_1=2$ V,$u_2=0$ V;(3) $u_1=2$ V,$u_2=0$ V;(4) $u_1=1$ V,$u_2=2$ V;(5) $u_1=1.5$ V,$u_2=4$ V;(6) 如果 $u_2=1.6$ V,为了使放大器不饱和,则 u_1 的范围。

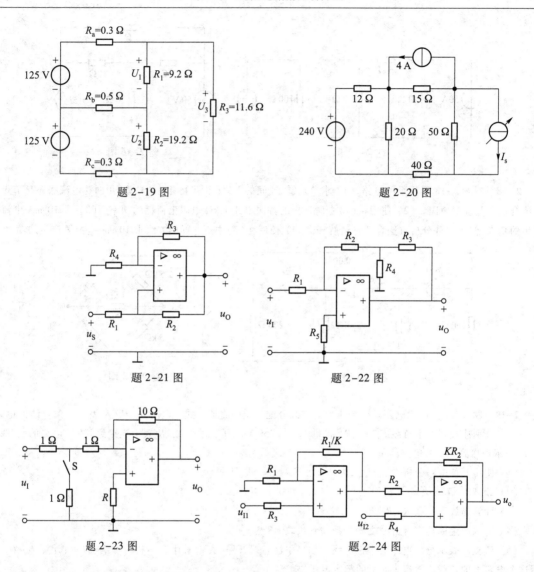

题 2-19 图

题 2-20 图

题 2-21 图

题 2-22 图

题 2-23 图

题 2-24 图

2-26 题 2-26 图所示电路中,运放所需的电源为±5 V,求电流 i_O。

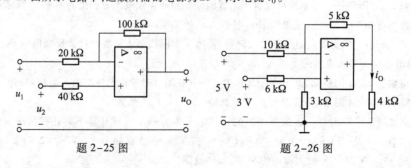

题 2-25 图

题 2-26 图

2-27　设计一个反相运算放大器,要求:(1) 增益为 3,使用一组相同的附录 B 中的电阻;(2) 如果使用(1) 所设计的电路放大 5 V 的输入信号,电源的最小值是多少?

2-28　设计一个反相求和放大器,满足 $u_0 = -(3u_1 + 5u_2 + 4u_3 + 2u_4)$,首先从附录 B 中选择反馈电阻($R_F$),然后从附录 B 中选择数值满足设计要求的电阻 R_1、R_2、R_3、R_4,画出最终的电路图。

2-29　设计一个同相放大器,要求:(1) 增益为 4,从附录 B 中选择电阻;(2) 如果运放使用 ±12 V 电源,为保证运放工作在线性区,输出电压的范围是多少?

2-30　题 2-30 图所示电路是同相求和放大器。假定运放是理想的。设计电路使得 $u_0 = u_1 + 2u_2 + 3u_3$。(1) 计算 R_1、R_3 的值;(2) 如果 $u_1 = 0.7$ V,$u_2 = 0.4$ V,$u_3 = 1.1$ V,求 i_1、i_2、i_3。

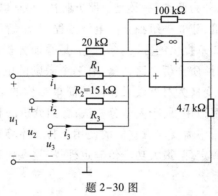

题 2-30 图

第3章　电路叠加与等效变换

　　线性电路的分析方法可以分为两类:一类是电路方程法,它是以元件的 VCR、KCL 和 KVL 为理论基础,选择适当的电路变量,建立一组独立的电路方程,并求解该方程组,得出所需的支路电流或电压或其他响应,这是第 2 章提供的方法。另一类是叠加分析法和等效变换法。叠加分析法是运用线性电路的线性叠加性质分析电路,将含有多个激励的电路化简为单一激励电路。等效变换法是将复杂结构的电路变换为对外效果相同的简单结构的电路。通常,电路方程法通用性强,原则上对各种线性电路都适用,属于基本分析法;叠加分析法和等效变换法,只对一定范围内的电路分析适用,所以在使用中需要注意它们的使用条件。本章将介绍电路分析中的常用定理,叠加定理、戴维宁定理、诺顿定理、最大功率传输定理等,这些定理在电路理论的研究和分析计算中起着十分重要的作用。

3.1　线性电路叠加

3.1.1　线性电路的齐次性

　　由线性元件(linear element)和独立源(independent source)组成的电路称为线性电路(linear circuit)。

　　线性电路最基本的性质包含可加性(additivity)与齐次性(homogeneity)两方面。当线性电路中只有单个激励(独立源)作用时,响应(线性电路中任意支路电压或电流)与激励成正比,符合齐次性;当线性电路中有多个激励同时作用时,总响应等于每个激励单独作用(其余激励置零)时所产生的响应分量的代数和,符合可加性。

　　下面通过图 3-1 所示的线性电路来说明齐次性定理(homogeneity theorem)的内容。

　　图 3-1 所示的电路只有一个独立电压源 U_S,若以电流 I_1 和电压 U_2 为响应,则

$$I_1 = \frac{R_2+R_3}{R_1R_2+R_1R_3+R_2R_3}U_S = K_1U_S$$

$$U_2 = \frac{R_2R_3}{R_1R_2+R_1R_3+R_2R_3}U_S = K_2U_S$$

　　由于 R_1、R_2、R_3 为常数,所以 K_1、K_2 也为常数,I_1、U_2 与 U_S 是线性关系,而且比例常数 K_1、K_2 仅与电路结构和线性元件参数(R_1、R_2、R_3)有关,而与激励(U_S)无关。显然当激励增大或减小 k 倍

时,响应也同样增大或减小 k 倍。

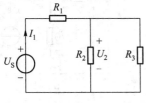
图 3-1 齐次性定理示例

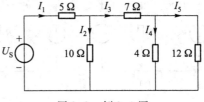
图 3-2 例 3-1 图

【例 3-1】 电路如图 3-2 所示。(1)已知 $I_5 = 1$ A,求各支路电流和电压源电压 U_S;(2)若已知 $U_S = 120$ V,求各支路电流。

解 (1)用 $2b$ 法,由后向前推算。

$$I_4 = \frac{12I_5}{4} = 3 \text{ A}$$

$$I_3 = I_4 + I_5 = 4 \text{ A}$$

$$I_2 = \frac{7I_3 + 12I_5}{10} = 4 \text{ A}$$

$$I_1 = I_2 + I_3 = 8 \text{ A}$$

$$U_S = 5I_1 + 10I_2 = 80 \text{ V}$$

(2)当 $U_S = 120$ V 时,它是原来电压 80 V 的 1.5 倍,由线性电路的齐次性定理可知,该电路中各电压和电流均增加到 1.5 倍,即

$$I_1 = 1.5 \times 8 \text{ A} = 12 \text{ A}$$

$$I_2 = I_3 = 1.5 \times 4 \text{ A} = 6 \text{ A}$$

$$I_4 = 1.5 \times 3 \text{ A} = 4.5 \text{ A}$$

$$I_5 = 1.5 \times 1 \text{ A} = 1.5 \text{ A}$$

3.1.2 叠加定理

叠加定理(superposition theorem)就是可加性的反应,它是线性电路的一个重要定理,是分析线性电路的基础,同时,线性电路中很多定理都与叠加定理有关。

图 3-3(a)所示电路中有两个独立源,为电路中的激励,现在要求解作为电路中响应的电流 i_2 与电压 u_1。

根据 KCL、KVL 与 VCR 可列出以 i_2 为未知量的方程

$$u_S = R_1(i_2 - i_S) + R_2 i_2$$

从而解得

$$\begin{cases} i_2 = \dfrac{u_S}{R_1 + R_2} + \dfrac{R_1 i_S}{R_1 + R_2} \\ u_1 = \dfrac{R_1 u_S}{R_1 + R_2} - \dfrac{R_1 R_2 i_S}{R_1 + R_2} \end{cases} \tag{3-1}$$

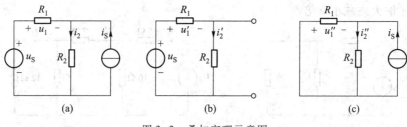

图 3-3　叠加定理示意图

式（3-1）中，i_2、u_1 都分别是 u_s 和 i_s 的线性组合。可将其改写为

$$\begin{cases} i_2 = K_1 u_s + H_1 i_s = i_2' + i_2'' \\ u_1 = K_2 u_s + H_2 i_s = u_1' + u_1'' \end{cases} \tag{3-2}$$

其中

$$i_2' = i_2 \Big|_{i_s=0} = \frac{u_s}{R_1+R_2} = K_1 u_s, \ i_2'' = i_2 \Big|_{u_s=0} = \frac{R_1 i_s}{R_1+R_2} = H_1 i_s$$

$$u_1' = u_1 \Big|_{i_s=0} = \frac{R_1 u_s}{R_1+R_2} = K_2 u_s, \ u_1'' = u_1 \Big|_{u_s=0} = -\frac{R_1 R_2 i_s}{R_1+R_2} = H_2 i_s$$

式中 i_2' 与 u_1' 为将原电路中电流源 i_s 置零（开路）时的响应，即由 u_s 单独作用的分电路中所产生的电流、电压分响应，如图 3-3（b）所示；i_2'' 与 u_1'' 为将原电路中电压源 u_s 置零（短路）后由 i_s 单独作用的分电路中所产生的电流、电压分响应，如图 3-3（c）所示。因此原电路的响应则为相应分电路中分响应的和。由于 R_1、R_2 为常数，因此 K_1、K_2、H_1、H_2 也是常数，响应 i_2、u_1 均与激励 u_s 和 i_s 呈线性关系，其比例系数取决于电路结构和元件参数的确定常数。

叠加定理可表述为：在任一线性电路中，某处电压或电流都是电路中各个独立电源单独作用时，在该处分别产生的电压或电流的叠加。当某一独立源单独作用时，其他独立源应为零值，即独立电压源用短路代替，独立电流源用开路代替。在线性电路中，任何一个电流变量或电压变量，作为电路的响应 $y(t)$，与电路各个激励 $x_m(t)$ 的关系可表示为

$$y(t) = \sum_M H_m x_m(t) \tag{3-3}$$

式中 $x_m(t)$ 表示电路中的电压源电压或电流源电流，独立电源的总数为 M 个，H_m 为相应的比例系数。

当电路中存在受控源时，叠加定理仍然适用。受控源的作用反映在网孔电流或节点电压方程中的自电阻和互电阻或自电导和互电导中，因此任一处的电流或电压仍可按照各独立电压作用时在该处产生的电流或电压的叠加计算。所以，对含有受控源的电路应用叠加定理进行各分电路计算时，应把受控源（视为电路元件）保留在各分电路中。

使用叠加定理时应注意以下几点：

（1）叠加定理适用于线性电路，不适用于非线性电路。

（2）应用叠加定理求电压和电流是代数量的叠加，要特别注意各电路变量（代数量）的符

号。即注意在各电源单独作用时计算的电压、电流参考方向与原电路是否一致,一致时取正,反之取负。

(3) 当一个独立电源单独作用时,其余独立电源都置零(理想电压源短路,理想电流源开路)。电路的连接方式、电路参数及受控源应保留不动,但受控源的控制电压或电流将随独立电源的不同而作相应的改变。

(4) 原电路的功率不等于按各分电路计算所得功率的叠加,这是由于功率是电压和电流的乘积,与激励不成线性关系。

(5) 含(线性)受控源的电路,在使用叠加定理时,受控源不要单独作用,而应把受控源作为一般元件始终保留在电路中,这是因为受控电压源的电压和受控电流源的电流受电路的结构和各元件的参数所约束,与控制支路的电压或电流密切相关。

(6) 叠加的方式是任意的,可以一次让一个独立源单独作用,也可以一次使几个独立源同时作用,方式的选择取决于分析问题的方便。

【例 3-2】 电路如图 3-4(a)所示,其中 CCVS 的电压受流过 6 Ω 电阻的电流控制。求电压 u_3。

解　按叠加定理,作出 10 V 电压源和 4 A 电流源分别作用的分电路,如图 3-4(b)和图 3-4(c)所示。受控源均保留在分电路中。在图 3-4(b)中有

$$i_1' = i_2' = \frac{10}{6+4} \text{ A} = 1 \text{ A}$$

$$u_3' = -10i_1' + 4i_2' = (-10+4) \text{ V} = -6 \text{ V}$$

在图 3-4(c)中有

$$i_1'' = -\frac{4}{6+4} \times 4 \text{ A} = -1.6 \text{ A}$$

$$i_2'' = 4 + i_1'' = 2.4 \text{ A}$$

$$u_3'' = -10i_1'' + 4i_2'' = 25.6 \text{ V}$$

所以

$$u_3 = u_3' + u_3'' = 19.6 \text{ V}$$

【例 3-3】　在图 3-4(a)所示电路中的电阻 R_2 处再串接一个 6 V 电压源,如图 3-5(a)所示,重求 u_3。

解　应用叠加定理,把 10 V 电压源和 4 A 电流源合为一组激励,其分响应已在例 3-2 中求得;所加 6 V 电压源看作另一组激励。分电路分别如图 3-5(b)和图 3-5(c)所示。利用上例结果,图 3-5(b)的分响应为

$$u_3' = 19.6 \text{ V}$$

而在图 3-5(c)中

$$i_1'' = i_2'' = -\frac{6}{6+4} \text{ A} = -0.6 \text{ A}$$

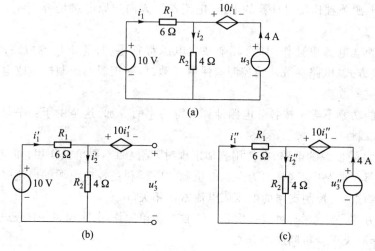

图 3-4　例 3-2 图

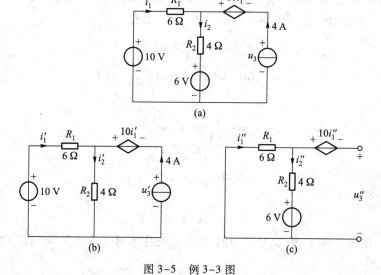

图 3-5　例 3-3 图

$$u''_3 = -10i''_1 - 6i''_1 = 9.6 \text{ V}$$

所以

$$u_3 = u'_3 + u''_3 = 29.2 \text{ V}$$

【例 3-4】　在图 3-6 所示电路中,N 的内部结构未知,但只含线性电阻,在激励 u_S 和 i_S 作用下,其测试数据为:当 $u_S = 1$ V,$i_S = 1$ A 时,$u = 0$;当 $u_S = 10$ V,$i_S = 0$ 时,$u = 1$ V。若 $u_S = 0$,$i_S = 10$ A 时,

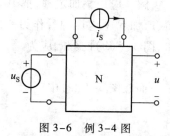

图 3-6　例 3-4 图

u 为多少?

解 由式(3-3)可得

$$u = H_1 u_S + H_2 i_S$$

此式在任何 u_S 和 i_S 时均成立,故由两次测试结果可得

$$H_1 + H_2 = 0$$

$$10H_1 = 1$$

联立解得

$$H_1 = \frac{1}{10}, H_2 = -\frac{1}{10}$$

故知

$$u = \frac{1}{10} u_S - \frac{1}{10} i_S$$

当 $u_S = 0, i_S = 10$ A 时

$$u = \left(\frac{1}{10} \times 0 - \frac{1}{10} \times 10\right) \text{ V} = -1 \text{ V}$$

由例 3-4 可知:叠加定理简化了电路激励与响应的关系。例中的 N 可能是一个含有众多电阻元件、结构复杂的电路,但只需用两个参数 H_1 和 H_2 即能描述指定的响应与激励间的关系,且每一激励对响应的作用也可一目了然。当 N 的结构与参数明朗时,H_1 和 H_2 既可由实验方法确定,也可通过计算求得。

思考题

3-1 选择题

(1) 在图 3-7 所示电路中,已知:E_1 单独作用时 R_3 上的电流为 2 A,E_2 单独作用时 R_3 上电流为 3 A,则 R_3 上的总电流为( )。

A. 5A   B. 1A   C. -1A

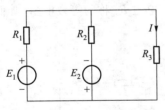
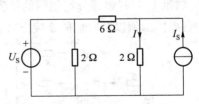

图 3-7 思考题 3-1(1)图   图 3-8 思考题 3-1(2)图

(2) 如图 3-8 所示电路中,$I_S = 0$ 时,$I = 2$ A。则当 $I_S = 8$ A 时,I 为( )。

A. 4 A   B. 6 A   C. 8 A

3-2 试用叠加定理求图 3-9 所示电路中的电压 U。

3-3 试用叠加定理求图 3-10 所示电路中的电流 I_1。

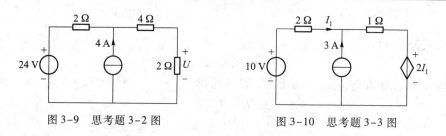

图 3-9   思考题 3-2 图   图 3-10   思考题 3-3 图

3.2   单口网络等效的概念

3.2.1   单口网络等效的概念

如图 3-11 所示,网络 N 由元件相连接组成,对外只有两个端钮且进出这两个端钮的电流是同一电流,则此网络称为二端网络(two terminal netwok)或单口网络(one-port network)。最简单的单口网络是由一个二端元件组成的,例如电阻元件或电源元件。当二端网络内部含有独立电源时称为有源单口网络(active one-port network),不含独立电源时称为无源单口网络(passive one-port network)。

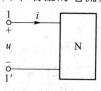

图 3-11   单口网络

单口网络的特性是由网络的端口电压 u 和端口电流 i 的关系(即伏安关系)来表征的。如果一个单口网络 N 和另一个单口网络 N' 的电压、电流关系完全相同,即它们在 u-i 平面上的伏安特性曲线完全重叠,则称这两个单口网络互为等效网络(equivalent network)。等效网络的内部结构可能完全不同,但它们对外电路的作用和影响却是完全相同的。

在图 3-12(a)中,右方点画线框中由几个电阻构成的电路是一个不含电源的单口网络,它可以用一个电阻 R_{eq} 来等效代替,整个电路得以简化为一个简单电路。进行代替的条件是使图 3-12(a)、(b)中,端钮 1-1' 右边部分有相同的伏安特性。电阻 R_{eq} 称为等效电阻,其值决定于被代替的原电路中各电阻的值以及它们的连接方式。

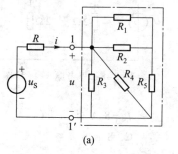

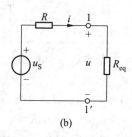

(a)   (b)

图 3-12   等效电阻

结论：

(1) 电路等效变换的条件：两电路对外电路具有相同的 VCR；

(2) 电路等效变换的对象：外电路中的电压、电流和功率均保持不变；

(3) 电路等效变换的目的：是为了化简电路，方便电路的分析和计算。

等效关系具有以下三种性质：

(1) 自反性：客体自我等效。

(2) 对称性：若客体甲等效于客体乙，则反之亦然。

(3) 传递性：如果客体甲等效于客体乙，而客体乙又等效于客体丙，则客体甲等效于客体丙。

从等效的概念中可以看出，具有等效关系的客体之间是可以互相置换的，这种互相置换，称为等效变换(equivalent transformation)或等效互换。

相互等效的电路，其内部结构可能完全不一样，但它们对外电路的作用是相同的。所以两者互相等效变换时，不影响外电路的工作状况，即外电路的电压、电流和功率保持不变。这就是"对外等效"的概念。等效电路是被代替部分的简化或结构变形，因此，对内部并不等效。

等效电路的概念是一个基本概念，利用电路的等效变换分析电路，可以把结构复杂的电路用一个较为简单的等效电路代替，从而简化电路的分析和计算，它是电路分析中常用的方法，在电路理论中占有重要地位。

3.2.2 单口网络的伏安关系

一个单口网络的伏安关系是由这个单口网络本身确定的，与外接电路无关，这个单口网络除了通过它的两个端钮与外界相连接外，别无其他联系。

注意：这里只讨论与外界无任何耦合的所谓"明确的"单口网络，即网络中不含有任何能通过电或非电的方式与网络之外的某些变量相耦合的元件，如控制支路不包括在单口网络内的受控源、光敏电阻等。

当单口网络内部情况不明时，其端口的伏安关系可以用实验方法测量得到；当单口网络内部结构参数明确时，其端口的伏安关系也可以通过解析方法得到。求出单口网络的伏安关系，便可以找到与其伏安关系完全相同的等效电路。

【例 3-5】 求图 3-13 所示单口网络的 VCR 方程，并画出单口网络的等效电路。已知 $u_S = 6\ \text{V}, i_S = 2\ \text{A}, R_1 = 2\ \Omega, R_2 = 3\ \Omega$。

解 单口网络的 VCR 是由它本身决定的，与外接电路无关。通常用"外加电压源求电流"或"外加电流源求电压"的方法来解决。

在图 3-13(a)所示电路中，在端口外加电流源 i，则可以写出端口电压的表达式

$$u = u_S + R_1(i_S - i) - R_2 i$$
$$= (u_S + R_1 i_S) - (R_1 + R_2)i$$
$$= u_{OC} - R_0 i$$

其中，u_{OC} 称为该单口网络端口的开路电压。

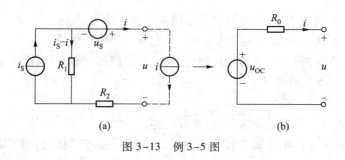

(a)   (b)

图 3-13　例 3-5 图

$$u_{OC} = u_S + R_1 i_S = (6 + 2 \times 2)\ \text{V} = 10\ \text{V}$$

$$R_0 = R_1 + R_2 = (2 + 3)\ \Omega = 5\ \Omega$$

即

$$u = 10 - 5i$$

同理,也可以把图 3-13(a)所示电路中的外加电流源 i 换成外加电压源 u,则对右边的网孔列写求解网孔电流 i 的 KVL 方程

$$R_1(i_S - i) - R_2 i = u - u_S$$

整理后的 VCR 方程与"外加电流源求电压"的方法完全相同。

根据以上分析所得到的单口网络的 VCR 方程是一次函数,显然与图 3-13(b)所示的单口网络的 VCR 方程完全相同,所以图 3-13(a)所示的单口网络可以等效为电压源 u_{OC} 和电阻 R_0 的串联组合。

【例 3-6】 求图 3-14 所示的只含电阻的单口网络的 VCR 方程,并画出单口网络的等效电路。

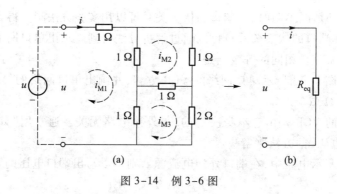

(a)   (b)

图 3-14　例 3-6 图

解　在图 3-14(a)所示电路端口外加电压源 u,由网孔分析法可得方程

$$\begin{cases} (1+1+1)\,i_{M1} - 1i_{M2} - 1i_{M3} = u \\ -1i_{M1} + (1+1+1)\,i_{M2} - 1i_{M3} = 0 \\ -1i_{M1} - 1i_{M2} + (2+1+1)\,i_{M3} = 0 \end{cases}$$

解得

$$i = i_{M1} = \frac{11}{24}u$$

由上式可见,线性电阻单口网络的端口电压和电流之比为常数,其等效电路是一个电阻,如图 3-14(b)所示

$$R_{eq} = \frac{u}{i} = \frac{11}{24}$$

思考题

3-4 求图 3-15 所示单口网络的 VCR 方程,并画出对应的等效电路。

3-5 求图 3-16 所示各单口网络的 VCR 方程,并画出对应的等效电路。

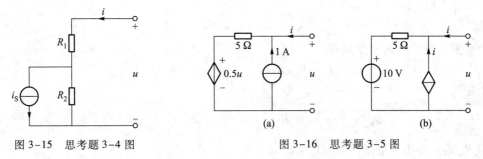

图 3-15 思考题 3-4 图   图 3-16 思考题 3-5 图

3.3 单口电阻网络的等效变换

根据线性电路的比例性,对于一个不含独立电源的线性单口网络,其端口电压和电流是正比例函数关系,可以写成

$$u = Ri \quad 或 \quad i = Gu$$

所以无源线性单口网络可以等效为一个电阻。

在图 3-17 所示的无源线性单口网络 N_p 中,设端口电压 u 和电流 i 为关联参考方向,则定义该无源单口网络的等效电阻(equivalent resistance)

$$R_{eq} = \frac{u}{i}$$

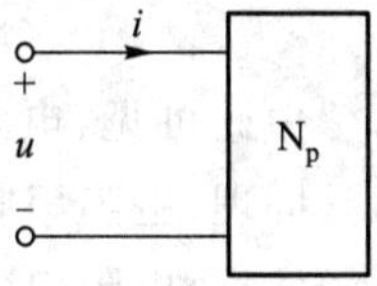

在电子电路中,当单口网络视为电源内阻时,可称此电阻为输出电阻,用 R_o 表示;当单口网络视为负载时,则称此电阻为输入电阻,用 R_i 表示。本节讨论求解无源单口网络等效电阻的常用方法。

图 3-17 无源线性单口网络

3.3.1　电阻的串联与并联

1. 电阻的串联与分压公式

若干个电阻一个个依次首尾连接,中间没有分支点,在电源的作用下,通过各电阻的电流都相同,这种连接方式称为电阻的串联(series connection)。如图 3-18(a)所示电路。

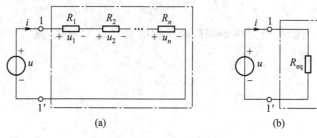

图 3-18　电阻的串联

应用 KVL,有

$$u = u_1 + u_2 + u_3 + \cdots + u_k + \cdots + u_n$$

每个电阻的电流均为 i,于是有

$$u = (R_1 + R_2 + R_3 + \cdots + R_k + \cdots + R_n)i = R_{eq}i$$

其中定义:

$$R_{eq} = \frac{u}{i} = R_1 + R_2 + R_3 + \cdots + R_k + \cdots + R_n = \sum_{k=1}^{n} R_k \qquad (3-4)$$

电阻 R_{eq} 是这些串联电阻的等效电阻。

电阻串联时,各电阻上的电压为

$$u_k = R_k i = R_k \frac{u}{R_{eq}} = \frac{R_k}{R_{eq}} u = \frac{R_k}{\sum\limits_{k=1}^{n} R_k} u \quad (k = 1, 2, \cdots, n) \qquad (3-5)$$

这是分压公式(voltage-divider equation)的一般形式,式中的分母即为串联电路的总电阻。

当只有两个电阻串联时,各电阻上的电压

$$u_1 = \frac{R_1}{R_1 + R_2} u, \ u_2 = \frac{R_2}{R_1 + R_2} u \qquad (3-6)$$

由此可见,电阻串联时,各个电阻上的电压与电阻值成正比,即电阻值越大,分到的电压越大。同理,电阻串联时,每个电阻上的功率也与电阻值成正比。

注意:电阻串联分压公式是在图 3-18 所示电路标明的电压参考方向下得到的,与电流参考方向的选择无关,当公式中涉及的电压变量的参考方向发生改变时,公式中将出现一个负号。

串联电路几个特点总结如下:

(1) 串联电路中电流处处相等;

（2）串联电路的总电压等于各电阻上的电压之和,各个电阻上所分得的电压与电阻成正比;

（3）串联电路的总等效电阻等于各个电阻之和。

【例 3 – 7 】　如图 3 – 19 所示,用一个满刻度偏转电流为 0.05 mA、内阻 R_g 为 2 kΩ 的表头制成量程 25 V 的直流电压表,应串联多大的附加电阻 R?

解　满刻度时表头电压

$$U_1 = R_g I = 2 \times 0.05 \text{ V} = 0.1 \text{ V}$$

由电阻串联的分压公式可得

$$U_1 = \frac{R_g}{R_g + R} U$$

代入数据,得

$$0.1 = \frac{2}{2 + R} \times 25$$

解得

$$R = 498 \text{ kΩ}$$

图 3-19　例 3-7 图

2. 电阻的并联与分流公式

图 3-20(a)示出 n 个电阻的并联(parallel connection)组合。电阻并联时,各电阻两端的电压为同一电压。由于电压相等,总电流 i 可根据 KCL 得到

$$i = i_1 + i_2 + i_3 + \cdots + i_k + \cdots + i_n \tag{3-7}$$
$$= (G_1 + G_2 + G_3 + \cdots + G_k + \cdots + G_n) u = G_{eq} u$$

式中 G_1、G_2、$\cdots$、G_k、$\cdots$、G_n 为电阻 R_1、R_2、$\cdots$、R_k、$\cdots$、R_n 的电导,而

$$G_{eq} = \frac{i}{u} = G_1 + G_2 + G_3 + \cdots + G_k + \cdots + G_n = \sum_{k=1}^{n} G_k \tag{3-8}$$

电导 G_{eq} 是电阻并联后的等效电导。并联后的等效电阻 R_{eq} 为

$$R_{eq} = \frac{1}{G_{eq}} = \frac{1}{\sum_{k=1}^{n} G_k} = \frac{1}{\sum_{k=1}^{n} \frac{1}{R_k}} \tag{3-9}$$

不难看出,等效电阻小于任一个并联的电阻。

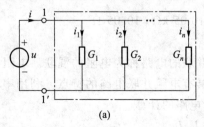
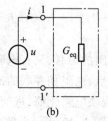

图 3-20　电阻的并联

电阻并联时,各电阻中的电流为

$$i_k = G_k i = \frac{G_k}{G_{eq}} i \quad (k = 1, 2, \cdots, n) \tag{3-10}$$

可见,每个并联电阻中的电流与它们各自的电导值成正比。上式称为分流公式(current-divider equation)。

当 $n = 2$ 时,即 2 个电阻的并联,等效电阻为

$$R_{eq} = \frac{1}{G_{eq}} = \frac{1}{\dfrac{1}{R_1} + \dfrac{1}{R_2}} = \frac{R_1 R_2}{R_1 + R_2} \tag{3-11}$$

两并联电阻的电流分别为

$$i_1 = \frac{G_1}{G_{eq}} i = \frac{R_2}{R_1 + R_2} i, \quad i_2 = \frac{G_2}{G_{eq}} i = \frac{R_1}{R_1 + R_2} i \tag{3-12}$$

注意:电阻并联分流公式是在图 3-20 所示电路标明的电流参考方向下得到的,与电压参考方向的选择无关,当公式中涉及的电流变量的参考方向发生改变时,公式中将出现一个负号。

并联电路的特点总结如下:

(1) 并联电路中,电压处处相等;

(2) 并联电路的总电流等于通过各电导的电流之和,通过各个电导的电流与其电导成正比;

(3) 并联电路的总等效电导等于各个电导之和。

【例 3-8】 电路如图 3-21 所示,用一个满刻度偏转电流为 50 μA、内阻 R_g 为 2 kΩ 的表头制成量程 10 mA 的直流电流表,应并联多大的附加电阻 R?

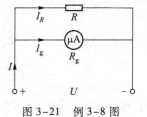

图 3-21 例 3-8 图

解 运用电阻并联分流公式可得

$$I_g = \frac{R}{R_g + R} I$$

代入数据可得

$$0.05 = \frac{R}{2 + R} \times 10$$

解得

$$R = 0.010\ 05\ k\Omega = 10.05\ \Omega$$

3. 电阻的混联

电路中既有电阻的串联,又有电阻的并联的电路称为电阻的混联。电阻相串联的部分具有电阻串联电路的特点,电阻相并联的部分具有电阻并联电路的特点。利用串联电路和并联电路的特点,就可以将混联电路化简,进而进行电路的计算。

【例 3-9】 求图 3-22 所示电路的 I_1、I_4、U_4。

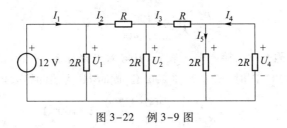

图 3-22 例 3-9 图

解 方法 1:分流法

$$I_4 = -\frac{1}{2}I_3 = -\frac{1}{4}I_2 = -\frac{1}{8}I_1 = -\frac{1}{8}\times\frac{12}{R} = -\frac{3}{2R}$$

$$U_4 = -I_4 \times 2R = 3 \text{ V}$$

$$I_1 = \frac{12}{R}$$

方法 2:分压法

$$U_4 = \frac{1}{2}U_2 = \frac{1}{4}U_1 = 3 \text{ V}$$

$$I_4 = -\frac{U_4}{2R} = -\frac{3}{2R}$$

$$I_1 = \frac{12}{R}$$

【例 3-10】 图 3-23 所示电路是一个分压器电路,其中具有滑动接触端的三端电阻器称为电位器。随着 c 端的滑动,在 bc 端之间可以得到从零至 U 连续可变的电压。若已知 $U = 18$ V,滑动点 c 的位置使 $R_1 = 600 \ \Omega, R_2 = 400 \ \Omega$。

(1)求电压 U_0;

(2)若用内阻为 1 200 Ω 的电压表去测量此电压,求电压表的读数;

(3)若用内阻为 3 600 Ω 的电压表再去测量此电压,求此时电压表的读数。

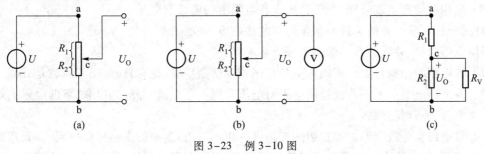

图 3-23 例 3-10 图

解 (1)未接电压表时,图 3-23(a)所示电路中输出电压

$$U_0 = \frac{R_2}{R_1+R_2}U = \frac{400}{600+400}\times 18 \text{ V} = 7.2 \text{ V}$$

（2）设电压表的内阻为 R_V，接上电压表后，其等效电路如图 3-23（c）所示。

当电压表内阻为 1 200 Ω 时，即 $R_{V1} = 1\,200$ Ω，此时 cb 两端的等效电阻为

$$R_{cb} = \frac{R_2 R_{V1}}{R_2+R_{V1}} = \frac{400\times 1\,200}{400+1\,200} \text{ Ω} = 300 \text{ Ω}$$

由电阻串联的分压公式可得

$$U_0 = \frac{R_{cb}}{R_1+R_{cb}}U = \frac{300}{600+300}\times 18 \text{ V} = 6 \text{ V}$$

这时电压表的读数为 6 V。

（3）当电压表内阻为 3 600 Ω 时，即 $R_{V2} = 3\,600$ Ω，此时 cb 两端的等效电阻为

$$R_{cb} = \frac{R_2 R_{V2}}{R_2+R_{V2}} = \frac{400\times 3\,600}{400+3\,600} \text{ Ω} = 360 \text{ Ω}$$

由电阻串联的分压公式可得

$$U_0 = \frac{R_{cb}}{R_1+R_{cb}}U = \frac{360}{600+360}\times 18 \text{ V} = 6.75 \text{ V}$$

这时电压表的读数为 6.75 V。

从本例可知，电压表内阻越大，对测试电路的影响越小，测量结果越精确。从理论上讲，电压表的内阻为无穷大时，对测试电路无影响。但实际电压表总是有内阻的，因此在测量精度要求比较高的场合，必须考虑电压表内阻的影响。

利用电流表测量电流时，电流表将串接在电路中，显然，电流表的内阻越小，对测量结果的影响越小。在理想情况下，电流表的内阻应为零。

求解混联电路的一般步骤总结如下：

（1）求出等效电阻或等效电导；

（2）应用欧姆定律求出总电压或总电流；

（3）应用欧姆定律或分压、分流公式求各电阻上的电流和电压。

因此，分析混联电路的关键问题是判别电路的串、并联关系。

判别电路的串、并联关系一般应掌握下述 4 点：

（1）看电路的结构特点。若两电阻是首尾相连就是串联，是首首、尾尾相联就是并联。

（2）看电压电流关系。若流经两电阻的电流是同一个电流，那就是串联；若两电阻上承受的是同一个电压，那就是并联。

（3）对电路作等效变形。如左边的支路可以扭到右边，上面的支路可以翻到下面，弯曲的支路可以拉直等；对电路中的短路线可以任意压缩与伸长；对多点接地可以用短路线相连。如果真正是电阻串联电路的问题，一般都可以判别出来。

（4）找出等电位点。对于具有对称特点的电路，若能判断某两点是等电位点，则根据电路等

效的概念,一是可以用短路线把等电位点连接起来;二是把连接等电位点的支路断开(因支路中无电流),从而得到电阻的串、并联关系。

3.3.2 电阻星形联结与三角形联结的等效变换

电阻元件的连接方式除了串联与并联外,还有另外两种连接方式,如图3-24所示。在图3-24(a)所示电路中,R_1、R_2、R_3的一端都接在一个公共的节点上,各自的另一端则分别接在另外三个端子1、2、3上,此种连接方式为星形(Y形)联结(Y interconnection)。在图3-24(b)所示电路中,电阻R_{12}、R_{23}、R_{31}则分别接在三个端子1、2、3的每两个之间,形成一个三角形,此种连接方式称为三角形(△形)联结(△ interconnection)。

这三个电阻既非串联,也非并联,就不能用电阻串并联来化简。如果将△形联结的电阻等效为Y形联结的电阻;或将Y形联结的电阻等效为△形联结的电阻,则整体电路可能得到简化,这样就会给电路的分析和计算带来很大的方便。

电阻的Y形联结和△形联结都是通过三个端子与外部相连的,它们之间进行等效变换的条件是它们对应端子之间的伏安关系完全相同。如果分别推导它们端钮的VCR关系,可以找出两者VCR完全相同时,两种连接的电阻之间应满足的关系。

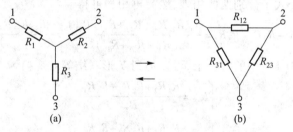

图3-24   电阻Y形联结与△形联结的等效变换

为了简化推导过程,可以假设某一对应端钮悬空,则两种电路的其余两个端钮间的等效电阻必然相等。例如图3-24(a)、(b)中假设端钮3悬空,则端钮1、2之间的电阻相等,即

$$R_1 + R_2 = \frac{R_{12}(R_{23} + R_{31})}{R_{12} + R_{23} + R_{31}}$$

同理可得

$$R_2 + R_3 = \frac{R_{23}(R_{12} + R_{31})}{R_{12} + R_{23} + R_{31}}$$

$$R_3 + R_1 = \frac{R_{31}(R_{12} + R_{23})}{R_{12} + R_{23} + R_{31}}$$

将以上三式相加,再除以2得

$$R_1 + R_2 + R_3 = \frac{R_{12}R_{23} + R_{23}R_{31} + R_{31}R_{12}}{R_{12} + R_{23} + R_{31}}$$

将上式分别减去前面的三个式子,可以得到△形联结等效变换为 Y 形联结的条件

$$\begin{cases} R_1 = \dfrac{R_{12}R_{31}}{R_{12}+R_{23}+R_{31}} \\[3mm] R_2 = \dfrac{R_{12}R_{23}}{R_{12}+R_{23}+R_{31}} \\[3mm] R_3 = \dfrac{R_{23}R_{31}}{R_{12}+R_{23}+R_{31}} \end{cases} \tag{3-13}$$

简记为

$$R_{\mathrm{Y}} = \frac{\triangle 形相邻电阻乘积}{\triangle 形电阻之和}$$

特殊情况下,当△形联结的三个电阻相等,即 $R_{12}=R_{23}=R_{31}=R_{\triangle}$,则等效 Y 形联结的三个电阻也相等,且有

$$R_{\mathrm{Y}} = \frac{R_{\triangle}}{3} \tag{3-14}$$

即变换所得的 Y 形联结的电阻是△形联结时的三分之一。

将式(3-13)的三个式子分别两两相乘,然后再相加可得

$$R_1R_2+R_2R_3+R_3R_1 = \frac{R_{12}R_{23}R_{31}(R_{12}+R_{23}+R_{31})}{(R_{12}+R_{23}+R_{31})^2} = \frac{R_{12}R_{23}R_{31}}{R_{12}+R_{23}+R_{31}}$$

再将上式分别除以式(3-13)中的每一个,可以得到 Y 形联结等效变换为△形联结的条件

$$\begin{cases} R_{12} = \dfrac{R_1R_2+R_2R_3+R_3R_1}{R_3} \\[3mm] R_{23} = \dfrac{R_1R_2+R_2R_3+R_3R_1}{R_1} \\[3mm] R_{31} = \dfrac{R_1R_2+R_2R_3+R_3R_1}{R_2} \end{cases} \tag{3-15}$$

简记为

$$R_{\triangle} = \frac{\mathrm{Y} 形电阻两两乘积之和}{\mathrm{Y} 形不相邻电阻}$$

特殊情况下,若 Y 形联结的三个电阻相等,即 $R_1=R_2=R_3=R_{\mathrm{Y}}$,则等效△形联结的三个电阻必然相等,且有

$$R_{\triangle} = 3R_{\mathrm{Y}} \tag{3-16}$$

即变换所得的△形联结的电阻是 Y 形联结时的三倍。

由于画法不同,Y 形联结有时也叫 T 形联结,△形联结有时也叫 Π 形联结,如图 3-25 所示。

【例 3-11】　求图 3-26(a)所示电路的等效电阻 R_{AB}。

解　为方便计算,选择三个 2 Ω 电阻组成的 Y 形联结,将它们等效变换为△形联结,等效变换后的电路如图 3-26(b)所示。

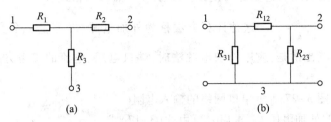

图 3-25　电阻的 T 形联结与 Π 形联结

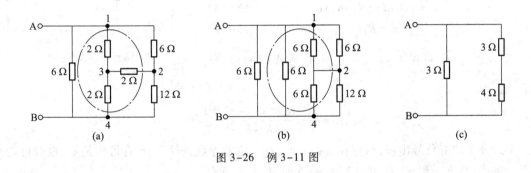

图 3-26　例 3-11 图

由于三个电阻相同即 $R_Y = 2\ \Omega$，则 △ 形联结每边的电阻为

$$R_\triangle = 3R_Y = 6\ \Omega$$

变换后的电路很容易看出串联和并联结构，将三个并联的支路分别合并后的电路如图 3-26(c)
所示。电路的等效电阻为

$$R_{AB} = 3 /\!/ (3+4)\ \Omega = \frac{3 \times 7}{3+7}\ \Omega = 2.1\ \Omega$$

3.3.3　含受控源单口网络的等效电阻

如果一个单口网络内部是不含任何独立电源的电阻性电路，那么不论内部如何复杂，端口电
压与端口电流成正比。定义该单口网络的输入电阻 R_i 为

$$R_i = \frac{u}{i} \tag{3-17}$$

单口网络的输入电阻也就是单口网络的等效电阻，但两者的含义有区别。

根据输入电阻的定义，可得求单口网络输入电阻的一般方法如下：

（1）如果一端口内部仅含电阻，则应用电阻的串、并联和 △-Y 变换等方法即可求出它的等
效电阻，输入电阻等于等效电阻；

（2）对含有受控源和电阻的单口网络，应用在端口加电源的方法求输入电阻，即加电压源

u_S,然后求出端口电流 i;或加电流源 i_S,求端口电压 u。然后根据式(3-17)计算电压和电流的比

值即可得输入电阻,$R_\mathrm{i}=\dfrac{u_\mathrm{S}}{i}=\dfrac{u}{i_\mathrm{S}}$。这种计算方法称为外加电源法(测量一个实际的单端口网络,

常用此方法)。需要指出的是:应用外加电源法时,端口电压、电流的参考方向对单端口网络来

说是关联的。

【例 3-12】　求图 3-27 所示单口网络的输入电阻。

解　在端钮 1-1′处加电压 u_S,求出 i,再由式(3-17)求

出输入电阻 R_i。

根据 KVL,有

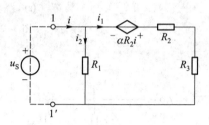

图 3-27　例 3-12 图

$$u_\mathrm{S} = -R_2\alpha i + (R_2 + R_3)i_1 \qquad (3\text{-}18)$$

$$u_\mathrm{S} = R_1 i_2 \qquad (3\text{-}19)$$

再由 KCL,$i = i_1 + i_2$,可得 $i_1 = i - i_2 = i - \dfrac{u_\mathrm{S}}{R_1}$,代入式(3-18),整

理后,有

$$R_\mathrm{i} = \frac{u_\mathrm{S}}{i} = \frac{R_1 R_3 + (1-\alpha)R_1 R_2}{R_1 + R_2 + R_3}$$

上式分子中有负号出现,当存在受控源时,在一定的参数条件下,R_i 有可能是零,也有可能是

负值。例如,当 $R_1 = R_2 = 1\ \Omega$,$R_3 = 2\ \Omega$,$\alpha = 5$ 时,$R_\mathrm{i} = -0.5\ \Omega$。

思考题

3-6　选择题

(1) 电路如图 3-28 所示,已知 $U = 2\ \mathrm{V}$,则电阻 R 等于(　　　)。

A. 2 Ω　　　　　　B. 4 Ω　　　　　　C. 6 Ω

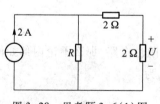

图 3-28　思考题 3-6(1)图

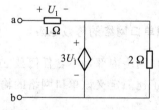

图 3-29　思考题 3-6(2)图

(2) 图 3-29 所示二端网络的输入电阻为(　　　)。

A. 4 Ω　　　　　　B. 1/3 Ω　　　　　　C. 3 Ω

3-7　计算图 3-30 所示各电路 a、b 之间的等效电阻。

3-8　计算图 3-31 所示电路中的电流 I_1。

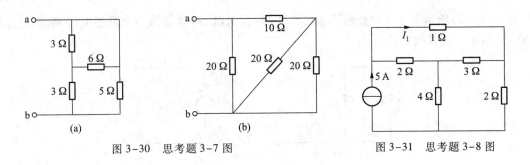

图 3-30　思考题 3-7 图　　　　　　　图 3-31　思考题 3-8 图

3.4　有源单口网络的等效变换

3.4.1　理想电源的串联和并联

理想电压源与理想电流源两个元件之间进行串联或并联组合不是随意的,有时需要满足一定的条件才可进行。

1. 理想电压源的串并联等效

（1）理想电压源的串联

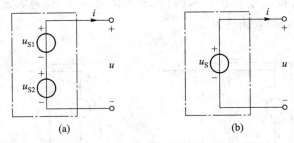

图 3-32　理想电压源串联及其等效电路

设一单口网络由两个理想电压源串联组成,如图 3-32(a)所示,根据 KVL,可等效为一个理想电压源,电路如图 3-32(b)所示。其等效条件为

$$u_S = u_{S1} + u_{S2} \tag{3-20}$$

式(3-20)不难推广到 n 个理想电压源各种不同极性相串联的情况。根据 KVL,得

$$u_S = u_{S1} + u_{S2} + \cdots + u_{Sn} = \sum_{k=1}^{n} u_{Sk}$$

注意:式中 u_{Sk} 的参考方向与 u_S 的参考方向一致时,u_{Sk} 在式中取"+"号,不一致时取"-"号。

此二端网络的端电流由外电路决定,通过理想电压源的串联可以得到一个高的输出电压。

（2）理想电压源的并联

图 3-33(a)所示为 2 个理想电压源的并联,根据 KVL,可等效为一个理想电压源,电路如图 3-33(b)所示。其等效条件为

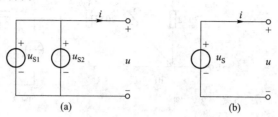

图 3-33　理想电压源并联及其等效电路

$$u_S = u_{S1} = u_{S2} \tag{3-21}$$

式(3-21)说明:只有电压相等且极性一致的理想电压源才能并联,此时并联理想电压源的对外特性与单个理想电压源一样。

注意:不同值或不同极性的理想电压源是不允许并联的,否则违反 KVL;理想电压源并联时,每个理想电压源中的电流是不确定的。

2．理想电流源的串并联等效

(1)理想电流源的并联

两个理想电流源 i_{S1} 和 i_{S2} 按如图 3-34(a)所示并联,根据 KCL,可等效为一个理想电流源,电路如图 3-34(b)所示。其等效条件为

$$i_S = i_{S1} + i_{S2} \tag{3-22}$$

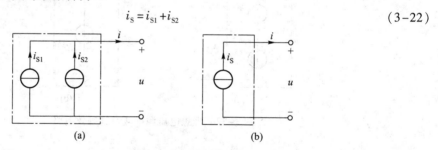

图 3-34　理想电流源并联及其等效电路

类似地,式(3-22)可推广到几个理想电流源各种不同方向相并联的情况。根据 KCL 得

$$i_S = i_{S1} + i_{S2} + \cdots + i_{Sn} = \sum_{k=1}^{n} i_{Sk}$$

注意:式中的 i_{Sk} 与 i_S 的参考方向一致时,i_{Sk} 在式中取"+"号,不一致时取"-"号,通过理想电流源的并联可以得到一个大的输出电流。

(2)理想电流源的串联

图 3-35(a)所示为 2 个理想电流源的串联,根据 KCL,可等效为一个理想电流源,电路如图 3-35(b)所示。其等效条件为

$$i_S = i_{S1} = i_{S2} \tag{3-23}$$

式(3-23)说明:只有电流大小相等且输出电流方向一致的理想电流源才能串联,此时串联理想电流源的对外特性与单个理想电流源一样。

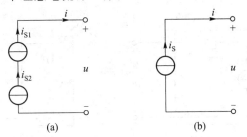

图 3-35 理想电流源串联及其等效电路

注意:不同值或不同极性的理想电流源是不允许串联的,否则违反 KCL;理想电流源串联时,每个理想电流源两端的电压是不确定的。

3. 理想电源与其他元件的串并联等效

(1) 理想电压源与其他元件的并联等效

理想电压源与其他元件并联的情况如图 3-36(a)所示,其中 N′为除理想电压源以外的其他任意元件,如理想电流源或电阻等。由理想电压源的特性可知,图 3-36(a)所示电路端口的电压为定值,即

$$u = u_S \tag{3-24}$$

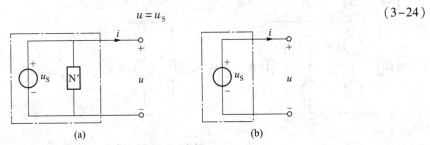

图 3-36 理想电压源与其他元件并联及其等效电路

因此,整个并联组合可等效为一个电压为 u_S 的理想电压源,等效电路如图 3-36(b)所示。N′的存在与否并不影响端口的 VCR,所以从端口等效的观点来看,N′称为多余元件,在电路分析中可将其断开或取走,而对外部电路没有影响。但是图 3-36(b)所示电路中的理想电压源和图 3-36(a)所示电路中的理想电压源的电流和功率是不相等的,即对内不等效。

若 N′为理想电压源,则其端电压的大小和极性必须与并联的理想电压源相同,否则不满足 KVL,不能并联。

(2) 理想电流源与其他元件的串联等效

理想电流源与其他元件的串联的情况如图 3-37(a)所示,其中 N′为除理想电流源以外的其他任意元件,如理想电压源或电阻等元件。根据理想电流源的特性可知,图 3-37(a)所示电路端口的电流为定值,即

$$i = i_S \tag{3-25}$$

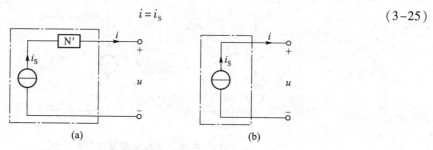

图 3-37 理想电流源与其他元件串联及其等效电路

因此,整个串联组合可等效为一个电流为 i_S 的理想电流源,等效电路如图 3-37(b)所示。N′的存在与否并不影响端口的 VCR,所以从端口等效的观点来看,N′称为多余元件,在电路分析中可将其短路或取走,而对外部电路没有影响。但是图 3-37(b)所示电路中的理想电流源和图 3-37(a)所示电路中的理想电流源的电压和功率是不相等的,即对内不等效。

若 N′为理想电流源,则其端电流的大小和极性必须与串联的理想电流源相同,否则不满足KCL,不能串联。

【例 3-13】 求图 3-38(a)所示电路 A、B 端的电路模型。

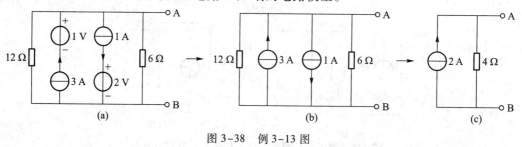

图 3-38 例 3-13 图

解 (1)由于理想电流源与理想电压源串联,其等效电路就是理想电流源,即将理想电压源短路,等效电路如图 3-38(b)所示。

(2)将两个并联的理想电流源合并,将两个并联的电阻合并,等效电路如图 3-38(c)所示,此电路即为 A、B 端的电路模型。

3.4.2 实际电源的两种模型及其等效变换

1. 实际电源的两种模型

任何一个实际电源都可以提供电压和电流,因此实际电源可以分为两种不同的等效电路来

表示。一种是负载在一定范围内变化时,输出电流随之变化,而电源两端的电压几乎不变,如干电池、稳压电源等,这种电源称为实际电压源。另一种是负载在一定范围内变化时,电源两端的电压随之变化,而电源的输出电流几乎不变,如光电池、晶体管恒流源等,这种电源称为实际电流源。

实际电源都是非理想的,也就是说实际电源内是含有内阻的。

一个实际电压源的电路模型可以用一个理想电压源和电阻的串联组合来近似等效,如图 3-39(a)所示。

在图 3-39(a)中,电阻 R 表示实际电压源的内阻。可知理想电压源串联电阻电路的 VCR 为

$$u = U_S - Ri \tag{3-26}$$

式(3-26)表明,u 和 i 的变化满足直线方程,其伏安关系特性如图 3-39(b)所示。它是实际电压源的外特性。此直线的倾斜程度取决于内阻 R 的值,R 的值越小,伏安特性越平坦。当 $R=0$ 时,伏安特性就是一条水平线,这时,非理想电压源就变成了理想电压源。

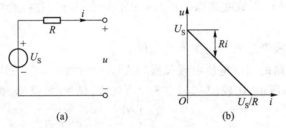

图 3-39 实际电压源模型:理想电压源串联电阻电路

伏安特性在纵轴上的交点称为开路电压 $U_{OC} = U_S$,即 $i=0$ 时电源两端的电压;伏安特性在横轴上的交点称为短路电流 $I_{SC} = U_S/R$,即当 $u=0$ 时,电源两端流过的电流。

一个实际电流源的电路模型可以用一个理想电流源和电阻的并联组合来近似等效,如图 3-40(a)所示。

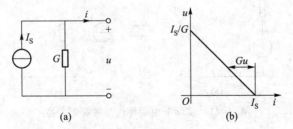

图 3-40 实际电流源模型:理想电流源并联电阻电路

在图 3-40(a)所示电路中,电导 G 也表示电源的内阻,且 $G=1/R$。可知理想电流源并联电阻电路的 VCR 为

$$i = I_s - Gu = I_s - \frac{u}{R} \tag{3-27}$$

式(3-27)表明,u 和 i 的变化满足直线方程,其伏安关系特性如图 3-40(b)所示。它是实际电流源的外特性。此直线的倾斜程度取决于内阻 R 的倒数即电导 G 的值,R 的值越大,即 G 的值越小,伏安特性越陡直。当 $G=0$,$R=\infty$ 时,伏安特性就是一条垂直线,这时,非理想电流源就变成了理想电流源。

伏安特性在纵轴上的交点称为开路电压 $U_{oc}=I_s/G$,即 $i=0$ 时电源两端的电压;伏安特性在横轴上的交点称为短路电流 $I_{sc}=I_s$,即当 $u=0$ 时,电源两端流过的电流。

2. 实际电源两种模型间的等效变换

实际电源的两种模型就其外部特性即伏安关系来说,在一定条件下是完全相同的,功率也保持不变。因此,这两种电源模型就其外部电路的作用来看将是完全等效的。在电路分析中,通常关注的是电源对外部电路的作用而不是电源内部的情况。所以在进行复杂电路的分析和计算时,对这两种电源模型进行等效变换(equivalent transformation),往往会简化复杂电路的分析和计算。

下面讨论两种电源模型之间等效变换的条件。

图 3-41(a)所示电路的端口电压电流关系如式(3-26)所示,图 3-41(b)所示电路的端口电压电流关系如式(3-27)所示,比较(3-26)、(3-27)两式,显然,如果满足如下两个条件

$$R = 1/G \tag{3-28}$$

$$U_s = I_s/G \text{ 或 } I_s = U_s/R \tag{3-29}$$

两个 VCR 完全相同,即实际电压源模型和实际电流源模型是等效的。

在电路分析中,图 3-41(a)所示电路与图 3-41(b)所示电路的等效变换是很有用的,但需要注意互换时理想电压源电压的极性与理想电流源电流的参考方向的关系,即理想电压源电压的参考极性的从负到正的方向就是理想电流源电流的参考方向。

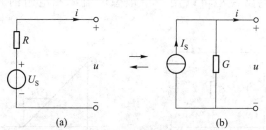

图 3-41　实际电源两种模型的等效变换

采用图 3-41(a)所示的模型,电源是用参数 U_s 和 R 来表征的,是从对外提供的电压来反映电源的表现的;采用图 3-41(b)所示的模型,电源是用参数 I_s 和 G 来表征的,是从对外提供的电流来反映电源的表现的。实际电源向外电路供电是因存在内阻而引起的电源端电压或端电流的减少。

电源互换是电路等效变换的一种方法。这种等效是对电源以外部分的电路等效,对电源内部电路是不等效的。

理想电压源与理想电流源不能相互转换,这是因为对理想电压源来说,其内阻为零,而对理想电流源来说,其内阻为无穷大,两者的内阻不可能相等。从另一个方面看,理想电压源的短路电流为无穷大,而理想电流源的开路电压为无穷大,都不能得到有限的数值,故两者之间不存在等效变换的条件。

【**例 3-14**】 求图 3-42(a)所示电路中电流 i。

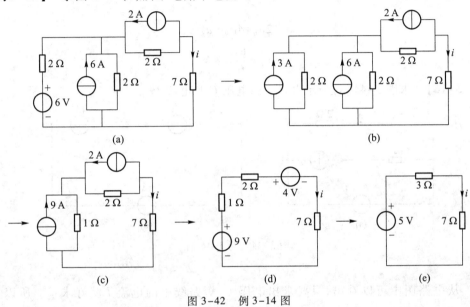

图 3-42 例 3-14 图

解 图 3-42(a)所示电路可简化为图 3-42(e)所示单回路电路。简化过程如图 3-42(b)、(c)、(d)、(e)所示。由化简后的电路可求得电流为

$$i = \frac{5}{3+7} \text{ A} = 0.5 \text{ A}$$

受控电压源、电阻的串联组合和受控电流源、电导的并联组合也可以用上述方法进行变换。此时可把受控电源当作独立电源处理,但应注意在变换过程中保留控制量所在支路,而不要把它消掉。

【**例 3-15**】 图 3-43(a)所示电路中,已知 $u_S = 12$ V,$R = 2$ Ω,VCCS 的电流 i_C 受电阻 R 上的电压 u_R 控制,且 $i_C = gu_R$,$g = 2$ S。求 u_R。

解 利用等效变换,把电压控制电流源和电导的并联组合变换为电压控制电压源和电阻的串联组合,如图 3-43(b),其中 $u_C = Ri_C = 2 \times 2 \times u_R = 4u_R$,而 $u_R = Ri$。按 KVL,有

$$Ri + Ri + u_C = u_S$$

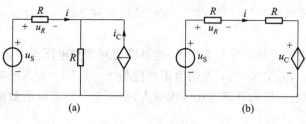

图 3-43   例 3-15 图

$$2u_R + 4u_R = u_S$$

$$u_R = \frac{u_S}{6} = 2 \text{ V}$$

【例 3-16】   求图 3-44(a)所示电路中的电压 U 和电流 I。

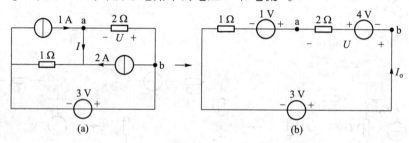

图 3-44   例 3-16 图

解   从电路图中可以看出,只要求出电压 U,短路线中的电流 I 就好求了。所以先求电压 U。

将图 3-44(a)中存在的两个电流源模型变换为电压源模型,待求量 U 保留在原位置,等效变换后的电路如图 3-44(b)所示。电路此时是一个单回路,其回路电流 I_0 为

$$I_0 = \frac{3+4-1}{1+2} \text{ A} = 2 \text{ A}$$

根据 KVL,得电压 U

$$U = 2I_0 - 4 = 0 \text{ V}$$

再回到原电路,根据 KCL,得电流 I

$$I = 1 + \frac{U}{2} = 1 \text{ A}$$

思考题

3-9   将图 3-45 所示各电路化简为最简形式。

3-10   利用电源的等效变换求图 3-46 所示电路中的电流 I。

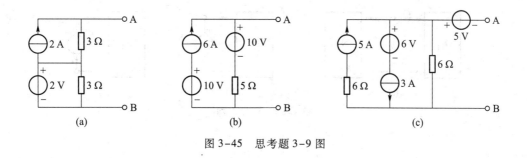

图 3-45 思考题 3-9 图

3-11 电路如图 3-47 所示,求独立电压源的电流 I_1、独立电流源的电压 U_2 以及受控电流源的电压 U_3。

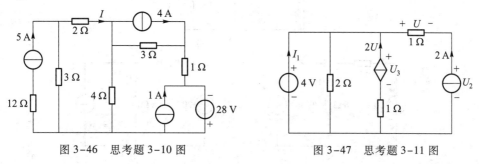

图 3-46 思考题 3-10 图　　　　　　图 3-47 思考题 3-11 图

3.5 替 代 定 理

替代定理又称置换定理(substitution theorem),是一个应用范围较为广泛的定理,它不仅适用于线性电路,也适用于非线性电路。不论在理论上还是在实际应用上,它都占有重要地位。替代定理时常用来对电路进行简化,从而使电路易于分析或计算。

替代定理:在具有唯一解的任意集中参数网络中,若某条支路的支路电压为 u 和支路电流为 i,且该支路与网络中的其他支路无耦合,则该支路可以用方向和大小与 u 相同的理想电压源替代,或用方向和大小与 i 相同的理想电流源替代,替代后原电路中全部支路电压和支路电流都将保持原值不变(仍具有唯一解)。

替代定理的示意图如图 3-48 所示。网络 N 由两个单口网络 N_1 和 N_2 连接组成,如图 3-48(a)所示,且已知端口电压和电流值分别为 u 和 i,则 N_2(或 N_1)可以用一个电压为 u 的理想电压源或用一个电流为 i 的理想电流源替代,分别如图 3-48(b)和图 3-48(c)所示,不影响 N_1(或 N_2)内各支路电压、电流原有数值。

如果在 N_2(或 N_1)中有 N_1(或 N_2)中受控源的控制支路,则 N_2(或 N_1)被替代后将无法表达这种控制关系,这时就不可以被替代。

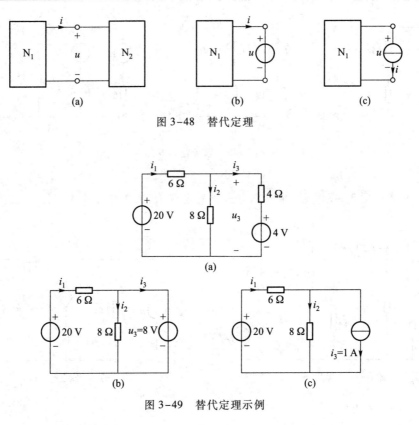

图 3-48　替代定理

图 3-49　替代定理示例

图 3-49 示出替代定理应用的实例。图 3-49(a)中,可求得 $u_3 = 8$ V,$i_3 = 1$ A。现将 4 V 电压源和 4 Ω 电阻两条支路分别以 $u_3 = 8$ V 的电压源或 $i_3 = 1$ A 的电流源替代,如图 3-49(b)或图 3-49(c)所示。不难看出,在图 3-49(a)、(b)、(c)中,其他部分的电压和电流均保持不变,即 $i_1 = 2$ A,$i_2 = 1$ A。

顺便指出,4 V 电压源和 4 Ω 电阻两条支路也可用一个电阻支路来替代,其值为 8 Ω,此时,其他部分的电压和电流亦保持不变。

【例 3-17】　图 3-50(a)所示电路中,若要使 $u_{ab} = 0$ V,试求电阻 R。

解　列写 KVL 方程,得

$$u_{ab} = -3I + 3 = 0$$

解得

$$I = 1 \text{ A}$$

应用替代定理,将 a、b 间的支路用电流为 1 A 的电流源进行替代,替代后的电路如图3-50(b)所示。

在图 3-50(b)中,选择节点 d 为参考节点,列写节点电压方程,得

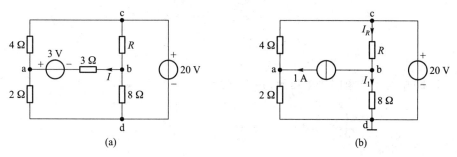

图 3-50　例 3-17 图

$$u_c = 20 \text{ V}$$

$$-\frac{1}{4} u_c + \left(\frac{1}{2} + \frac{1}{4}\right) u_a = 1 \text{ V}$$

$$-\frac{1}{R} u_c + \left(\frac{1}{8} + \frac{1}{R}\right) u_b = -1 \text{ V}$$

又因为

$$u_{ab} = 0 \quad 即 \quad u_a = u_b$$

联合求解得

$$R = 6 \text{ }\Omega$$

【**例 3-18**】　图 3-51(a)所示电路中,N_1 为线性电阻网络,$U_S = 10 \text{ V}$,$I_S = 4 \text{ A}$ 时,$I_1 = 4 \text{ A}$,$I_3 = 2.8 \text{ A}$;$U_S = 0 \text{ V}$,$I_S = 2 \text{ A}$ 时,$I_1 = -0.5 \text{ A}$,$I_3 = 0.4 \text{ A}$;若图 3-51(a)中 U_S 换以 8 Ω 电阻,在图 3-51(b)中,求当 $I_S = 10 \text{ A}$ 时,I_1、I_3 的值。

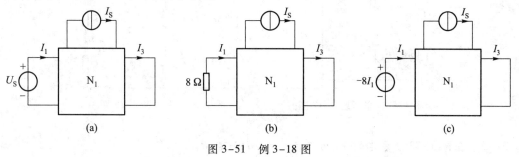

图 3-51　例 3-18 图

解　在图 3-51(a)中,根据叠加定理得

$$I_1 = K_1 U_S + K_2 I_S , \quad I_3 = K_3 U_S + K_4 I_S$$

代入数据得

$$\begin{cases} 4 = 10K_1 + 4K_2 \\ -0.5 = 0 + 2K_2 \end{cases} \qquad \begin{cases} 2.8 = 10K_3 + 4K_4 \\ 0.4 = 0 + 2K_4 \end{cases}$$

解得

$$\begin{cases} K_1 = 0.5 \text{ S} \\ K_2 = -0.25 \end{cases} \quad \begin{cases} K_3 = 0.2 \text{ S} \\ K_4 = 0.2 \end{cases}$$

所以 $I_1 = 0.5U_S - 0.25I_S \quad I_3 = 0.2U_S + 0.2I_S$

图 3-51(b) 中将 8 Ω 电阻用电压源（$-8I_1$）替代, 如图 3-51(c) 所示, 则

$$\begin{cases} I_1 = 0.5 \times (-8I_1) - 0.25 \times 10 \\ I_3 = 0.2 \times (-8I_1) + 0.2 \times 10 \end{cases} \Rightarrow \begin{cases} I_1 = -0.5 \text{ A} \\ I_3 = 2.8 \text{ A} \end{cases}$$

替代定理使用中需注意:

（1）替代定理适用于任意集中参数网络, 无论网络是线性的还是非线性的, 时变的还是非时变的。

（2）"替代"与"等效变换"是两个不同的概念, "替代"是用独立电压源或独立电流源替代已知电压或电流的支路, 替代前后替代支路以外电路的拓扑结构和元件参数不能改变, 因为一旦改变, 替代支路的电压或电流也将发生改变; 而等效变换是两个具有相同端口伏安特性的电路间的相互转换, 与变换以外电路的拓扑结构和元件参数无关。

（3）不仅可以用电压源或电流源替代已知电压或电流的支路, 而且可以替代已知端口电压或电流的单口网络, 因此应用替代定理, 可将一个大网络撕裂成若干个小网络, 用于大网络的分析。

思考题

3-12   在图 3-52 所示电路中, 单口网路 N 内部结构不详, 若已知 $i = 1$ A, 试利用替代定理求电压 u。

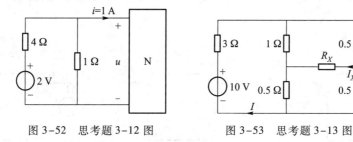

图 3-52   思考题 3-12 图   图 3-53   思考题 3-13 图

3-13   在图 3-53 所示电路中, 若要使 $I_X = \dfrac{1}{8}I$, 试求 R_X。

3.6   戴维宁定理和诺顿定理

在 3.2 节中曾讨论过单口网络的等效, 其实质是求单口网络的 VCR, 有源线性单口网络的 VCR 是一次函数, 可以写成

$$u = u_{OC} - R_0 i \qquad \text{或} \qquad i = i_{SC} - G_0 u$$

从上式可以看出, 有源线性单口网络可以等效为一个理想电压源串联一个电阻或一个理想

电流源并联一个电导。

戴维宁定理和诺顿定理提供了求有源线性单口网络等效电路的一般方法,适用于求复杂线性网络的等效电路,是电路分析中的重要定理。

3.6.1 戴维宁定理

戴维宁定理(Thevenin's theorem)是法国电讯工程师戴维宁于 1883 年首先提出的。

戴维宁定理:任何有源线性单口网路 N_A,对于外电路 M 来说,都可以用一个电压源和一个电阻的串联组合来等效,该电路称为戴维宁等效电路(Thevenin's equivalent circuit)。其中电压源的电压等于该网络 N_A 的端口开路电压 u_{OC},串联电阻等于有源单口网络内部全部独立电源置零(即电压源短路,电流源开路)时,所得无源单口网络 N_0 的等效电阻 R_0。

戴维宁定理的含义如图 3-54 所示。对于图中 N_A 而言,u、i 参考方向非关联,戴维宁等效电路的 VCR 为

$$u = u_{OC} - R_0 i \tag{3-30}$$

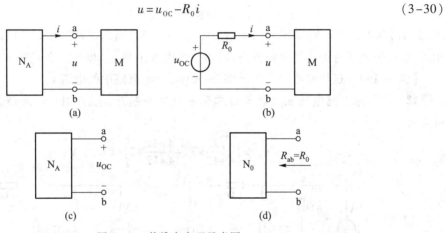

图 3-54　戴维宁定理示意图

戴维宁定理的证明如下:在图 3-55(a)所示电路中,N_A 为有源线性单口网络,M 为任意外电路。正如本书所说,替代定理所说的等效是工作点(状态)前后不变。而戴维宁定理是指端口外特性的等效。即无论外接电路参数,结构如何变化都是等效的。

应用叠加定理,图 3-55(b)所示电路分成个两个分电路,图 3-55(c)所示电路是电流源 $i=0$(即电流源开路),N_A 内所有独立电源共同作用时的分电路,此时有

$$u' = u_{OC}$$

图 3-55(d)所示电路是 N_A 中所有独立电源为零,电流源 i 单独作用时的分电路,图中无源单口网络 N_0 可以等效为一个电阻 R_0,由于电压和电流参考方向非关联,由欧姆定律可得

$$u'' = -R_0 i$$

所以

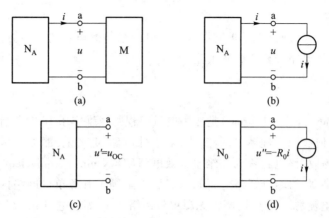

图 3-55   戴维宁定理证明

$$u = u' + u'' = u_{OC} - R_0 i \qquad (3\text{-}31)$$

式(3-31)为有源单口网络 N_A 的端口 VCR,与式(3-30)所示的戴维宁等效电路的端口 VCR 完全相同,这就证明了有源线性单口网络,可以等效为电压源 u_{OC} 和电阻 R_0 的串联组合。

【例 3-19】   试用戴维宁定理求图 3-56(a)所示电路中的电流 i。

解   (1)求开路电压 u_{OC},将 6 Ω 电阻所在支路断开,电路如图 3-56(b)所示,用叠加定理可求得

$$u_{OC} = \left(\frac{12}{4+12} \times 32 + \frac{4 \times 12}{4+12} \times 2 \right)\ \text{V} = 30\ \text{V}$$

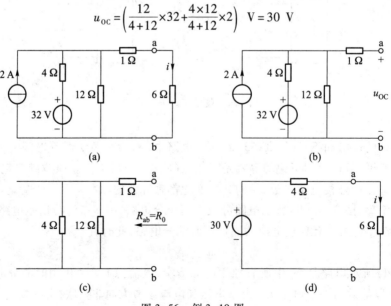

图 3-56   例 3-19 图

（2）求等效电阻 R_0 ，将图 3-56（a）所示电路中的所有独立电源置零，即电压源短路，电流源开路，电路如图 3-56（c）所示。等效电阻 R_0 为

$$R_{ab} = R_0 = [(4//12)+1]\,\Omega = \left(\frac{4 \times 12}{4+12}+1\right)\,\Omega = 4\,\Omega$$

（3）求出电流 i ，戴维宁等效电路如图 3-56（d）所示，则

$$i = \frac{30}{4+6}\,A = 3\,A$$

【**例 3-20**】 图 3-57（a）所示电路中，已知 $u_{S1} = 40\,V$ ， $u_{S2} = 40\,V$ ， $R_1 = 4\,\Omega$ ， $R_2 = 2\,\Omega$ ， $R_3 = 5\,\Omega$ ， $R_4 = 10\,\Omega$ ， $R_5 = 8\,\Omega$ ， $R_6 = 2\,\Omega$ ，求通过 R_3 的电流 i_3 。

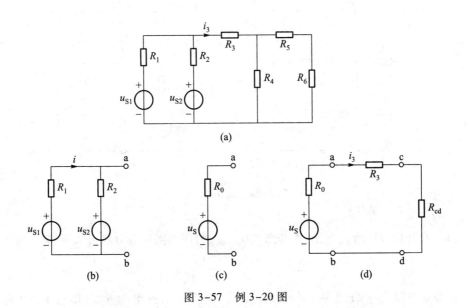

图 3-57 例 3-20 图

解 将 R_3 的左、右两部分的电路都看作一单口网络而加以简化。左侧是一个有源线性单口网络，如图 3-57（b）所示，求开路电压及等效电阻较为方便。它的等效电路如图 3-57（c）所示，其中

$$R_0 = R_{ab} = \frac{R_1 R_2}{R_1 + R_2} = 1.33\,\Omega$$

$$u_S = u_{OC} = R_2 i + u_{S2} = \frac{u_{S1} - u_{S2}}{R_1 + R_2} R_2 + u_{S2} = 40\,V$$

再求右侧无源单口网络的等效电阻

$$R_{cd} = \frac{R_4(R_5 + R_6)}{R_4 + R_5 + R_6} = 5\,\Omega$$

图 3-57（a）可以简化为图 3-57（d）所示电路。通过 R_3 的电流为

$$i_3 = \frac{u_S}{R_0 + R_3 + R_{cd}} = 3.53 \text{ A}$$

【**例 3-21**】　图 3-58(a)所示的直流单臂电桥(又称惠斯通电桥)电路中,求流过检流计的电流 i_g。

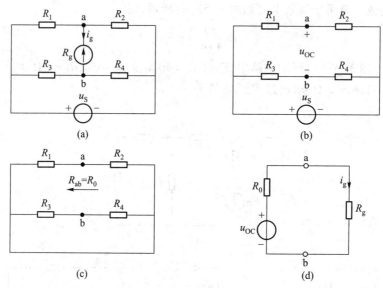

图 3-58　例 3-21 图

解　(1)断开检流计所在支路,求开路电压 u_{OC},利用电阻串联分压公式可得

$$u_{OC} = \frac{R_2}{R_1 + R_2} u_S - \frac{R_4}{R_3 + R_4} u_S$$

(2)求等效电阻 R_0。将图 3-58(b)所示电路中的所有独立电源置零(即电压源短路),得到图 3-58(c)所示的无源单口网络,其等效电阻

$$R_0 = R_{ab} = \frac{R_1 R_2}{R_1 + R_2} + \frac{R_3 R_4}{R_3 + R_4}$$

(3)画出戴维宁等效电路,如图 3-58(d)所示,可得

$$i_g = \frac{u_{OC}}{R_0 + R_g}$$

其中 u_{OC}、R_0 由前面计算结果代入即可。

当调节电阻值使流过检流计的电流 $i_g = 0$ 时,称电桥处于平衡状态。显然,电桥平衡时 $u_{OC} = 0$,即

$$u_{OC} = \frac{R_2}{R_1 + R_2} u_S - \frac{R_4}{R_3 + R_4} u_S = 0$$

因此,电桥平衡的条件为

$$R_2R_3 = R_1R_4$$

上式说明,在电桥平衡时,两相对桥臂上电阻的乘积相等。根据这个关系,在已知三个电阻的情况下,就可以确定第四个被测电阻的阻值。用惠斯通电桥测电阻容易达到较高的准确度,因为电桥的实质是把待测电阻和标准电阻作比较,只要检流计有足够高的灵敏度,则测量的精度就是标准电阻的精度。

3.6.2 诺顿定理

诺顿定理(Norton's theorem)是由美国贝尔电话实验室工程师诺顿于1926年提出的。

诺顿定理:任何有源线性单口网络 N_A,对于外电路 M 来说,都可以用一个电流源和电导的并联组合来等效,该电路称为诺顿等效电路(Norton's equivalent circuits)。其中电流源的电流等于该网络 N_A 的短路电流 i_{SC};并联电导等于该有源单口网络中所有独立源为零值(即电压源短路,电流源开路)时,所得无源单口网络 N_0 的等效电导 G_0。

诺顿定理的含义如图3-59所示。对于图中 N_A 而言,u、i 参考方向非关联,诺顿等效电路的 VCR 为

$$i = i_{SC} - G_0 u \qquad (3-32)$$

式中的诺顿等效电导 G_0 为戴维宁等效电阻 R_0 的倒数,即

$$G_0 = \frac{1}{R_0} \qquad (3-33)$$

诺顿定理的证明同样可以应用叠加定理证明,其方法与戴维宁定理的证明方法相似,这里从略。

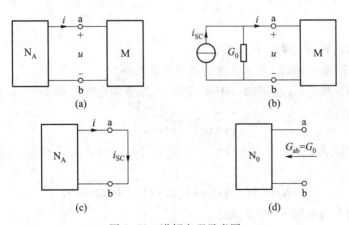

图3-59 诺顿定理示意图

根据戴维宁定理和诺顿定理的端口电压、电流约束关系式(3-30)和式(3-32)可知,开路电压 u_{OC} 与短路电流 i_{SC} 之间存在着以下关系

$$u_{\mathrm{OC}} = R_0 i_{\mathrm{SC}} \qquad\qquad (3\text{-}34)$$

应用戴维宁定理或诺顿定理来等效有源线性单口网络时,可先求出该网络的开路电压、短路电流和等效电阻三个参数中的任意两个,如果需要求出第三个参数,可根据式(3-34)计算。

应用戴维宁定理和诺顿定理要注意的问题:

(1) 有源单口网络所接的外电路可以是任意的线性或非线性电路,外电路发生改变时,有源单口网络的等效电路不变。

(2) $R_0 = 0$ 或 $R_0 = \infty$ 时,此时有源单口网络为理想电压源或理想电流源,即此时只存在一种等效电路,否则二种等效电路均存在。

(3) 当有源单口网络内部含有受控源时,控制电路与受控源必须包含在被化简的同一部分电路中。

(4) 开路电压 u_{OC}(短路电流 i_{SC})的计算。

戴维宁(诺顿)等效电路中电压源电压(电流源电流)等于将外电路断开(短路)时的开路电压 u_{OC}(短路电流 i_{SC}),电压(电流)源方向与所求开路电压(短路电流)方向有关。计算 u_{OC}(i_{SC})的方法视电路形式选择前面学过的任意方法,使易于计算。

(5) 等效电阻的计算。

等效电阻为将单口网络内部独立电源全部置零(电压源短路,电流源开路)后,所得无源单口网络的输入电阻。常用下列三种方法计算:

① 当网络内部不含有受控源时可采用电阻串并联和 △-Y 互换的方法计算等效电阻。

② 外加电源法(加电压求电流或加电流求电压)。

③ 开路电压、短路电流法。即先求得网络端口间的开路电压后,再将端口短路求得短路电流,则 $R_0 = \dfrac{u_{\mathrm{OC}}}{i_{\mathrm{SC}}}$。

以上方法中后两种方法更具有一般性。

【例 3-22】　求图 3-60(a)所示电路的诺顿等效电路。

解　(1) 求短路电流 i_{SC},如图 3-60(b)所示,可用叠加定理求得

$$i_{\mathrm{SC}} = \left(\frac{4}{4+16} \times 2 + \frac{12}{4+8+8} \right) \mathrm{A} = 1 \ \mathrm{A}$$

(2) 求等效电阻 R_0,将图 3-60(a)所示电路中的所有独立电源置零,电路如图 3-60(c)所示,计算可得

$$R_0 = \left[5 /\!/ (8+4+8) \right] \Omega = (5 /\!/ 20) \Omega = 4 \ \Omega$$

(3) 诺顿等效电路如图 3-60(d)所示。

【例 3-23】　求图 3-61(a)所示有源单口网络的戴维宁等效电路和诺顿等效电路。单口网络内部电流控制电流源,$i_{\mathrm{C}} = 0.75 i_1$。

解　先求开路电压 u_{OC}。在图 3-61(a)中,当端口 ab 开路时,有

$$i_2 = i_1 + i_{\mathrm{C}} = 1.75 i_1$$

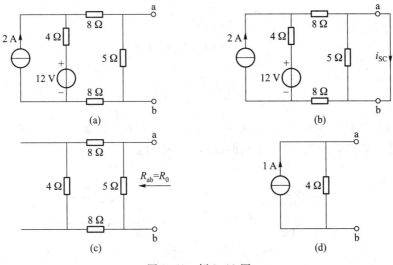

图 3-60 例 3-22 图

对网孔 I 列 KVL 方程,得

$$5\times10^3\times i_1+20\times10^3\times i_2=40$$

代入 $i_2=1.75i_1$,可以求得 $i_1=1$ mA。而开路电压

$$u_{OC}=20\times10^3\times i_2=35 \text{ V}$$

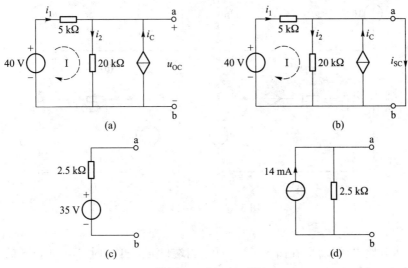

图 3-61 例 3-23 图

当 ab 短路时,可求得短路电流 i_{SC},如图 3-61(b)所示。此时

$$i_1 = \frac{40}{5 \times 10^3} \text{ A} = 8 \text{ mA}$$

$$i_{SC} = i_1 + i_C = 1.75 i_1 = 14 \text{ mA}$$

故得

$$R_0 = \frac{u_{OC}}{i_{SC}} = 2.5 \text{ k}\Omega$$

对应的戴维宁等效电路和诺顿等效电路分别如图 3-61(c)和图 3-61(d)所示。

【例 3-24】　求图 3-62(a)所示电路的戴维宁等效电路。

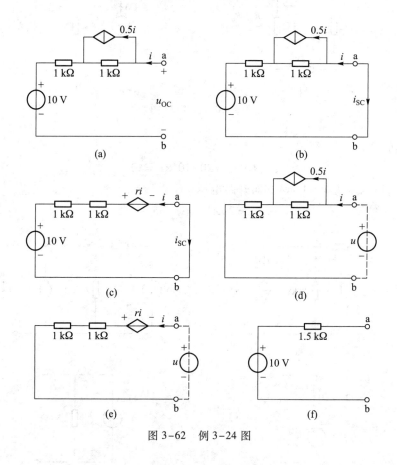

图 3-62　例 3-24 图

　　解　(1)求开路电压 u_{OC}。在图 3-62(a)中,当端口 a、b 开路时,$i=0$,CCCS 的电流 $0.5i$ 也为零,各电阻上无电压,故得

$$u_{OC} = u_{ab} = 10 \text{ V}$$

(2)求等效电阻 R_0

方法一　开路短路法

把原电路 a、b 端短路，如图 3-62(b) 所示。设短路电流 i_{sc} 的方向如图中所示。经过电源等效变换得图 3-62(c)(图中 $r=500\ \Omega$)，由此可得

$$10+2000i-500i=0$$

因此有

$$i_{\text{sc}}=-i=\frac{1}{150}\ \text{A}$$

$$R_0=\frac{u_{\text{oc}}}{i_{\text{sc}}}=1.5\ \text{k}\Omega$$

方法二　加压求流法

把图 3-62(a) 所示电路中的电压源置零，并在端口 a、b 间加入电压源，如图 3-62(d) 所示，经过电源等效变换得图 3-62(e)，列写 KVL 得

$$-u+2000i-500i=0$$

解得

$$R_0=\frac{u}{i}=1.5\ \text{k}\Omega$$

(3) 求得 u_{oc} 及 R_0 后，即可得出戴维宁等效电路如图 3-62(f) 所示。

戴维宁定理和诺顿定理在电路分析中应用很广泛，有时对线性电阻电路中部分电路的求解没有要求，而该部分电路又构成一个有源单口网络时，在这种情况下，应用戴维宁定理和诺顿定理求解最为方便，即可以用这两个定理把这部分电路仅用两个电路元件的简单组合等效置换，而不影响其余部分的求解。

思考题

3-14　试用戴维宁定理求图 3-63 所示电路中流过 4 Ω 电阻的电流 I。

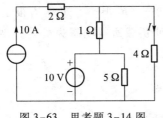

图 3-63　思考题 3-14 图

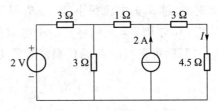

图 3-64　思考题 3-15 图

3-15　试用诺顿定理求图 3-64 所示电路中的电流 I。

3-16　求图 3-65 所示各电路中 a、b 端的戴维宁等效电路和诺顿等效电路。

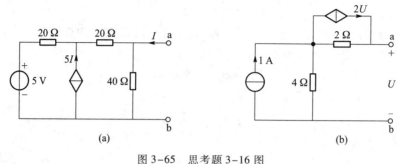

图 3-65　思考题 3-16 图

3.7　最大功率传输定理

在电子电路中,常常希望负载从电路中获得最大功率,比如希望一台扩音机所接的喇叭声音最大。那么,在什么条件下,负载从给定信号源获得的功率最大,这就是最大功率传输问题。

给定一个有源线性单口网络 N_1,接在它两端的负载电阻 R_L 可变,如图 3-66(a)所示。在什么条件下,负载能得到的功率为最大呢? 有源线性单口网络 N_1 可以用戴维宁等效电路代替,如图 3-66(b)所示。

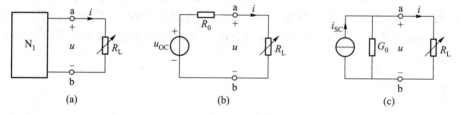

图 3-66　最大功率传输定理

当 R_L 很大时,流过 R_L 的电流很小,因而 R_L 得到的功率 $i^2 R_L$ 很小。如果 R_L 很小,功率同样也是很小的。在 $R_L = 0$ 与 $R_L = \infty$ 之间将有一个电阻值可使负载所得功率为最大。要解决这一 R_L 值究竟是多大的问题,可先写出 R_L 为任意值时的功率

$$p = i^2 R_L = \left(\frac{u_{OC}}{R_0 + R_L} \right)^2 R_L = f(R_L) \tag{3-35}$$

要使 p 为最大,应使 $\mathrm{d}p/\mathrm{d}R_L = 0$,由此可解得 p 为最大时的 R_L 值。

$$\frac{\mathrm{d}p}{\mathrm{d}R_L} = u_{OC}^2 \left[\frac{(R_0 + R_L)^2 - 2(R_0 + R_L) R_L}{(R_0 + R_L)^4} \right]$$

$$= \frac{u_{OC}^2 (R_0 - R_L)}{(R_0 + R_L)^3} = 0 \tag{3-36}$$

由此可得

$$R_{\mathrm{L}} = R_0 \tag{3-37}$$

由于

$$\left. \frac{\mathrm{d}^2 p}{\mathrm{d} R_{\mathrm{L}}^2} \right|_{R_{\mathrm{L}} = R_0} = -\frac{u_{\mathrm{OC}}^2}{8 R_0^3} < 0$$

所以,式(3-37)即为 p 为最大的条件。

此时,负载获得的最大功率为

$$p_{\max} = \frac{u_{\mathrm{OC}}^2}{4 R_0} \tag{3-38}$$

同理,若将给定的有源线性单口网络 N_1 等效为诺顿等效电路,如图3-66(c)所示,则当 $G_{\mathrm{L}} = G_0 (R_{\mathrm{L}} = R_0)$ 时,负载得到的功率最大,此时最大功率为

$$p_{\max} = \frac{i_{\mathrm{SC}}^2}{4 G_0} = \frac{R_0 i_{\mathrm{SC}}^2}{4} \tag{3-39}$$

最大功率传输定理(maximum power transfer theorem):由有源线性单口网络传递给可变负载的功率为最大的条件是:负载 R_{L} 应与戴维宁等效电路或诺顿等效电路的等效电阻相等。即:满足 $R_{\mathrm{L}} = R_0$ 时,称为最大功率匹配,此时负载得到的最大功率由式(3-38)或(3-39)确定。

注意最大功率传递定理是在 R_{L} 可变的情况下得出的。如果 R_0 可变而 R_{L} 固定,则应使 R_0 尽量减少,才能使 R_{L} 获得的功率增大。当 $R_0 = 0$ 时,R_{L} 获得最大功率。

需要注意的是:

(1)最大功率传输定理用于一端口电路给定,负载电阻可调的情况;

(2)一端口等效电阻消耗的功率实际上一般并不等于端口内部消耗的功率,因此当负载获取最大功率时,电路的传输效率并不一定是50%;

(3)计算最大功率问题结合应用戴维宁定理或诺顿定理最方便。

【**例3-25**】 如图3-67(a)所示电路,(1)求负载 R_{L} 获得最大功率时的值;(2)计算此时 R_{L} 得到的功率;(3)当 R_{L} 获得最大功率时,求20 V 电源产生的功率传递给 R_{L} 的百分数。

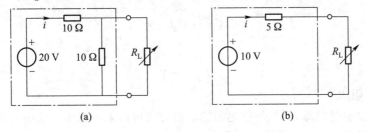

图3-67 例3-25图

解 (1)先求虚线框内有源线性单口网络的戴维宁等效电路

$$u_{OC} = 20 \times \frac{10}{20} \text{ V} = 10 \text{ V}$$

$$R_0 = \frac{10 \times 10}{20} \text{ Ω} = 5 \text{ Ω}$$

其等效电路如图 3-67(b)所示。因此,当 $R_L = R_0 = 5$ Ω 时,R_L 获得最大功率。

（2）R_L 获得的最大功率为

$$p_{\max} = \frac{u_{OC}^2}{4R_0} = \frac{10^2}{4 \times 5} \text{ W} = 5 \text{ W}$$

（3）当 $R_L = 5$ Ω 时,其两端电压为

$$10 \times \frac{5}{5+5} \text{ V} = 5 \text{ V}$$

流过 20 V 电源的电流

$$i = \frac{20-5}{10} \text{ A} = 1.5 \text{ A}$$

20 V 电源的功率为

$$p_S = -20 \times 1.5 \text{ W} = -30 \text{ W}$$

即 20 V 电源发出了 30 W 功率。负载所得功率的百分数为

$$\left| \frac{p_{\max}}{p_S} \right| = \frac{5}{30} \times 100\% = 16.67\%$$

此结果表明,当负载得到最大功率时,其功率传递效率不一定为 50% 。

【例 3-26】　如图 3-68(a)所示电路,求负载 R_L 为何值时获得最大功率,并计算此最大功率。

解　（1）先求虚线框内有源线性单口网络的戴维宁等效电路

① 求开路电压 U_{OC}

将负载 R_L 断开如图 3-68(b)所示,由于 R_L 断开,则有 $I = 0$,$I_1 = U_{OC}/4$,对外回路选择逆时针的绕行方向并列写 KVL,得

$$2 \times \frac{U_{OC}}{4} + 4 - U_{OC} = 0$$

解得

$$U_{OC} = 8 \text{ V}$$

② 求等效电阻 R_0

由于电路中含有受控源,所以等效电阻的求解方法可以采用加压求流法或开路短路法,本题采用加压求流法进行求解。首先将有源线性单口网络中的所有独立电源置零(即电压源短路,电流源开路),得到无源单口网路,然后在端口处加入电压源 U,求端口电流 I,电路如图 3-68(c)所示。

对外回路按逆时针的绕行方向列写 KVL 得

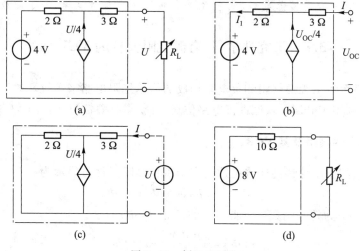

图 3-68 例 3-26 图

$$3I + 2 \times \left(I + \frac{U}{4} \right) - U = 0$$

解得

$$I = \frac{U}{10}$$

则

$$R_0 = \frac{U}{I} = 10 \ \Omega$$

③ 画出戴维宁等效电路,如图 3-68(d)所示。

(2)根据最大功率传输定理可知,当 $R_L = R_0$ 时,负载 R_L 获得的功率最大,最大功率为

$$p_{max} = \frac{u_{OC}^2}{4R_0} = \frac{8^2}{4 \times 10} \ \mathrm{W} = 1.6 \ \mathrm{W}$$

思考题

3-17　电路如图 3-69 所示,试求 R_L 为何值时可获最大功率,并求此最大功率。

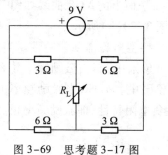

图 3-69　思考题 3-17 图

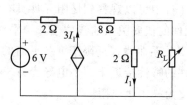

图 3-70　思考题 3-18 图

3-18　图 3-70 为含受控源电路,试求 R_L 为何值时可获最大功率,并求此最大功率。

*3.8　研究性学习:有源忆阻元件的 VCR 曲线

有源忆阻元件可以由无源忆阻和负电阻构成的简单忆阻电路来等效。通过在有源忆阻上施加正弦电压激励,利用 Multisim 软件进行电路仿真,可获得有源忆阻元件的 VCR 曲线。

3.8.1　有源忆阻元件模型及其 VCR

一个分段二次型非线性特性曲线描述的有源磁控忆阻元件可表示为

$$q(\Phi) = -a\Phi + 0.5b\Phi^2 \mathrm{sgn}(\Phi) \tag{3-40}$$

式中,$a, b > 0$,$\mathrm{sgn}(\cdot)$ 为符号函数。可得到它的忆导 $W(\Phi)$ 为

$$W(\Phi) = \frac{\mathrm{d}q(\Phi)}{\mathrm{d}\Phi} = -a + b|\Phi| \tag{3-41}$$

式(3-40)描述的磁控忆阻元件在 Φ-q 平面上的特性曲线如图 3-71(a)所示,相应的忆导关系曲线如图 3-71(b)所示。从图 3-71 中可见,有源磁控忆阻元件的特性曲线将分布于 Φ-q 平面的四个象限,且有源磁控忆阻元件的忆导随磁通的变化有部分位于负值区间。因此,式(3-40)所描述的磁控忆阻元件不具备无源性,即是有源的。

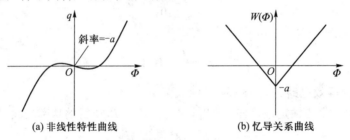

(a) 非线性特性曲线　　　　(b) 忆导关系曲线

图 3-71　有源忆阻元件的特性曲线及其忆导关系

已知有源磁控忆阻的参数 $a = 0.6667$ mS 和 $b = 1.4828$ S/Wb,内部初始状态 $\Phi(0) = 0$ Wb。在有源磁控忆阻上施加一个正弦电压激励 $2\sin(2\pi ft)$ (V),当激励频率 $f = 500$ Hz、1 kHz 和 20 kHz 时,可得到式(3-40)描述的磁控忆阻元件在 u-i 平面上的 VCR 曲线如图 3-72(a)所示。当 $f = 1$ kHz 时,关于时间的电压和电流的时域波形如图 3-72(b)所示。

从图 3-72(a)中可以观察到忆阻元件具有斜体"8"字型紧磁滞回线特性。当激励频率较低时,有源忆阻元件的伏安关系曲线位于 u-i 平面的四个象限中;而当激励频率较高(约 1.3 kHz 以上)时,其伏安关系曲线仅局限于 u-i 平面的 II、IV 象限中。另外,当激励频率进一步增大时,该磁控忆阻元件的特性接近于一个电导为 $-a$S 的线性负电阻特性,即激励频率很高时,有源磁控忆阻元件将退化为一个负电阻。

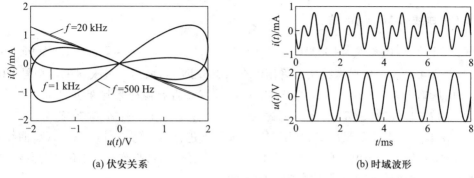

(a) 伏安关系　　　　　　　　　　　　(b) 时域波形

图 3-72　有源忆阻元件的伏安关系及其变量的时域波形

3.8.2　忆阻元件的等效电路

采用现有的电阻器、电容器、运算放大器和模拟乘法器等分立元器件,可以构建一个电路来等效实现忆阻元件的特性。图 3-73(a)是有源忆阻元件等效电路实现的通用原理图,图中 $H(\cdot)$ 是一个非线性函数电路,可以是平方函数电路、绝对值函数电路、双曲正切函数电路等。图 3-73(b)给出了 $H(\cdot)$ 为绝对值函数的电路实现形式。

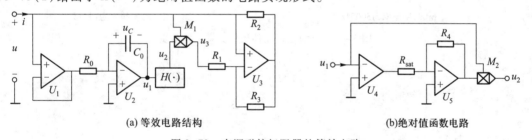

(a) 等效电路结构　　　　　　　　　　(b)绝对值函数电路

图 3-73　有源磁控忆阻器的等效电路

图 3-73 中有源磁控忆阻元件等效电路的等效电导表达式如下:

$$W(\Phi)=-\frac{1}{R_1}+\frac{g_1 g_2 R_4 E_{sat}\xi}{R_1 R_{sat}}|\Phi| \tag{3-42}$$

其中, $\Phi(t)=\displaystyle\int_{-\infty}^{t}u(\tau)\mathrm{d}\tau$, $\xi=\dfrac{1}{R_0 C_0}$, g_1 和 g_2 分别为乘法器 M_1 和 M_2 中的尺度因子, E_{sat} 为运算放大器的饱和输出电压,且有 $R_2=R_3$。因此,图 3-73 等效电路实现的有源磁控忆阻元件的等效参数为:

$$a=\frac{1}{R_1}, b=\frac{g_1 g_2 R_4 E_{sat}\xi}{R_1 R_{sat}} \tag{3-43}$$

3.8.3   VCR 曲线的 Multisim 仿真

如图 3-73 所示,已知 $R_0 = 4$ kΩ、$C_0 = 68$ nF、$R_1 = 1.5$ kΩ、$R_2 = R_3 = 2$ kΩ、$R_4 = 6.05$ kΩ、$R_{sat} = $ 13.5 kΩ、$g_1 = 0.1$ 和 $g_2 = 1$,模拟乘法器采用型号 AD633JN 器件,运算放大器采用型号 AD711kN 器件,工作电压确定为±15 V。根据式(3-43),可计算获得有源磁控忆阻元件的等效参数 $a = 0.6667$ mS 和 $b = 1.4828$ S/Wb。当有源磁控忆阻元件上施加一个振幅为 2 V、频率分别为 500 Hz 和 1 kHz 的正弦电压激励时,利用 Multisim 软件进行电路仿真,其 $u(t)$-$i(t)$ 曲线分别如图 3-74(a) 和(b)所示。该电路仿真结果与图 3-72 数值仿真结果作比较,不难观察到,在同一个频率激励下,相应的伏安关系曲线是完全吻合的。

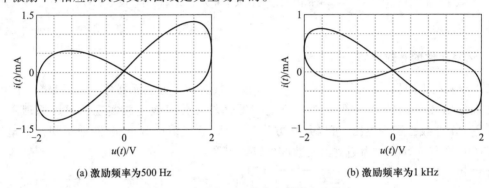

(a) 激励频率为 500 Hz   (b) 激励频率为 1 kHz

图 3-74   有源忆阻元件伏安关系电路仿真

习　题　3

3-1   用叠加定理求题 3-1 图所示电路中的电流 I。

3-2   试用叠加定理求题 3-2 图所示电路中的电压 U。

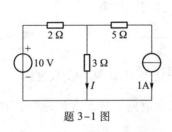

题 3-1 图

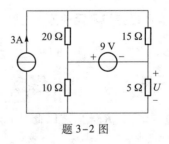

题 3-2 图

3-3   试用叠加定理求题 3-3 图所示电路中的电压 U 以及 10 Ω 电阻上的功率损耗。

3-4   试用叠加定理求题 3-4 图所示电路中的电压 U。

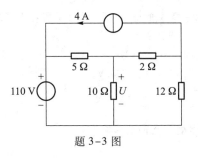

题 3-3 图

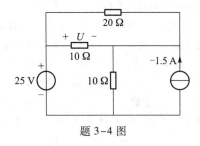

题 3-4 图

3-5 试用叠加定理求题 3-5 图所示电路中的电压 U。

3-6 试用叠加定理求题 3-6 图所示电路中的电流 I。

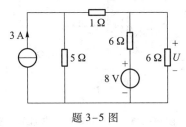

题 3-5 图

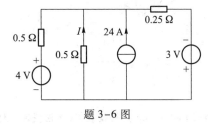

题 3-6 图

3-7 试用叠加定理求题 3-7 图所示电路中的电压 U。

3-8 试用叠加定理求题 3-8 图所示电路中的电压 U。

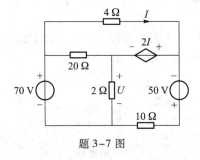

题 3-7 图

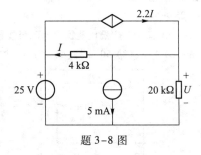

题 3-8 图

3-9 电路如题 3-9 图所示,求电路中的电流 I。

3-10 求题 3-10 图所示电路中 5 Ω 电阻上消耗的功率。

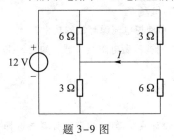

题 3-9 图

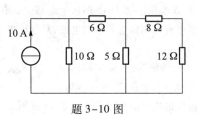

题 3-10 图

3-11　许多个人计算机的存储器需要-12 V、+5 V 和+12 V 的电压,所有电压的参考点都是公共参考点。在题 3-11 图所示电路中,选择 R_1、R_2 和 R_3 的阻值以满足以下设计要求。

(1) 在分压器空载的情况下,24 V 电源提供给分压器的功率为 80 W。

(2) 相对于公共参考点的三个电压分别是 $U_1 = 12$ V,$U_2 = 5$ V,$U_3 = -12$ V。

3-12　如题 3-12 图所示分压器电路,已知滑动电阻为 1 kΩ。试求:

(1) 空载时,要使 R_2 上的电压为 3 V,求 R_1 和 R_2 的值。

(2) 接了 10 kΩ 的负载后,要使 R_L 上的电压为 3 V,求 R_1 和 R_2 的值。

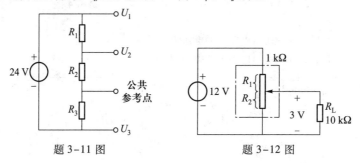

题 3-11 图　　　　　　题 3-12 图

3-13　一个 20 mV、1 mA 达松伐装置(达松伐装置是一个读数装置,由一个处于永久性磁铁磁场中的可移动线圈组成。当电流流过线圈时,线圈上产生一个转矩引起它旋转,使指针移动到某个刻度。例如一个商用仪表装置的额定值为 50 mV、1 mA。这意味着当线圈上有 1 mA 电流和 50 mV 电压降时,指针将偏转到它的满刻度位置)的电压表如题 3-13 图所示,分别求出下列满量程读数对应的 R_V 值:(1) 50 V;(2) 5 V;(3) 250 mV;(4) 25 mV。

3-14　一个 50 mV、2 mA 达松伐装置的电流表如题 3-14 图所示。设计一组达松伐电流表,满刻度电流读数如下:(1) 10 A;(2) 1 A;(3) 50 mA;(4) 2 mA。试指定每个电流表的分流电阻。

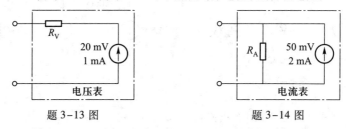

题 3-13 图　　　　　　题 3-14 图

3-15　使用 Y-Δ 变换求题 3-15 图所示电路中的电压 U_1 和 U_2。

3-16　使用 Y-Δ 变换求题 3-16 图所示电路中的电流 I 和理想电流源释放的功率。

3-17　电阻网络有时用做音量控制电路,对这种应用,它们被称做电阻衰减器。如题 3-17 图所示的固定式衰减器被称做 T 形桥。

(1) 使用 Y-Δ 变换证明:如果 $R = R_L$,则 $R_{AB} = R_L$。

(2) 证明当 $R = R_L$ 时,电压比 $U_o/U_i = 0.5$。

3-18　典型的固定式电阻衰减器如题 3-18 图所示。在设计衰减器时,电路设计者要选择 R_1 和 R_2 的值,而 U_o/U_i 的比值和从输入电压源看进去的电阻 R_{AB} 都是固定值。

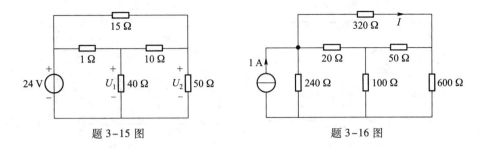

题 3-15 图　　　　　　　　　　题 3-16 图

（1）证明如果 $R_{AB} = R_L$，那么

$$R_L^2 = 4R_1(R_1 + R_2)$$

$$\frac{U_o}{U_i} = \frac{R_2}{2R_1 + R_2 + R_L}$$

（2）选择 R_1 和 R_2 的值，使得 $R_{AB} = R_L = 600\ \Omega$，而且 $U_o/U_i = 0.6$。

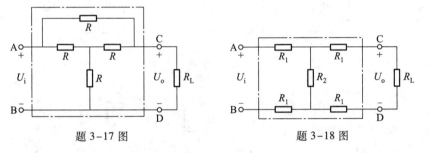

题 3-17 图　　　　　　　　题 3-18 图

3-19　求题 3-19 图所示各电路 A、B 两端的输入电阻 R_{AB}。

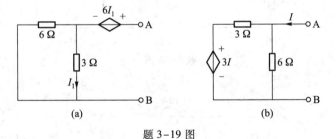

（a）　　　　　　　　　（b）

题 3-19 图

3-20　利用电源的等效变换求题 3-20 图所示电路中的电流 I。

3-21　利用电源的等效变换求题 3-21 图所示电路中的电压 U。

3-22　利用电源的等效变换求题 3-22 图所示各电路中的电流 I。

3-23　利用电源的等效变换求题 3-23 图所示电路中的电压 U。

3-24　求题 3-24 图所示各单口网络的戴维宁等效电路。

3-25　求题 3-25 图所示各单口网络的戴维宁等效电路。

3-26　用戴维宁定理求题 3-26 图所示电路中 4 Ω 电阻上电流 I。

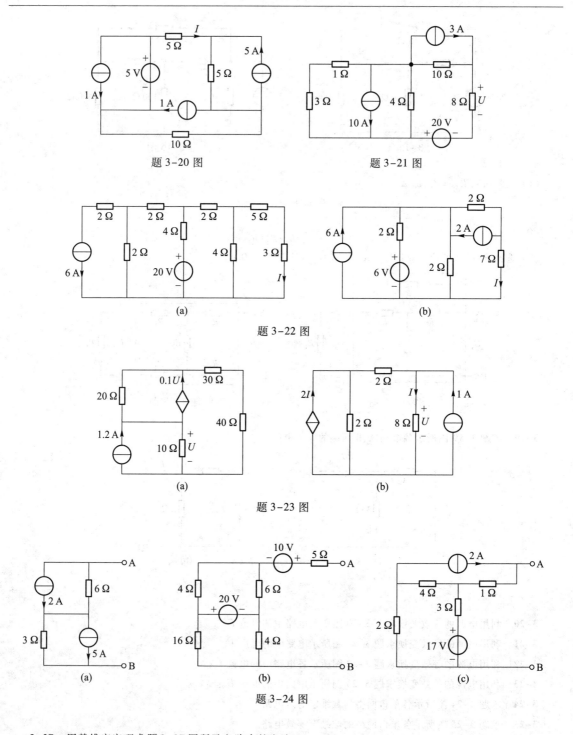

题 3-20 图

题 3-21 图

(a)

(b)

题 3-22 图

(a)

(b)

题 3-23 图

(a)

(b)

(c)

题 3-24 图

3-27　用戴维宁定理求题 3-27 图所示电路中的电流 I。

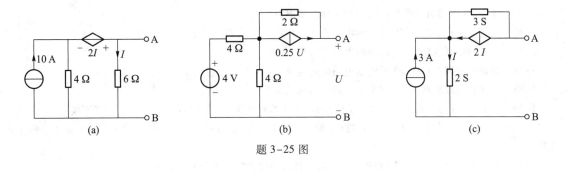

题 3-25 图

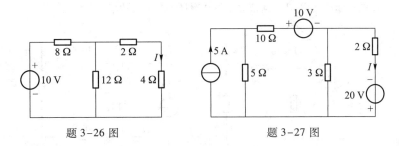

题 3-26 图 题 3-27 图

3-28 用戴维宁定理求题 3-28 图所示电路中的电压 U。

3-29 用戴维宁定理求题 3-29 图所示电路中的电流 I。

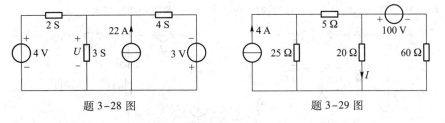

题 3-28 图 题 3-29 图

3-30 用戴维宁定理求题 3-30 图所示电路中的电流 I。

3-31 用戴维宁定理求题 3-31 图所示电路中的电压 U。

3-32 用戴维宁定理求题 3-32 图所示电路中的电流 I。

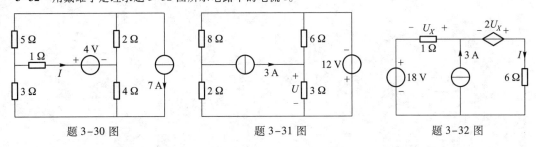

题 3-30 图 题 3-31 图 题 3-32 图

3-33 求题 3-24 图所示各单口网络的诺顿等效电路。

3-34 求题 3-25 图所示各单口网络的诺顿等效电路。

3-35 用诺顿定理求题 3-26 图所示电路中 4 Ω 电阻上电流 I。

3-36 用诺顿定理求题 3-27 图所示电路中的电流 I。

3-37 用诺顿定理求题 3-29 图所示电路中的电流 I。

3-38 用诺顿定理求题 3-32 图所示电路中的电流 I。

3-39 一个汽车电池,当与汽车收音机连接时,提供给收音机 12.5 V 电压;当与一组前灯连接时,提供前灯 11.7 V 电压。假设收音机模拟为 6.25 Ω 电阻,前灯模拟为 0.65 Ω 电阻。求电池的戴维宁等效电路和诺顿等效电路。

3-40 在题 3-40 图所示电路中,R 为何值时获得功率最大?最大功率是多少?

3-41 在题 3-41 图所示电路中,R 为何值时获得功率最大?最大功率是多少?

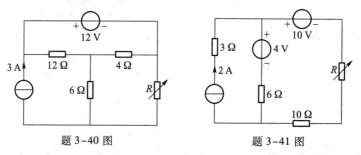

题 3-40 图　　　　　　　题 3-41 图

3-42 为使题 3-42 图所示电路的电阻 R 获得最大功率,R 应满足什么条件?并求 R 获得的最大功率。

3-43 在题 3-43 图所示电路中,R 为何值时获得功率最大?最大功率是多少?

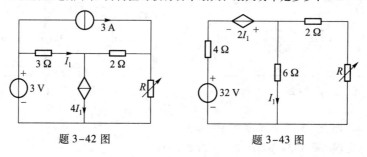

题 3-42 图　　　　　　　题 3-43 图

第4章 正弦稳态电路分析

本章将开展电压源或电流源正弦变化时的电路分析,把正弦变化的电压源或电流源,以及它们对电路的行为的影响作为重点研究的对象,主要有以下几点原因:① 正弦规律是许多自然现象本身呈现出的特性,例如单摆的运动、琴弦的振动、海洋表面的波纹等均呈现正弦波动的特性;② 正弦信号易于产生和传输,全世界的电力供应大多数采用正弦交流形式,除此之外,通信技术中所采用的"载波"信号也是正弦信号;③ 正弦信号利于计算,例如正弦量的加减运算、积分运算和微分运算后仍为同频率正弦量,这样就有可能使电路各部分的电压、电流波形相同,这在技术上具有重要意义;④ 任何实际的周期信号都可以分解为一系列不同频率的正弦量之和。因此,正弦信号是电路分析中一个极为重要的基本函数,对正弦稳态电路(sinusoidal steady-state circuits)的分析研究就具有非常重要的理论价值和实际意义。

除第 8 章外,后面章节所讲述的内容主要依赖于对正弦稳态电路分析方法的全面理解。第 1 章至第 3 章中介绍的分析和简化直流电路的方法同样适用于正弦稳态电路,因此本章中的许多内容读者都会觉得熟悉与亲切,正弦稳态电路分析遇到的主要困难是合理的电路建模以及数学领域中的复数运算。

4.1 正弦量的基本概念

随时间按照正弦或余弦规律变化的物理量,统称为正弦量(sinusoid),可用正弦函数(sin)或者余弦函数(cos)来描述,本书统一采用余弦函数(cos)。

如图 4-1 所示为某一正弦交流电流的波形,其瞬时值的数学表达式为

$$i(t) = I_m \cos(\omega t + \psi_i) \qquad (4-1)$$

式中,$i(t)$ 表示正弦电流的瞬时值,单位为安培(A)。ω、I_m 和 ψ_i 分别表示正弦电流的角频率(angular frequency)、振幅(amplitude)和初相位(initial phase),这三个量一旦确定以后,这个正弦交流电的表达形式也就确定了;反过来,一个正弦交流电的表达形式确定了,这三个量也就确定了。所以在电路理论上就把这三个量称为正弦量的三个要素,它们分别表征正弦量变化的快慢程度、大小及起始位置,是正弦量之间进行比较和区分的主要依据。

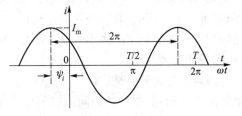

图 4-1 正弦电流的波形($\psi_i > 0$)

4.1.1　周期、频率和角频率

正弦量是周期性变化的信号,其变化的快慢可以用周期(period)、频率(frequency)或角频率来反映。

周期是正弦量变化一周所需要的时间,用 T 表示,单位为 s(秒)。正弦量每秒变化的次数称为频率,用 f 表示,单位为 Hz(赫兹),简称赫。从定义上可以看出,周期与频率相互成倒数关系即:

$$T = \frac{1}{f} \qquad\qquad (4-2)$$

我国和世界上大多数国家的电力工业标准频率是 50 Hz,简称工频,其周期为 0.02 s,也有少数国家,如美国、日本,采用的工频是 60 Hz。

一般交流电机、照明负载和家用电器都使用工频交流电。但在其他不同的领域内则依据各自的需要使用不同的频率。

由于余弦(或正弦)函数每经过一个周期 T,ωt 都要转过 2π 个弧度($360°$)。由式(4-1)可知,如果时间 t 是周期 T 的整数倍,则 ωt 将是 2π 弧度的整数倍。定义 ω 为正弦函数的角频率,单位为 rad/s(弧度每秒)。因此角频率

$$\omega = 2\pi f = \frac{2\pi}{T} \qquad\qquad (4-3)$$

例如对工频 $f = 50$ Hz 来说,角频率 $\omega = 2\pi f = 314$ rad/s。

4.1.2　瞬时值、振幅和有效值

正弦量的瞬时值(instantaneous value)是对应某一时刻电压和电流的数值,一般用小写字母表示,如 u、i 分别表示电压和电流的瞬时值。瞬时值中的最大值称为正弦量的幅值,也称为振幅或峰值,一般用大写字母带下标 m 表示,如 U_m、I_m 分别表示电压和电流的幅值。

正弦量的瞬时值是随时间周期性变化的,是时间 t 的函数,在实际应用过程中无法用来表示一个确定的交流电;而幅值只表示正弦交流电的最大作用效果,也不能用于表示正弦交流电的作用;对于正弦交流电,其一周期的平均值又为零。因此对于正弦交流电来说,就必须选择一个合适的物理量来表征它的大小和在电路中的功率效应,在工程技术中就经常采用有效值(effective value)这个物理量。

周期量的有效值是这样来定义的,让一个正弦交流电和一个直流电同时通过阻值相同的电阻如图 4-2 所示,如果在相同的时间内产生的热效应相同,则把该直流电的数值就定义为交流电的有效值,并规定用与直流量相同的符号、大写字母表示。由定义可得,当周期电流 i 流过电阻 R 时,在一个周期 T 内产生的热量为

$$Q = \int_0^T i^2(t) R \mathrm{d}t$$

设有某个直流电流 I 流过同一个电阻 R 时,在一个周期 T 内产生的热量为

图 4-2 直流电和周期电流通过同一电阻

$$Q = I^2 RT$$

若两者在一个周期内产生的热量相等,则有

$$I^2 RT = \int_0^T i^2(t) R \mathrm{d}t$$

因此,可获得周期电流和与之相等的直流电流 I 之间的关系:

$$I = \sqrt{\frac{1}{T} \int_0^T i^2(t) \mathrm{d}t} \tag{4-4}$$

即交流电流的有效值 I 等于瞬时值 i 的平方在一个周期内的平均值再开方,所以有效值也称为方均根值(root-mean-square value,简写为 RMS)。式(4-4)的定义是周期量有效值普遍适用的公式。当电流 i 是正弦量,可以推出正弦量的有效值与正弦量的振幅之间的关系为

$$I = \sqrt{\frac{1}{T} \int_0^T I_m^2 \cos^2(\omega t + \psi_i) \mathrm{d}t} = \frac{I_m}{\sqrt{2}} = 0.707 I_m \tag{4-5}$$

所以,正弦电流的有效值与幅值的关系为

$$I = \frac{I_m}{\sqrt{2}} = 0.707 I_m \qquad 或者 \qquad I_m = \sqrt{2} I$$

同理,正弦电压的有效值与幅值的关系为

$$U = \frac{U_m}{\sqrt{2}} = 0.707 U_m \qquad 或者 \qquad U_m = \sqrt{2} U$$

有了有效值后,正弦交流电的表达式也可以写作

$$i(t) = \sqrt{2} I \cos(\omega t + \psi_i)$$

需要注意的是:

(1)工程上所说的正弦交流电压、电流一般均指有效值,如电气设备铭牌上的额定值、电网的电压等级等均为有效值。但电力器件、导线、设备等的绝缘水平、耐压值指的是正弦电压、电流的最大值。因此,在考虑电器设备的耐压水平时应按最大值考虑。

(2)测量中,交流测量仪表指示的电压、电流读数均为有效值。

(3)区分电压、电流的瞬时值 i、u,最大值 I_m、U_m 和有效值 I、U 的符号。

【例 4-1】 有一电容器,耐压值为 250 V,问能否接在 220 V 的民用电源上?

解 因为民用电是正弦交流电,电压的有效值是 220V,其最大值为 $\sqrt{2} \times 220 = 311$ V,这个电压远远超过了电容器的耐压值,可能击穿电容器,所以不能直接接在 220 V 的民用电源上。

4.1.3 相位、初相位与相位差

从式(4-1)中可见,正弦量的瞬时值 $i(t)$ 何时为零、何时为最大,不是简单地由时间 t 来确

定,而是由 $\omega t+\psi_i$ 来确定的,这个 $\omega t+\psi_i$ 反映了正弦量随时间变化进程的电角度,称为正弦量的相位角或相位,单位是弧度(rad)。

对应于 $t=0$ 时刻的相位 ψ_i 称为初相位,简称初相,单位用弧度或度表示。由于正弦量的相位是以 2π 为周期变化的,因此通常规定初相在主值范围内取值,即 $-\pi \leqslant \psi_i \leqslant \pi$。

初相的大小、正负与计时起点有关,如果计时起点发生了变化,则初相也随之发生变化。对于任一正弦量,初相是允许任意确定的,但对于同一个电路中的许多相关的正弦量,它们只能相对于一个共同的计时起点来确定各自的初相位。

如果计时起点取在正弦量的正最大值瞬间,则初相 $\psi_i=0$;如果正弦量的正最大值出现在计时起点之前,则初相 $\psi_i>0$;如果正弦量的正最大值出现在计时起点之后,则初相 $\psi_i<0$。

电路中常用相位差(phase difference)来表示两个同频率正弦量之间的相位关系。相位关系的不同,反映了负载性质的不同。设有两个同频率的正弦电压 $u(t)$ 和电流 $i(t)$,其分别表示为

$$u(t)=U_m\cos(\omega t+\psi_u)$$
$$i(t)=I_m\cos(\omega t+\psi_i)$$

两个同频率正弦量的相位差 φ 为

$$\varphi=(\omega t+\psi_u)-(\omega t+\psi_i)=\psi_u-\psi_i$$

相位差也是在主值范围内取值,即 $-\pi \leqslant \varphi \leqslant \pi$。上述结果表明:同频正弦量的相位差等于它们的初相之差,为一个与时间及计时起点无关的常数。电路常采用"超前(lead)"和"滞后(lag)"等概念来说明两个同频正弦量相位比较的结果。

当 $\varphi>0$ 时,称为 u 超前 i;当 $\varphi<0$ 时,称为 u 滞后 i;当 $\varphi=0$ 时,称为 u 和 i 同相(in phase);当 $\varphi=\pi/2$ 时,称为 u 与 i 正交(phase quadrature);当 $\varphi=\pi$ 时,称为 u 与 i 彼此反相(phase inversion)。

相位差可以通过观察波形来确定,如图 4-3 所示。在同一个周期内两个波形与横坐标轴的两个交点(正斜率过零点或负斜率过零点)之间的坐标值即为两者的相位差,先到达零点的为超前波。图中所示为 i 滞后 u。相位差与计时起点的选取无关。

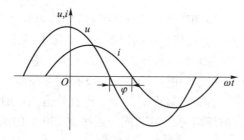

图 4-3 同频正弦量的相位差

需要注意的是:两个正弦量进行相位比较时应满足同频率、同函数名、同符号,且在主值范围内比较。不同频率的正弦量的相位差随时间不断变化,所以它们之间进行相位的超前与滞后的

比较没有任何实际意义。

【例 4-2】 已知正弦电流波形如图 4-4 所示,其中 $\omega = 10^3 \, \mathrm{rad/s}$。① 写出正弦电流 $i(t)$ 的表达式;② 求正弦电流最大值发生的时间 t_1。

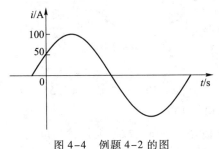

图 4-4 例题 4-2 的图

解 根据图示可知电流的最大值为 100 A,$t = 0$ 时电流为 50 A,因此由

$$i(t) = 100\cos(10^3 t + \psi_i) \text{ A}$$

可得

$$i(0) = 50 \text{ A} = 100\cos(\psi_i) \text{ A}$$

解得

$$\psi_i = \pm\frac{\pi}{3}$$

由于最大值发生在计时起点右侧,取 $\psi_i = -\dfrac{\pi}{3}$,因此

$$i(t) = 100\cos\left(10^3 t - \frac{\pi}{3}\right) \text{ A}$$

当 $10^3 t_1 = \dfrac{\pi}{3}$ 时电流取得最大值,即有

$$t_1 = \frac{\pi}{3 \times 10^3} \text{ s} = 1.05 \text{ ms}$$

【例 4-3】 计算下列两正弦量的相位差。

(1) $i_1(t) = 10\cos(100\pi t + 3\pi/4)$ 和 $i_2(t) = 10\cos(100\pi t - \pi/2)$;

(2) $i_1(t) = 10\cos(100\pi t + 30°)$ 和 $i_2(t) = 10\sin(100\pi t - 15°)$;

(3) $u_1(t) = 10\cos(100\pi t + 30°)$ 和 $u_2(t) = 10\cos(200\pi t + 45°)$;

(4) $i_1(t) = 5\cos(100\pi t - 30°)$ 和 $i_2(t) = -3\cos(100\pi t + 30°)$。

解 (1) $i_1(t)$ 和 $i_2(t)$ 的相位差为

$$\varphi = \frac{3\pi}{4} - \left(-\frac{\pi}{2}\right) = \frac{5\pi}{4}$$

转为主值范围,即有

$$\varphi = \frac{5\pi}{4} - 2\pi = -\frac{3\pi}{4}$$

上式说明 $i_1(t)$ 相位滞后 $i_2(t)$ 相位 $\frac{3\pi}{4}$。

（2）先把 $i_2(t)$ 变为余弦函数

$$i_2(t) = 10\cos(100\pi t - 105°)$$

则

$$\varphi = 30° - (-105°) = 135°$$

上式说明 $i_1(t)$ 相位超前 $i_2(t)$ 相位 135°。

（3）因为两个正弦量的角频率 $\omega_1 \neq \omega_2$，故不能比较相位差。

（4）先把 $i_2(t)$ 的负号通过三角恒等式处理掉，即有

$$i_2(t) = -3\cos(100\pi t + 30°) = 3\cos(100\pi t - 150°)$$

因此

$$\varphi = -30° - (-150°) = 120°$$

上式说明 $i_1(t)$ 相位超前 $i_2(t)$ 相位 120°。

思考题

4-1　求下列各对正弦电压间的相位差，并判断它们之间的超前与滞后关系

（1）$u_1 = 6\cos(100\pi t - 9°)$ V 和 $u_2 = -6\cos(100\pi t + 9°)$ V；

（2）$u_1 = \cos(t - 100°)$ V 和 $u_2 = -2\sin(t - 100°)$ V；

（3）$u_1 = 3\sin(t - 13°)$ V 和 $u_2 = \sin(t - 90°)$ V；

（4）$u_1 = 2\cos(\pi t - 19°)$ V 和 $u_2 = \cos(2\pi t + 19°)$ V。

4-2　已知正弦电压 $u = 10\cos(314t - 45°)$ V，求其最大值、有效值、角频率、频率、周期和初相位。

4-3　已知正弦电流有效值为 20 A，初相位为 60°，频率为 50 Hz，试写出其瞬时值表达式。

4.2　正弦量的相量表示法

一个正弦量是由它的幅值、角频率和初相三个要素共同决定的。对于线性电路而言，如果电路中的所有电源均为同一频率的正弦量，那么电路中各支路的电流和电压的稳态响应也将是与电源频率相同的正弦量。因此，在正弦电路的稳态分析中，只需两个要素就可以确定各个电压与电流，处于这种稳定状态的电路就称为正弦稳态电路。电力工程中遇到的大多数问题都可以按正弦稳态电路进行分析处理。对于这样的电路，如果直接用正弦电压或电流的瞬时表达式进行计算，则三角函数的计算相当复杂。为了解决这一问题，对正弦稳态电路的分析常采用相量（phasor）[复数（complex number）]运算的方法来进行，亦称为相量法。相量就是与时间无关的、

用于表示正弦量幅值和初相的复数。用复数(相量)的运算代替正弦量的运算,可以简化正弦稳态电路的分析与计算。本节先复习一下有关复数的知识。

4.2.1 复数与复数运算

复数由实部(real part)和虚部(imaginary part)组成,对应于复平面上的一个点或一条有向线段。如图 4–5 所示,复数 A 在复平面实轴+1 上的投影为 a_1,在虚轴+j 上的投影为 a_2;有向线段 OA 的长度为 a,有向线段与实轴+1 的夹角为 θ。

复数 A 可以用下述几种形式来表示。

(1)代数形式

$$A = a_1 + j a_2 \tag{4-6}$$

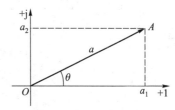

图 4–5 复数 A 的相量表示

式中,a_1 为复数 A 的实部,a_2 为复数 A 的虚部,$j = \sqrt{-1}$ 为虚数的单位,相当于数学中的 i,电路分析中用符号 j 表示,是为了避免与电流 i 相混淆。

(2)三角函数形式

由图 4–5 可见

$$A = a\cos\theta + j a\sin\theta = a(\cos\theta + j\sin\theta) \tag{4-7}$$

式中,a 称为复数 A 的模(modulus),θ 称为复数 A 的辐角(argument)。

(3)指数形式

根据欧拉公式

$$e^{j\theta} = \cos\theta + j\sin\theta \tag{4-8}$$

可以把复数 A 写成指数形式

$$A = a e^{j\theta} \tag{4-9}$$

(4)极坐标形式

$$A = a \underline{/\theta} \tag{4-10}$$

它是复数的三角函数形式和指数形式的工程简写。

若在复数的三角函数式、指数式和极坐标式中规定 $-\pi \leqslant \theta \leqslant \pi$,则复数的这四种形式之间以及与相量、复平面上的一个点和复平面上的一个有向线段间就形成了一一对应关系,则复数的几种形式间就可以相互转换了,转换的形式就是唯一的了。例如

$$A = a_1 + j a_2 = a(\cos\theta + j\sin\theta) = a e^{j\theta} = a \underline{/\theta}$$

其中,$a = \sqrt{a_1^2 + a_2^2}$、$\theta = \arctan\dfrac{a_2}{a_1}$、$a_1 = a\cos\theta$ 及 $a_2 = a\sin\theta$。

对复数进行加减运算,用复数的代数形式较为方便。例如有两个复数

$$F_1 = a_1 + j b_1, \quad F_2 = a_2 + j b_2$$

则

$$F_1 \pm F_2 = (a_1 + j b_1) \pm (a_2 + j b_2)$$

$$= (a_1 \pm a_2) + j(b_1 \pm b_2)$$

即复数的加、减运算满足实部和实部相加减,虚部和虚部相加减。

复数的相加和相减的运算也可以按平行四边形法在复平面上用相量的相加和相减求得,如图 4-6 所示。

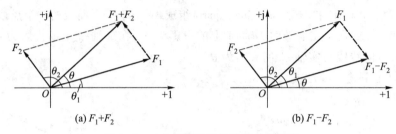

(a) F_1+F_2 (b) F_1-F_2

图 4-6　二个复数的代数和与差的图解

对复数进行乘、除运算时应用极坐标形式(或指数形式)较为方便。例如有两个复数

$$F_1 = | F_1 | \underline{/ \theta_1}, \quad F_2 = | F_2 | \underline{/ \theta_2}$$

则

$$F_1 F_2 = | F_1 | \underline{/ \theta_1} | F_2 | \underline{/ \theta_2} = | F_1 | | F_2 | \underline{/ (\theta_1 + \theta_2)}$$

$$\frac{F_1}{F_2} = \frac{| F_1 | \underline{/ \theta_1}}{| F_2 | \underline{/ \theta_2}} = \frac{| F_1 |}{| F_2 |} \underline{/ (\theta_1 - \theta_2)}$$

即复数相乘、除时,就是将复数的模与模相乘、除,辐角与辐角相加、减。

两个复数相乘、除也可以在复平面上进行计算,如图 4-7(a)、(b) 所示。从图上可以看出,复数乘、除表示为模的放大或缩小,辐角表示为逆时针旋转或顺时针旋转。

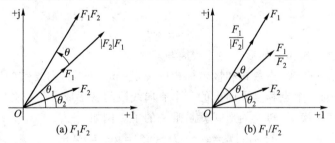

(a) $F_1 F_2$ (b) F_1/F_2

图 4-7　复数乘除法的图解

有两个复数 F_1、F_2,若 $F_1 = F_2$,则必有这两个复数的实部与实部相等,虚部与虚部相等;或模与模相等,辐角与辐角相等。反之,若两个复数 F_1、F_2,有实部与实部相等,虚部与虚部相等;或模与模相等,辐角与辐角相等,则可判断这两个复数也相等,即 $F_1 = F_2$。

同时应注意,两个复数可比较相等,但是不能比较大小。

在复数的运算中，$e^{j\theta}=1\underline{/\theta}$ 是一个模为 1 辐角为 θ 的复数。任意复数 $G=|G|e^{j\theta}$ 乘以 $e^{j\theta}$ 等于把复数 G 逆时针（或顺时针）旋转一个角度 θ，而它的模不变。因此，$e^{j\theta}$ 称为旋转因子。而 $e^{j\frac{\pi}{2}}=j$，$e^{-j\frac{\pi}{2}}=-j$，$e^{j\pi}=-1$ 等都可以看成旋转因子。

当一个复数乘以 j，相当于这个复数模不变，逆时针旋转 90°。

当一个复数乘以 −j，相当于这个复数模不变，顺时针旋转 90°。

当一个复数乘以 −1，相当于这个复数模不变，逆时针（或顺时针）旋转 180°。

正弦稳态电路分析中经常会用到复数的代数形式与极坐标形式，它们之间的相互转换应熟练掌握，也可以利用某些计算器直接进行两种形式的相互转换。

【例 4-4】　计算复数 $5\underline{/47°}+10\underline{/-25°}=$ ？

解　$5\underline{/47°}+10\underline{/-25°}=(3.41+j3.657)+(9.063-j4.226)$

$$=12.47-j0.569=12.48\underline{/-2.61°}$$

本题说明进行复数的加减运算时应先把极坐标（三角、指数）形式转为代数形式。

【例 4-5】　计算复数 $220\underline{/35°}+\dfrac{(17+j9)(4+j6)}{20+j5}=$ ？

解　原式 $=180.2+j126.2+\dfrac{19.24\underline{/27.9°}\times7.211\underline{/56.3°}}{20.62\underline{/14.04°}}$

$$=180.2+j126.2+6.728\underline{/70.16°}=180.2+j126.2+2.238+j6.329$$

$$=182.5+j132.5=225.5\underline{/36°}$$

本题说明进行复数的乘除运算时应先把代数形式转为极坐标（指数）形式。

4.2.2　正弦量的相量表示法

根据欧拉公式

$$e^{j\theta}=\cos\theta+j\sin\theta$$

可以把 $\cos\theta$ 与 $\sin\theta$ 分别看作复数 $e^{j\theta}$ 的实部与虚部，即

$$\cos\theta=\mathrm{Re}[e^{j\theta}]，\sin\theta=\mathrm{Im}[e^{j\theta}]$$

其中，Re 与 Im 分别表示取出这个复数的实部与虚部的运算。若 $\theta=\omega t+\psi_u$，则复函数

$$e^{j(\omega t+\psi_u)}=\cos(\omega t+\psi_u)+j\sin(\omega t+\psi_u)$$

如果正弦电压 $u(t)=U_m\cos(\omega t+\psi_u)$，则

$$u(t)=U_m\cos(\omega t+\psi_u)=\mathrm{Re}[U_m e^{j(\omega t+\psi_u)}]=\mathrm{Re}[U_m e^{j\psi_u}\cdot e^{j\omega t}]$$

上式表明，正弦函数 $u(t)$ 等于复指数函数 $U_m e^{j(\omega t+\psi_u)}$ 的实部，该指数函数包含了正弦量的三要素：角频率 ω、幅值 U_m 和初相位 ψ_u。若定义

$$\dot{U}_m=U_m e^{j\psi_u}=U_m\underline{/\psi_u} \tag{4-11}$$

则正弦电压可表示为

$$u(t)=\mathrm{Re}[U_m e^{j\psi_u}\cdot e^{j\omega t}]=\mathrm{Re}[\dot{U}_m e^{j\omega t}] \tag{4-12}$$

类似地,正弦电流也可表示为

$$i(t) = \mathrm{Re}\left[I_{\mathrm{m}}\mathrm{e}^{\mathrm{j}\psi_i} \cdot \mathrm{e}^{\mathrm{j}\omega t}\right] = \mathrm{Re}\left[\dot{I}_{\mathrm{m}}\mathrm{e}^{\mathrm{j}\omega t}\right] \tag{4-13}$$

上述 $\dot{U}_{\mathrm{m}}$(或 $\dot{I}_{\mathrm{m}}$)是一个包含了正弦量两个要素的复常数,其模 U_{m}(或 I_{m})与幅角 ψ_u(或 ψ_i)分别为正弦电压(或电流)的幅值与初相位。为了把这个代表正弦量的复数与一般的复数相区别,称它为最大值相量,并特别用大写字母上加"·"来表示。

由上述可见,当频率一定时,正弦量与相量有一一对应的关系,若已知正弦量的瞬时值表达式,就可以得到对应的相量;反过来,若已知相量,且知道角频率 ω,就可以写出正弦量的瞬时值表达式。

$$u(t) = U_{\mathrm{m}}\cos(\omega t + \psi_u) \Leftrightarrow \dot{U}_{\mathrm{m}} = U_{\mathrm{m}}\underline{/\psi_u}$$

$$i(t) = I_{\mathrm{m}}\cos(\omega t + \psi_i) \Leftrightarrow \dot{I}_{\mathrm{m}} = I_{\mathrm{m}}\underline{/\psi_i}$$

但必须注意:正弦量是随时间按正弦规律变化的函数,而相量是由正弦量的幅值(或有效值)与初相位构成的一个与时间无关的复数。因此,相量只是表征正弦量但并不等于正弦量。例如

$$u(t) = U_{\mathrm{m}}\cos(\omega t + \psi_u) = \mathrm{Re}\left[\dot{U}_{\mathrm{m}}\mathrm{e}^{\mathrm{j}\omega t}\right] \neq \dot{U}_{\mathrm{m}}$$

$$i(t) = I_{\mathrm{m}}\cos(\omega t + \psi_i) = \mathrm{Re}\left[\dot{I}_{\mathrm{m}}\mathrm{e}^{\mathrm{j}\omega t}\right] \neq \dot{I}_{\mathrm{m}}$$

上述的 $\dot{U}_{\mathrm{m}}$ 和 $\dot{I}_{\mathrm{m}}$ 称为最大值相量,而在实际的应用中更多的是用有效值相量(effective value phasor),即用正弦量的有效值与初相位构成的复数来定义,即

$$\dot{U} = U\underline{/\psi_u} = \frac{1}{\sqrt{2}}\dot{U}_{\mathrm{m}} \quad \text{或} \quad \dot{I} = I\underline{/\psi_i} = \frac{1}{\sqrt{2}}\dot{I}_{\mathrm{m}}$$

今后若无特殊说明,正弦量的相量一般都用有效值相量。掌握正弦函数的瞬时表达式和相量表示形式,并理解它们之间的内在转换关系,是正弦稳态电路中相量计算的基础。

图 4-8 表达了正弦量的相量,相量在复平面上的图形称为相量图(phasor diagram)(这里以正弦电流为例)。

另外,在画相量图时也可以省略复平面上的实轴与虚轴,如图 4-9 所示。从相量图中可以方便地看出各同频率正弦量的大小以及相互间的相位关系(这里以一个电压相量与电流相量为例)。但要注意只有相同频率的正弦量才能画在同一张相量图上。

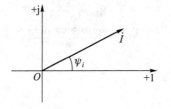

图 4-8　正弦量的相量

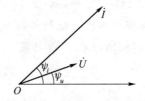

图 4-9　简化后的相量图

　　在式(4-13)中与正弦量相对应的复指数函数在复平面上可以用旋转相量表示,其中$\sqrt{2}\,I\mathrm{e}^{\mathrm{j}\psi_i}$称为旋转相量的复振幅,$\mathrm{e}^{\mathrm{j}\omega t}$是一个随时间变化且以角速度$\omega$不断逆时针旋转的因子,复振幅乘以旋转因子$\mathrm{e}^{\mathrm{j}\omega t}$即表示复振幅在复平面上不断逆时针旋转,故称之为旋转相量。式(4-13)表示的几何意义为:正弦电流i的瞬时值等于其对应的旋转相量在实轴上的投影。

　　由上面的分析可知,一个正弦时间函数可以用对应的一个复指数函数来表示,正弦函数的瞬时值等于该复指数函数的实部。同时,也可以将正弦函数对应地表示成复平面上的一个以角速度ω逆时针旋转的相量,相量的幅值为$\sqrt{2}\,I$。在$t=0$时,相量与实轴的夹角为ψ_i。

　　下面讨论同频率正弦量的相量运算。

　　(1) 同频率正弦量的代数和

　　已知各条支路电流为:$i_1=\sqrt{2}\,I_1\cos(\omega t+\psi_1)$,$i_2=\sqrt{2}\,I_2\cos(\omega t+\psi_2)$,$\cdots$,这些电流的和为$i$,则

$$
\begin{aligned}
i &= i_1+i_2+\cdots = \mathrm{Re}[\sqrt{2}\,I_1\mathrm{e}^{\mathrm{j}\psi_1}\mathrm{e}^{\mathrm{j}\omega t}]+\mathrm{Re}[\sqrt{2}\,I_2\mathrm{e}^{\mathrm{j}\psi_2}\mathrm{e}^{\mathrm{j}\omega t}]+\cdots \\
&= \mathrm{Re}[\sqrt{2}\,\dot{I}_1\mathrm{e}^{\mathrm{j}\omega t}]+\mathrm{Re}[\sqrt{2}\,\dot{I}_2\mathrm{e}^{\mathrm{j}\omega t}]+\cdots \\
&= \mathrm{Re}[\sqrt{2}\,(\dot{I}_1+\dot{I}_2+\cdots)\mathrm{e}^{\mathrm{j}\omega t}]
\end{aligned}
$$

即

$$
\mathrm{Re}[\sqrt{2}\,\dot{I}\,\mathrm{e}^{\mathrm{j}\omega t}]=\mathrm{Re}[\sqrt{2}\,(\dot{I}_1+\dot{I}_2+\cdots)\mathrm{e}^{\mathrm{j}\omega t}]
$$

故

$$
\dot{I}=\dot{I}_1+\dot{I}_2+\cdots \tag{4-14}
$$

上式说明,同频率正弦量的代数和可以利用各正弦量相对应的相量之和来求解。

　　(2) 正弦量的微分

　　设正弦电流$i=\sqrt{2}\,I\cos(\omega t+\psi_i)$,对电流$i$求导,有

$$
\begin{aligned}
\frac{\mathrm{d}i}{\mathrm{d}t} &= \frac{\mathrm{d}}{\mathrm{d}t}\mathrm{Re}[\sqrt{2}\,\dot{I}\,\mathrm{e}^{\mathrm{j}\omega t}]=\mathrm{Re}[\sqrt{2}\,\mathrm{j}\omega\,\dot{I}\,\mathrm{e}^{\mathrm{j}\omega t}] \\
&= \sqrt{2}\,\omega I\cos\left(\omega t+\psi_i+\frac{\pi}{2}\right)
\end{aligned} \tag{4-15}
$$

可见正弦量的导数是一个同频率的正弦量,其相量等于原正弦量i的相量$\dot{I}$乘以$\mathrm{j}\omega$,即$\dfrac{\mathrm{d}i}{\mathrm{d}t}\Leftrightarrow$ $\mathrm{j}\omega\,\dot{I}$,模为$\omega I$,相位超前于相量$\dot{I}$ $\dfrac{\pi}{2}$。对i的高阶导数$\mathrm{d}^n i/\mathrm{d}t^n$,其相量为$(\mathrm{j}\omega)^n\,\dot{I}$。

　　(3) 正弦量的积分

　　设正弦电流$i=\sqrt{2}\,I\cos(\omega t+\psi_i)$,则

$$
\begin{aligned}
\int i\mathrm{d}t &= \int\mathrm{Re}[\sqrt{2}\,\dot{I}\,\mathrm{e}^{\mathrm{j}\omega t}]\,\mathrm{d}t=\mathrm{Re}\left[\sqrt{2}\,\frac{\dot{I}}{\mathrm{j}\omega}\mathrm{e}^{\mathrm{j}\omega t}\right] \\
&= \sqrt{2}\,\frac{I}{\omega}\cos\left(\omega t+\psi_i-\frac{\pi}{2}\right)
\end{aligned} \tag{4-16}
$$

可见正弦量的积分为同频率的正弦量,其相量等于原正弦量 i 的相量 $\dot{I}$ 除以 $j\omega$,即模为 $\dfrac{I}{\omega}$,相位滞后于相量 $\dot{I}$ $\dfrac{\pi}{2}$。对 i 的 n 重积分的相量为 $\dfrac{\dot{I}}{(j\omega)^n}$。

【**例 4-6**】　已知电流 $i_1 = 10\sin(314t+60°)\,\text{A}$, $i_2 = 4\cos(314t+60°)\,\text{A}$,试写出电流的相量,并画出它们的相量图。

　　解　$i_1 = 10\sin(314t+60°)\,\text{A} = 10\cos(314t-30°)\,\text{A}$

故 i_1、i_2 的相量表示为

$$\dot{I}_1 = 5\sqrt{2}\underline{/-30°}\,\text{A}, \quad \dot{I}_2 = 2\sqrt{2}\underline{/60°}\,\text{A}$$

其相量图如图 4-10 所示。

【**例 4-7**】　已知两个同频率的正弦电压相量 $\dot{U}_1 = 50\underline{/30°}\,\text{V}$ 和 $\dot{U}_2 = -100\underline{/-150°}\,\text{V}$,其频率 $f = 50\,\text{Hz}$,求 u_1 和 u_2 的时域表达式。

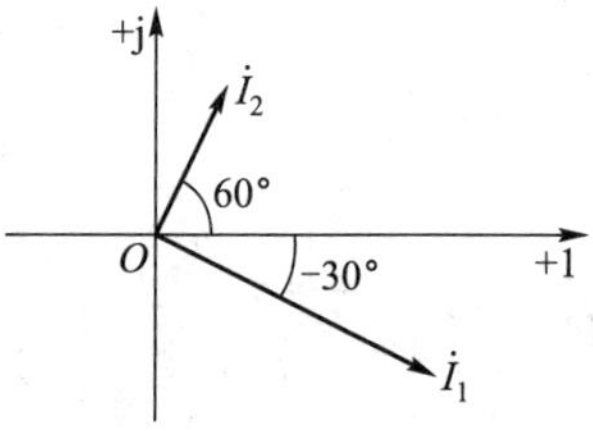

　　解　$u_1(t) = 50\sqrt{2}\cos(100\pi t+30°)\,\text{V}$

$\dot{U}_2 = -100\underline{/-150°}\,\text{V} = 100\underline{/(-150°+180°)}\,\text{V} = 100\underline{/30°}\,\text{V}$

故　　　　$u_2(t) = 100\sqrt{2}\cos(100\pi t+30°)\,\text{V}$

图 4-10　例 4-6 相量图

【**例 4-8**】　已知电流 $i_1(t) = 40\sqrt{2}\cos(\omega t)\,\text{A}$, $i_2(t) = 30\sqrt{2}\cos(\omega t+90°)\,\text{A}$,求电流 i_1+i_2。

　　解　根据同频率正弦量代数和的性质,可用相量法求出 i_1+i_2。

因 $\dot{I}_1 = 40\underline{/0°}\,\text{A}$, $\dot{I}_2 = 30\underline{/90°}\,\text{A}$

设 $i = i_1+i_2$,则其对应的相量为

$$\dot{I} = \dot{I}_1+\dot{I}_2 = (40\underline{/0°}+30\underline{/90°})\,\text{A} = (40+j30)\,\text{A} = 50\underline{/36.9°}\,\text{A}$$

电流的瞬时表达式为

$$i(t) = 50\sqrt{2}\cos(\omega t+36.9°)\,\text{A}$$

思考题

4-4　将下列正弦量用有效值相量表示,并画在同一张相量图上。

（1）$u_1(t) = 4\cos(100\pi t-60°)\,\text{A}$

（2）$u_2(t) = -6\cos(100\pi t+30°)\,\text{A}$

（3）$u_3(t) = \sin(100\pi t-60°)\,\text{A}$

4-5　写出下列相量对应的正弦量(设角频率为 ω)

（1）$\dot{U} = e^{j60°}\,\text{V}$　（2）$\dot{I}_m = 5\underline{/-45°}\,\text{A}$　（3）$\dot{U} = (3+j4)\,\text{V}$　（4）$\dot{I} = -j5\underline{/30°}\,\text{A}$

4-6　已知电流相量 $\dot{I} = (8+j6)\,\text{A}$,频率 $f = 50\,\text{Hz}$,求 $t = 0.01\,\text{s}$ 时电流的瞬时值。

4.3 基尔霍夫定律的相量形式

基尔霍夫定律和各元件上的伏安关系是分析电路的全部约束关系。为了使用相量法分析正弦稳态电路,必须研究两类约束的相量形式。本节先讨论基尔霍夫定律的相量形式。

4.3.1 KCL 的相量形式

在时域电路中,对于任一集中参数电路中的任一节点,在任一时刻,流出(或流入)该节点的所有支路电流的代数和恒为零。因此,KCL 的时域表示式为

$$\sum_{k=1}^{K} i_k(t) = 0$$

式中,K 为该节点处的支路数,$i_k(t)$ 为第 k 条支路电流。

假设正弦稳态电路中的全部电流都是相同频率 ω 的正弦量,设某节点上的第 k 条支路电流

$$i_k(t) = I_{km}\cos(\omega t + \psi_k) = \mathrm{Re}(\sqrt{2}\,\dot{I}_k \cdot \mathrm{e}^{\mathrm{j}\omega t})$$

代入 KCL 方程可以得到

$$\sum_{k=1}^{K} i_k(t) = \sum_{k=1}^{K}\left[\mathrm{Re}(\sqrt{2}\,\dot{I}_k \cdot \mathrm{e}^{\mathrm{j}\omega t})\right] = 0$$

根据复数的运算规则,复数的实部运算等于复数运算之后再取实部,即

$$\mathrm{Re}(\sqrt{2}\,\dot{I}_1 \cdot \mathrm{e}^{\mathrm{j}\omega t} + \sqrt{2}\,\dot{I}_2 \cdot \mathrm{e}^{\mathrm{j}\omega t} + \cdots + \sqrt{2}\,\dot{I}_K \cdot \mathrm{e}^{\mathrm{j}\omega t}) = 0$$

或者

$$\mathrm{Re}\left[\sqrt{2}(\dot{I}_1 + \dot{I}_2 + \cdots + \dot{I}_K)\mathrm{e}^{\mathrm{j}\omega t}\right] = 0$$

由于上式对于任何时刻 t 都成立,因此

$$\dot{I}_1 + \dot{I}_2 + \cdots + \dot{I}_K = 0$$

即

$$\sum_{k=1}^{K} \dot{I}_k = 0 \tag{4-17}$$

式(4-17)就是 KCL 的相量形式,它表示对于具有相同频率的正弦稳态电路中任一节点,流出(或流入)该节点的所有支路电流的对应相量之和等于零。

【**例 4-9**】 图 4-11 中,已知 $i_1(t) = 10\sqrt{2}\cos(\omega t + 150°)$ A,$i_2(t) = 3\sqrt{2}\cos(\omega t + 60°)$ A,$i_3(t) = 6\sqrt{2}\cos(\omega t - 30°)$ A,求电流 i_4。

解 首先将 i_1、i_2、i_3 变换为相量形式,得到

$$\dot{I}_1 = 10\,\underline{/150°}\ \text{A}, \dot{I}_2 = 3\,\underline{/60°}\ \text{A}, \dot{I}_3 = 6\,\underline{/-30°}\ \text{A}$$

再应用基尔霍夫定律的相量形式列出节点电流方程,得到

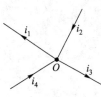

图 4-11 例 4-9 图

$$\dot{I}_1 - \dot{I}_2 + \dot{I}_3 - \dot{I}_4 = 0$$

即有

$$10 \underline{/150°} - 8 \underline{/60°} + 6 \underline{/-30°} - \dot{I}_4 = 0$$

$$\dot{I}_4 = 5 \underline{/-156.9°} \text{ A}$$

最后再将相量形式还原为时域中的瞬时值表达式,有

$$i_4(t) = 5\sqrt{2} \cos(\omega t - 156.9°) \text{ A}$$

4.3.2　KVL 的相量形式

与 KCL 所述同理,对于电路的任一闭合回路,各支路电压的代数和等于零。KVL 的时域表达式为

$$\sum_{k=1}^{K} u_k(t) = 0$$

式中,K 为该回路的支路数,$u_k(t)$ 为第 k 条支路电压。由于所有支路电压都是同频率的正弦量,因此 KVL 的相量形式为

$$\sum_{k=1}^{K} \dot{U}_k = 0 \qquad\qquad (4-18)$$

即在任一闭合回路中,各支路电压降相量的代数和等于零。

【**例 4-10**】　图 4-12(a)所示电路中,已知 $u_1(t) = 6\sqrt{2}\cos(\omega t)$ V,$u_2(t) = -8\sqrt{2}\sin(\omega t)$ V,求端口电压 $u(t)$,并画出相量图。

解　直接利用相量法求解。

(1)把正弦量变换为对应的相量

$$u_1(t) = 6\sqrt{2}\cos(\omega t) \text{ V} \rightarrow \dot{U}_1 = 6 \underline{/0°} \text{ V}$$

$$u_2(t) = -8\sqrt{2}\sin(\omega t) = 8\sqrt{2}\cos(\omega t + 90°) \text{ V} \rightarrow \dot{U}_2 = 8 \underline{/90°} \text{ V}$$

由此得到对应的相量模型,如图 4-12(b)所示。

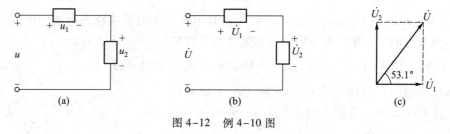

图 4-12　例 4-10 图

(2)在相量模型中应用 KVL 计算

$$\dot{U} = \dot{U}_1 + \dot{U}_2 = 6 \underline{/0°} + 8 \underline{/90°} = 10 \underline{/53.1°} \text{ V}$$

各电压的相量图如图 4-12(c) 所示。

（3）将计算结果反变换到时域中，写出相应电压的瞬时值表达式

$$\dot{U} = 10 \underline{/53.1°} \text{ V} \rightarrow u(t) = 10\sqrt{2} \cos(\omega t + 53.1°) \text{ V}$$

需要注意的是，将基尔霍夫定律的相量形式运用于复杂电路计算时，电压、电流都是相量形式，切不可将几个电压或电流的有效值直接相加。同时，一般情况下有效值之和不为零，即 $\sum I \neq 0$、$\sum U \neq 0$，例如，例 4-10 中 $U_1 + U_2 = (6+8)\text{V} = 14 \text{ V} \neq U$。

思考题

4-7　已知正弦电压 $u_1(t) = 10\sqrt{2} \cos(\omega t + 30°)$ V，$u_2(t) = 5\sqrt{2} \cos(\omega t - 150°)$ V，求 $u_1(t) + u_2(t)$、$u_1(t) - u_2(t)$，并画出相量图。

4-8　已知 $i_1(t) = 5\sqrt{2} \cos(\omega t + 45°)$ A，$i_2(t) = 10\sqrt{2} \cos(\omega t - 45°)$ A，求 $i(t) = i_1(t) + i_2(t)$。

4.4　电路元件 VCR 的相量形式

在单一频率的正弦稳态电路中，电路基本元件上的电压、电流都是同频率正弦量，借助相量分析，可以将时域中的微分关系、积分关系对应为频域中的复代数方程。本节将导出 R、L、C 三种基本元件伏安关系的相量形式，建立正弦稳态电路中的 R、L、C 元件的相量模型。

4.4.1　电阻元件 VCR 的相量形式

对于图 4-13 所示电阻 R，当有正弦电流 $i_R = \sqrt{2} I_R \cos(\omega t + \psi_i)$ 通过时，根据欧姆定律，电压电流的时域关系为

$$u_R = Ri_R = \sqrt{2} RI_R \cos(\omega t + \psi_i)$$

而电阻上的电压又可以表示为

$$u_R = \sqrt{2} U_R \cos(\omega t + \psi_u)$$

对比上述两式，可以得到

$$\text{大小关系} \qquad U_R = RI_R$$
$$\text{相位关系} \qquad \psi_u = \psi_i$$

说明电阻上的电压、电流都是同频率、同相位的正弦量，且它们的有效值之间仍满足欧姆定律。令电流相量为 $\dot{I}_R = I_R \underline{/\psi_i}$、电压相量为 $\dot{U}_R = U_R \underline{/\psi_u}$，则相量形式有

$$\dot{U}_R = U_R \underline{/\psi_u} = RI_R \underline{/\psi_i} = R\dot{I}_R \tag{4-19}$$

它们的相量形式也符合欧姆定律。图 4-13(b) 为电阻元件的相量模型（phasor model），图 4-13

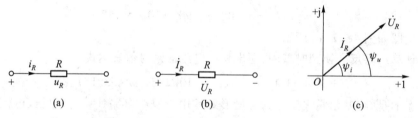

图 4-13　电阻中的电压、电流及其相量图

（c）为其电压、电流的相量图，它们在同一个方向的直线上（相位差为零）。

【**例 4-11**】　把一个 10 Ω 的电阻元件接到频率为 50 Hz，电压有效值为 10 V 的正弦电源上，求通过电阻的电流有效值为多少？若保持电压值不变，将电源频率改变为 5000 Hz，这时的电流有效值又为多少？

　　解　因为通过电阻的电流与电源频率无关，所以电压有效值保持不变时，电流有效值相等，即

$$I = \frac{U}{R} = \frac{10}{10} \text{ A} = 1 \text{ A}$$

4.4.2　电感元件 VCR 的相量形式

　　设对于图 4-14（a）所示的电感元件 L，有正弦电流 $i_L = \sqrt{2}\,I_L\cos(\omega t + \psi_i)$ 通过时，根据电感的电压电流的时域关系有

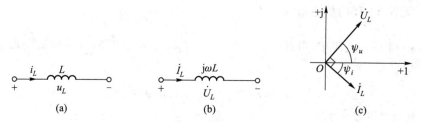

图 4-14　电感中的电压、电流及其相量图

$$u_L = L\frac{\mathrm{d}i_L}{\mathrm{d}t} = -\sqrt{2}\,\omega L I_L \sin(\omega t + \psi_i)$$

$$= \sqrt{2}\,\omega L I_L \cos(\omega t + \psi_i + 90°)$$

而电感上的电压又可以表示为

$$u_L = \sqrt{2}\,U_L \cos(\omega t + \psi_u)$$

对比上述两式，可以得到

　　　　　　大小关系　　　　　　$U_L = \omega L I_L$

相位关系 $\psi_u = \psi_i + 90°$

说明电感 L 上的电压、电流都是同一频率的正弦量。令电流相量为 $\dot{I}_L = I_L \underline{/\psi_i}$、电压相量为 $\dot{U}_L = U_L \underline{/\psi_u}$，则相量形式有

$$\dot{U}_L = U_L \underline{/\psi_u} = \omega L I_L \underline{/(\psi_i + 90°)} = j\omega L \dot{I}_L \tag{4-20}$$

式（4-20）称为电感元件的 VCR 相量关系式，说明电感电压超前电流相位 90°。

电感电压、电流有效值之间的关系类似于欧姆定律，但与角频率 ω 有关，其中与频率成正比的 ωL 具有与电阻相同的量纲 Ω，称为感抗（inductive reactance），用字母 X_L 表示；而其倒数 $\dfrac{1}{\omega L}$，具有与电导相同的量纲 S，称为感纳，用字母 B_L 表示。电感上的电压将跟随频率变化，当 $\omega = 0$ 时（直流），$\omega L = 0$，$u_L = 0$，电感相当于短路；当 $\omega \to \infty$ 时，$\omega L \to \infty$，$i_L = 0$，电感相当于开路。电感电压在相位上超前电感电流 90°。图 4-14（b）为电感的相量模型，图 4-14（c）为电感中电压、电流的相量图。

【例 4-12】 把一个 10 mH 的电感元件接到频率为 50 Hz，电压有效值为 10 V 的正弦电源上，求通过电感元件的电流有效值为多少？若保持电压值不变，将电源频率改变为 5000 Hz，这时的电流有效值又为多少？

解 当 $f = 50$ Hz 时

$$X_L = 2\pi f L = (2 \times 3.14 \times 50 \times 0.01)\,\Omega = 3.14\,\Omega$$

$$I = \frac{U}{X_L} = \frac{10}{3.14}\,A = 3.18\,A$$

当 $f = 5000$ Hz 时

$$X_L = 2\pi f L = (2 \times 3.14 \times 5000 \times 0.01)\,\Omega = 314\,\Omega$$

$$I = \frac{U}{X_L} = \frac{10}{314}\,A = 0.0318\,A$$

可见，在电压有效值一定时，频率愈高，则通过电感元件的电流有效值愈小。

4.4.3 电容元件 VCR 的相量形式

设对于图 4-15 所示电容元件 C，有正弦电流 $i_C = \sqrt{2}\,I_C\cos(\omega t + \psi_i)$ 通过时，它的电压电流的时域关系为

$$u_C = \frac{1}{C}\int i_C \mathrm{d}t = \sqrt{2}\,\frac{1}{\omega C}I_C\sin(\omega t + \psi_i)$$

$$= \sqrt{2}\,\frac{1}{\omega C}I_C\cos(\omega t + \psi_i - 90°)$$

而电容上的电压又可以表示为

$$u_C = \sqrt{2}\,U_C\cos(\omega t + \psi_u)$$

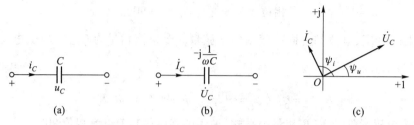

图 4-15 电容中的电压、电流及其相量图

对比上述两式,可以得到

大小关系 $U_c = \dfrac{1}{\omega C} I_c$

相位关系 $\psi_u = \psi_i - 90°$

说明电容 C 上的电压、电流也都是同一频率的正弦量,电容电压滞后电流相位 90°。令电流相量为 $\dot{I}_c = I_c \underline{/\psi_i}$、电压相量为 $\dot{U}_c = U_c \underline{/\psi_u}$,它们的相量形式为

$$\dot{U}_c = U_c \underline{/\psi_u} = \frac{1}{\omega C} I_c \underline{/(\psi_i - 90°)} = \frac{1}{j\omega C} \dot{I}_c \qquad (4-21)$$

电压、电流有效值之间的关系也有类似于欧姆定律的形式,但与角频率 ω 有关,其中与频率成反比的 $\dfrac{1}{\omega C}$ 具有与电阻相同的量纲 Ω,称为容抗(capacitive reactance),用 X_c 表示;而 ωC 具有与电导相同的量纲 S,称为容纳,用字母 B_c 表示。电容电压将随频率变化而变化,当 $\omega = 0$ 时(直流),$\dfrac{1}{\omega C} \to \infty$,$i_c = 0$,电容相当于开路;当 $\omega \to \infty$ 时,$\dfrac{1}{\omega C} = 0$,$u_c = 0$,电容相当于短路。在相位上,电流超前电压 90°。图 4-15(b)、(c)分别是电容的相量模型和电压、电流的相量图。

【例 4-13】 把一个 25 μF 的电容元件接到频率为 50 Hz,电压有效值为 10 V 的正弦电源上,求通过电容元件的电流有效值为多少?若保持电压值不变,将电源频率改变为 5000 Hz,这时的电流有效值又为多少?

解 当 $f = 50$ Hz 时

$$X_c = \frac{1}{2\pi f C} = \frac{1}{2 \times 3.14 \times 50 \times 25 \times 10^{-6}} \Omega = 127.4\ \Omega$$

$$I = \frac{U}{X_c} = \frac{10}{127.4} \text{A} = 0.078\ \text{A} = 78\ \text{mA}$$

当 $f = 5000$ Hz 时

$$X_c = \frac{1}{2\pi f C} = \frac{1}{2 \times 3.14 \times 5000 \times 25 \times 10^{-6}} \Omega = 1.274\ \Omega$$

$$I = \frac{U}{X_c} = \frac{10}{1.274} \text{A} = 7.8\ \text{A}$$

综上所述,R、L、C 各元件在正弦电路中对电流均有阻碍作用。电阻元件对电流的阻碍作用与频率无关,其端电压与电流同相位;电感元件对电流的阻碍作用表现为感抗,与频率成正比,其端电压超前电流 $90°$;电容元件对电流的阻碍作用表现为容抗,与频率成反比,其端电流超前电压 $90°$。

利用相量分析,将 R、L、C 各元件的 VCR 对应为频域中类似于欧姆定律的复代数方程,从而避免了微积分运算,可以使正弦稳态电路的计算过程大为简化。

4.4.4 受控源 VCR 的相量形式

如果(线性)受控源的控制电压或电流是正弦量,则受控源的电压或电流将是同一频率的正弦量。以图 4-16(a)所示的 VCVS 为例,受控电压源输出电压的时域形式为

$$u_2 = \mu u_1$$

相应的相量形式为

$$\dot{U}_2 = \mu \dot{U}_1$$

图 4-16(b)为 VCVS 的相量模型。其他三种受控源的相量模型与 VCVS 的相量模型相类似(此处略去)。

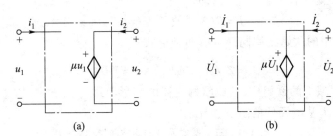

图 4-16 VCVS 的相量表示

思 考 题

4-9 在图 4-14 所示的电感元件的正弦交流电路中,$L = 10$ mH,$f = 50$Hz。① 已知 $i_L(t) = 5\sqrt{2}\cos(\omega t + 30°)$ A,求电压 u_L;② 已知 $\dot{U}_L = 100\ \underline{/-30°}$ V,求 $\dot{I}_L$,并画出相量图。

4-10 在图 4-15 所示的电容元件的正弦交流电路中,$C = 5$ μF,$f = 50$ Hz。① 已知 $u_C(t) = 220\sqrt{2}\cos(\omega t + 45°)$ V,求电流 i_C;② 已知 $\dot{I}_C = 1\ \underline{/-60°}$ A,求 $\dot{U}_C$,并画出相量图。

4.5　阻抗与导纳

4.5.1　基本元件 VCR 的统一相量形式

上一节内容导出了三种基本元件 R、L、C 的伏安关系的相量形式,在关联参考方向下,R、L、C 各元件电压电流的相量形式方程为

$$电阻:\dot{U}_R = R\,\dot{I}_R \quad 电感:\dot{U}_L = \mathrm{j}\omega L\,\dot{I}_L \quad 电容:\dot{U}_C = \frac{1}{\mathrm{j}\omega C}\dot{I}_C$$

为了统一起见,把三种基本元件在正弦稳态时的电压相量与电流相量之比定义为该元件的阻抗(impedance),记为 Z,电流相量与电压相量之比定义为该元件的导纳(admittance),记为 Y,即可写成

$$Z = \frac{\dot{U}}{\dot{I}} \qquad Y = \frac{\dot{I}}{\dot{U}} = \frac{1}{Z}$$

阻抗 Z 的单位为 Ω,导纳 Y 的单位为 S。Z 与 Y 互为倒数关系。

在电阻电路中,欧姆定律有两种形式,即

$$U = RI \qquad 或 \qquad I = GU \qquad\qquad (4-22)$$

在正弦稳态电路中的欧姆定律同样也有两种形式

$$\dot{U} = Z\,\dot{I} \qquad 或 \qquad \dot{I} = Y\,\dot{U} \qquad\qquad (4-23)$$

式(4-23)就称为复频域下的欧姆定律,或欧姆定律的相量形式。

表 4-1 汇集了三个基本元件的阻抗和导纳。

表 4-1　三个基本元件的阻抗和导纳

元件	阻抗 Z	导纳 Y
R	R	G
L	$\mathrm{j}\omega L$	$-\mathrm{j}\dfrac{1}{\omega L}$
C	$-\mathrm{j}\dfrac{1}{\omega C}$	$\mathrm{j}\omega C$

4.5.2　无源单口网络的等效阻抗与导纳

对于任意复杂的无源单口网络 N_0,如图 4-17(a)所示。它含有线性电阻、电感和电容等元件,但不含独立电源,当在其端口外加一个正弦电压(或电流)激励,且整个电路处于稳态时,网络中各支路的电流(或电压)均为同频率的正弦量。类似于线性单口电阻网络可以用一个等效电阻来表示一样,对于任何一个正弦稳态线性无源单口网络,也可以用一个等效的输入阻抗(input impedance)来表示。

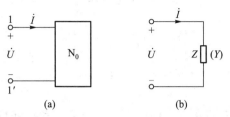

图 4-17　无源单口网络及其阻抗(或导纳)

因此,应用相量法,可将端口电压相量 $\dot{U}$ 与端口电流相量 $\dot{I}$ 之比就定义为该单口网络的输入阻抗(或称为等效阻抗(equivalent impedance)),用字母 Z 表示,即有

$$Z = \frac{\dot{U}}{\dot{I}} = \frac{U\ \underline{/\psi_u}}{I\ \underline{/\psi_i}} = \frac{U}{I}\ \underline{/(\psi_u - \psi_i)} = |Z|\ \underline{/\psi_z} \qquad (4-24)$$

其中,阻抗的模为电压有效值与电流的有效值之比

$$|Z| = \frac{U}{I} \qquad (4-25)$$

阻抗角(impedance angle)为电压与电流的相位差,即

$$\psi_z = \psi_u - \psi_i \qquad (4-26)$$

式(4-24)中的 Z 称为单口网络的阻抗。由于是复数,又称为复阻抗。阻抗 Z 的电路符号如图4-17(b)所示。Z 的模值 $|Z|$ 称为阻抗模,它的辐角 ψ_z 称作阻抗角。正弦稳态电路中的阻抗与直流电路中的电阻的作用相当。在电路中起反抗电流通过电路的作用。

阻抗 Z 作为复数,式(4-24)是阻抗的极坐标形式。阻抗 Z 也可以用代数形式表示

$$Z = R + jX \qquad (4-27)$$

其中,$R = \mathrm{Re}[Z]$ 是等效阻抗的电阻分量,$X = \mathrm{Im}[Z]$ 是等效阻抗的电抗分量。于是

$$Z = R + jX = |Z|\ \underline{/\psi_z}$$

R、X、$|Z|$、ψ_z 之间的关系为

$$|Z| = \sqrt{R^2 + X^2} \qquad \psi_z = \arctan\frac{X}{R}$$

$$R = |Z|\cos\psi_z \qquad X = |Z|\sin\psi_z$$

这些关系可以用如图 4-18(a)所示的直角三角形来表示,这个三角形称为阻抗三角形(impedance triangle)。阻抗三角形表示了阻抗模、阻抗角、电阻、电抗之间的关系。

对于阻抗也可用如图 4-18(b)所示的串联等效电路来表示,电流 $\dot{U}$ 被分解为两个分量,$\dot{U}_R = R\dot{I}$ 和 $\dot{U}_x = jX\dot{I}$,根据KVL,三个电压相量在复平面上组成一个与阻抗三角形相似的电压三角形,如图 4-18(c)所示。对于 R、L、C 串联的正弦稳态电路来说,$X = X_L - X_C$。

当 $X>0\left(\text{即 } X = X_L - X_C = \omega L - \dfrac{1}{\omega C} > 0\right)$ 时,$\psi_z = \arctan\dfrac{X}{R} > 0$,电流滞后电压,整个电路呈感性,$Z$ 称

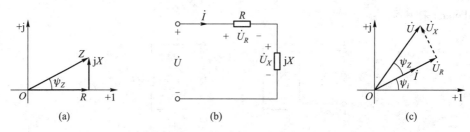

图 4-18 单口网络 N_0 用阻抗 Z 表示（$\psi_Z > 0$）

为感性阻抗。

当 $X < 0 \left(\text{即 } X = X_L - X_C = \omega L - \dfrac{1}{\omega C} < 0\right)$ 时，$\psi_Z = \arctan\dfrac{X}{R} < 0$，电流超前电压，整个电路呈容性，$Z$ 称为容性阻抗。

当 $X = 0 \left(\text{即 } X = X_L - X_C = \omega L - \dfrac{1}{\omega C} = 0\right)$ 时，$\psi_Z = \arctan\dfrac{X}{R} = 0$，电流与电压同相位，整个电路呈阻性，$Z$ 称为阻性阻抗。

将单口网络的电流相量与电压相量的比值定义为导纳，用字母 Y 表示。正弦稳态电路中的导纳与直流电路中的电导的作用相当。在电路中起导通电流的作用。导纳还可写成

$$Y = \frac{1}{Z} = \frac{\dot{I}}{\dot{U}} = \frac{I\,\big/\!\!\underline{\psi_i}}{U\,\big/\!\!\underline{\psi_u}} = \frac{I}{U}\,\big/\!\!\underline{(\psi_i - \psi_u)} = |Y|\,\big/\!\!\underline{\psi_Y} \qquad (4\text{-}28)$$

其中，导纳的模为电流有效值与电压的有效值之比

$$|Y| = \frac{I}{U} \qquad (4\text{-}29)$$

导纳角为电流与电压的相位差，即

$$\psi_Y = -\psi_Z = -(\psi_u - \psi_i) = \psi_i - \psi_u \qquad (4\text{-}30)$$

导纳 Y 作为复数，式(4-28)是导纳的极坐标形式，同样 Y 也可以用代数形式表示

$$Y = G + jB \qquad (4\text{-}31)$$

其中，$G = \mathrm{Re}[Y]$ 是等效导纳（equivalent admittance）的电导分量，$B = \mathrm{Im}[Y]$ 是等效导纳的电纳分量。于是

$$Y = G + jB = |Y|\,\big/\!\!\underline{\psi_Y}$$

G、B、$|Y|$、ψ_Y 之间的关系为

$$|Y| = \sqrt{G^2 + B^2} \qquad \psi_Y = \arctan\frac{B}{G}$$

$$G = |Y|\cos\psi_Y \qquad B = |Y|\sin\psi_Y$$

这些关系同样可以用如图 4-19(a)所示的一个直角三角形来表示，这个三角形称为导纳三角形（admittance triangle）。

对于导纳也可用如图 4–19(b)所示的并联等效电路来表示,电流 $\dot{I}$ 被分解为两个分量,$\dot{I}_G = G\dot{U}$ 和 $\dot{I}_B = jB\dot{U}$,根据 KCL,三个电流相量在复平面上组成一个与导纳三角形相似的电流三角形,如图 4–19(c)所示。

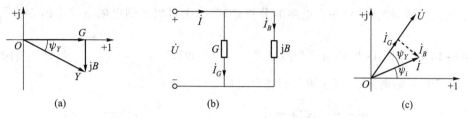

图 4–19 单口网络 N_0 用导纳 Y 表示($\psi_Y < 0$)

需要指出如下几点。

(1)单口网络 N_0 的阻抗或导纳是由其内部的参数、结构和正弦激励源的频率决定的,在一般情况下,其每一部分都是频率、参数的函数,随频率、参数而变。即阻抗 Z 和导纳 Y 可写为

$$Z(j\omega) = R(\omega) + jX(\omega)$$

和

$$Y(j\omega) = G(\omega) + jB(\omega)$$

(2)单口网络 N_0 中若不含受控源,则有 $|\psi_Z| \leqslant 90°$ 或 $|\psi_Y| \leqslant 90°$,但有受控源时,可能会出现 $|\psi_Z| > 90°$ 或 $|\psi_Y| > 90°$,其实部将为负值,其等效电路要设定受控源来表示实部。

(3)单口网络 N_0 的两种参数 Z 和 Y 具有同等效用,彼此可以等效互换,即有

$$ZY = 1$$

Z 和 Y 互为倒数,其极坐标形式表示的互换条件为

$$|Z||Y| = 1 \qquad \psi_Z + \psi_Y = 0$$

等效互换常用代数形式。阻抗 Z 变换为等效导纳 Y 为

$$Y = \frac{1}{Z} = \frac{1}{R + jX} = \frac{R}{R^2 + X^2} - j\frac{X}{R^2 + X^2} = G + jB \qquad (4-32)$$

Y 的实部、虚部分别为

$$G = \frac{R}{R^2 + X^2} \qquad B = -\frac{X}{R^2 + X^2} \qquad (4-33)$$

串联等效电路就变换为相应的并联等效电路。同理,导纳 Y 变换为等效阻抗 Z 为

$$Z = \frac{1}{Y} = \frac{1}{G + jB} = \frac{G}{G^2 + B^2} - j\frac{B}{G^2 + B^2} = R + jX \qquad (4-34)$$

实部和虚部分别为

$$R = \frac{G}{G^2 + B^2} \qquad X = -\frac{B}{G^2 + B^2} \qquad (4-35)$$

从以上关系可以看出,一般情况下,$R \neq \dfrac{1}{G}$,$X \neq \dfrac{1}{B}$。

并联等效电路就变换为相应的串联等效电路。显然,等效变换不会改变阻抗(或导纳)原来的感性或容性性质。

(4) 对阻抗或导纳的串、并联电路的分析计算,完全可以采纳电阻电路中的方法及相关的公式。

【例 4-14】 在图 4-20 中有两个阻抗 $Z_1 = (6.16+\mathrm{j}9)\,\Omega$ 和 $Z_2 = (2.5 - \mathrm{j}4)\,\Omega$,它们串联后接在 $\dot{U} = 220\,\underline{/30°}$ V 的电源上,试求电流和各个阻抗上的电压 $\dot{U}_1$ 和 $\dot{U}_2$。

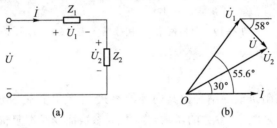

图 4-20　例 4-14 图

解　$Z = Z_1+Z_2 = (R_1+R_2)+\mathrm{j}(X_1+X_2)$

即　　$Z = [(6.16+2.5)+\mathrm{j}(9-4)]\,\Omega = (8.66+\mathrm{j}5)\,\Omega = 10\,\underline{/30°}\,\Omega$

$$\dot{I} = \frac{\dot{U}}{Z} = \frac{220\,\underline{/30°}}{10\,\underline{/30°}}\,\mathrm{A} = 22\,\underline{/0°}\,\mathrm{A}$$

$$\dot{U}_1 = Z_1 \dot{I} = [(6.16+\mathrm{j}9)\times 22\,\underline{/0°}]\,\mathrm{V} = (10.9\,\underline{/55.6°}\times 22)\,\mathrm{V} = 239.8\,\underline{/55.6°}\,\mathrm{V}$$

$$\dot{U}_2 = Z_2 \dot{I} = [(2.5-\mathrm{j}4)\times 22\,\underline{/0°}]\,\mathrm{V} = (4.71\,\underline{/-58°}\times 22)\,\mathrm{V} = 103.6\,\underline{/-58°}\,\mathrm{V}$$

可用 $\dot{U} = \dot{U}_1+\dot{U}_2$ 验算。电流与电压的相量图如图 4-20(b)所示。

【例 4-15】 在图 4-21 中有两个阻抗 $Z_1 = (3+\mathrm{j}4)\,\Omega$ 和 $Z_2 = (8-\mathrm{j}6)\,\Omega$,它们并联后接在 $\dot{U} = 220\,\underline{/0°}$ V 的电源上,试计算电路中的电流 $\dot{I}_1$、$\dot{I}_2$ 和 $\dot{I}$。

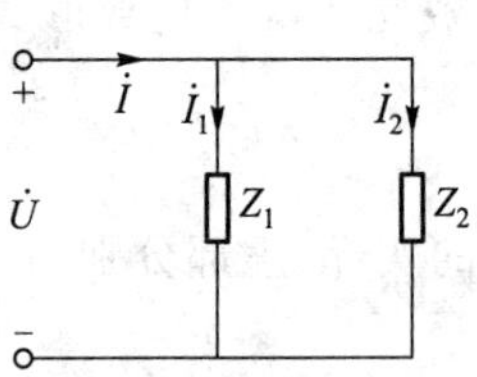

图 4-21　例 4-15 图

解　$Z_1 = (3+\mathrm{j}4)\,\Omega = 5\,\underline{/53°}\,\Omega$,$Z_2 = (8-\mathrm{j}6)\,\Omega = 10\,\underline{/-37°}\,\Omega$

$$Z = \frac{Z_1 Z_2}{Z_1+Z_2} = \frac{5\,\underline{/53°}\times 10\,\underline{/-37°}}{(3+\mathrm{j}4)+(8-\mathrm{j}6)}\,\Omega = \frac{50\,\underline{/16°}}{11-\mathrm{j}2}\,\Omega$$

$$= \frac{50\,\underline{/16°}}{11.8\,\underline{/-10.5°}}\,\Omega = 4.47\,\underline{/26.5°}\,\Omega$$

$$\dot{I}_1 = \frac{\dot{U}}{Z_1} = \frac{220\,\underline{/0°}}{5\,\underline{/53°}}\,\mathrm{A} = 44\,\underline{/-53°}\,\mathrm{A}$$

$$\dot{I}_2 = \frac{\dot{U}}{Z_2} = \frac{220\ \underline{/0°}}{10\ \underline{/-37°}}\ \text{A} = 22\ \underline{/37°}\ \text{A}$$

$$\dot{I} = \frac{\dot{U}}{Z} = \frac{220\ \underline{/0°}}{4.47\ \underline{/26.5°}}\ \text{A} = 49.2\ \underline{/-26.5°}\ \text{A}$$

可用 $\dot{I} = \dot{I}_1 + \dot{I}_2$ 验算。电流与电压的相量图的画法与例 4-14 一样,由读者仿照例 4-14 自己画。

思考题

4-11　在图 4-22 所示的四个电路中,每个电路图下的电压、电流和阻抗模的答案对不对?其中,$U_1 = 6$ V,$U_2 = 10$ V,$I_1 = I_2 = 4$ A。

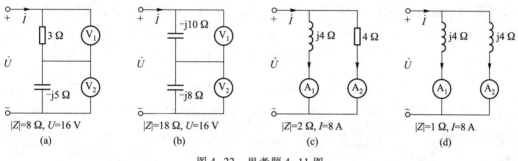

$|Z|=8\ \Omega, U=16\ \text{V}$	$|Z|=18\ \Omega, U=16\ \text{V}$	$|Z|=2\ \Omega, I=8\ \text{A}$	$|Z|=1\ \Omega, I=8\ \text{A}$
(a)	(b)	(c)	(d)

图 4-22　思考题 4-11 图

4-12　计算图 4-23 所示两电路的等效阻抗 Z_{ab}。

4-13　在图 4-24 所示的电路中,$X_C = X_L = R$,并已知电流表 A_1 的读数为 5 A,试问 A_2 和 A_3 的读数为多少?

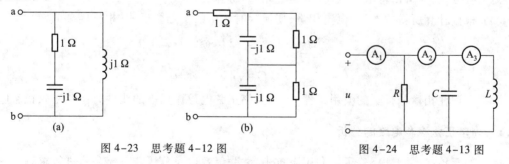

图 4-23　思考题 4-12 图　　　　　　图 4-24　思考题 4-13 图

4.6　正弦稳态电路的相量分析

通过前面的学习已经知道,当正弦稳态电路中引入相量、阻抗和导纳这些概念之后,正弦稳态电路中的三角函数运算(KCL、KVL)变成了复数运算,微积分方程(VCR)变成了复代数方程,

两类约束的相量形式与电阻电路中相应的表达式在形式上是完全相同的,即

电阻电路中　　　　　　　　　正弦稳态电路(相量分析)中

KCL: $\sum i = 0$ 　　　　　　　KCL: $\sum \dot{I} = 0$

KVL: $\sum u = 0$ 　　　　　　　KVL: $\sum \dot{U} = 0$

VCR: $u = Ri$ 或 $i = Gu$ 　　　VCR: $\dot{U} = Z\dot{I}$ 或 $\dot{I} = Y\dot{U}$

因此,只要将变量 u 和 i 对应为相量 $\dot{U}$ 和 $\dot{I}$,并将元件 R 或 G 对应为阻抗 Z 或导纳 Y,电阻电路中所有的定理、公式和分析方法,都可推广应用于正弦稳态电路的相量模型之中。

用相量法分析正弦稳态电路时的一般步骤如下:

(1) 画出与时域电路相对应的电路相量模型(有时可省略电路相量模型图),其中正弦电压、电流用相量表示。

$$u(t) = \sqrt{2}\,U\cos(\omega t + \psi_u) \rightarrow \dot{U} = U\,\underline{/\psi_u}$$

$$i(t) = \sqrt{2}\,I\cos(\omega t + \psi_i) \rightarrow \dot{I} = I\,\underline{/\psi_i}$$

元件用阻抗(或导纳)表示。

$$R \rightarrow R \qquad\qquad (\text{或 } G)$$

$$L \rightarrow j\omega L \qquad\quad \left(\text{或 } \frac{1}{j\omega L}\right)$$

$$C \rightarrow \frac{1}{j\omega C} \qquad (\text{或 } j\omega C)$$

(2) 仿照直流电阻电路的分析方法,根据相量形式的两类约束,建立电路方程,用复数的运算法则求解方程,求解出待求各电流、电压的相量表达式。

(3) 根据计算所得的电压、电流相量,变换为时域中的实函数形式(根据需要)。

$$\dot{U} = U\,\underline{/\psi_u} \rightarrow u(t) = \sqrt{2}\,U\cos(\omega t + \psi_u)$$

$$\dot{I} = I\,\underline{/\psi_i} \rightarrow i(t) = \sqrt{2}\,I\cos(\omega t + \psi_i)$$

但必须记住相量分析法的使用条件:单一频率正弦电源作用下的线性时不变正弦稳态电路。

4.6.1　简单正弦稳态电路的分析

简单的阻抗串、并联电路,可以利用阻抗串、并联等效以及分压或分流公式进行求解。

【例 4-16】　图 4-25(a)所示电路中, $i_s = 5\sqrt{2}\cos(10^3 t + 30°)$ A, $R = 30\ \Omega$, $L = 0.12$ H, $C = 12.5\ \mu\text{F}$,求电压 u_{ad} 和 u_{bd}。

解　图 4-25(a)所示电路相对应的相量模型如图 4-25(b)所示。图中 $\dot{I}_s = 5\,\underline{/30°}$ A, $j\omega L = $ j120 Ω, $\dfrac{1}{j\omega C} = -$j80 Ω。

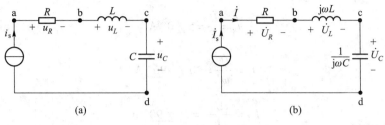

图 4-25 例 4-16 图

根据元件的 VCR 的相量形式有

$$\dot{U}_R = R\,\dot{I} = (30\times 5\;\underline{/30°})\;\text{V} = 150\;\underline{/30°}\;\text{V}(与\,\dot{I}_s\,同相)$$

$$\dot{U}_L = \text{j}\omega L\,\dot{I} = (\text{j}120\times 5\;\underline{/30°})\;\text{V} = 600\;\underline{/120°}\;\text{V}(超前\,\dot{I}_s\,90°)$$

$$\dot{U}_C = \frac{\dot{I}}{\text{j}\omega C} = (-\text{j}80\times 5\;\underline{/30°})\;\text{V} = 400\;\underline{/-60°}\;\text{V}(滞后\,\dot{I}_s\,90°)$$

根据 KVL,有

$$\dot{U}_{bd} = \dot{U}_L + \dot{U}_C = (600\;\underline{/120°} + 400\;\underline{/-60°})\;\text{V} = 200\;\underline{/120°}\;\text{V}$$

$$\dot{U}_{ad} = \dot{U}_R + \dot{U}_{bd} = (150\;\underline{/30°} + 200\;\underline{/120°})\;\text{V} = 250\;\underline{/83.13°}\;\text{V}$$

因此,

$$u_{bd} = 200\sqrt{2}\cos(10^3 t + 120°)\;\text{V}$$

$$u_{ad} = 250\sqrt{2}\cos(10^3 t + 83.13°)\;\text{V}$$

【例 4-17】 已知图 4-26 所示正弦交流电路中交流电流表的读数分别为:A_1 为 5 A,A_2 为 20 A,A_3 为 25 A,求:

(1)图中电流表 A 的读数。

(2)如果维持 A_1 的读数不变,而把电源的频率提高一倍,再求电流表 A 的读数。

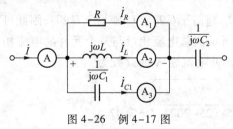

图 4-26 例 4-17 图

解法一 (1)由于 RLC 元件为并联,故各元件上的电压相等,设元件上的电压为 $\dot{U} = U\;\underline{/0°}\;\text{V}$。根据元件电压、电流的相量关系,可得

$$\dot{I}_R = \frac{\dot{U}}{R} = 5 \underline{/0°} \text{ A}$$

$$\dot{I}_L = \frac{\dot{U}}{j\omega L} = 20 \underline{/-90°} \text{ A}$$

$$\dot{I}_{C1} = \frac{\dot{U}}{\dfrac{1}{j\omega C_1}} = 25 \underline{/90°} \text{ A}$$

上面三个表达式说明,电阻元件的电压、电流同相位,电感元件的电流滞后电压 90°,电容元件的电流超前电压 90°。根据 KVL 得

$$\dot{I} = \dot{I}_R + \dot{I}_L + \dot{I}_{C1} = (5-j20+j25) \text{ A} = (5+j5) \text{ A} = 5\sqrt{2} \underline{/45°} \text{ A}$$

因此总电流表 A 的读数为 7.07 A。

(2) 仍取元件上的电压 $\dot{U}$ 为参考相量,设 $\dot{U} = U \underline{/0°}$ V。

当电流的频率提高一倍时,由于 $\dot{I}_R = \dfrac{\dot{U}}{R} = 5 \underline{/0°}$ A 不变,因此各元件上电压 $\dot{U}$ 保持不变。但由于频率发生了变化,因此感抗与容抗相应地发生了变化。此时有

$$\dot{I}_L = \frac{\dot{U}}{j2\omega L} = 10 \underline{/-90°} \text{ A}$$

$$\dot{I}_{C1} = \frac{\dot{U}}{\dfrac{1}{j2\omega C_1}} = 50 \underline{/90°} \text{ A}$$

$$\dot{I} = \dot{I}_R + \dot{I}_L + \dot{I}_{C1} = (5-j10+j50) \text{ A} = 40.31 \underline{/82.87°} \text{ A}$$

解法二　利用相量图求解。

设 $\dot{U} = U \underline{/0°} = \dot{U}_R = \dot{U}_L = \dot{U}_{C1}$ 为参考相量,根据元件电压、电流的相位关系知,$\dot{I}_R$ 和 $\dot{U}$ 同相位,$\dot{I}_{C1}$ 超前于 $\dot{U}$ 90°,$\dot{I}_L$ 滞后于 $\dot{U}$ 90°,因此可以画出其相量图,如图 4-27 所示。总电流相量与三个元件的电流相量组成了一个直角三角形。因此电流表 A 的读数为

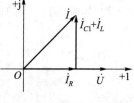

图 4-27　例 4-17 相量图

$$I = \sqrt{I_R^2 + (I_{C1} - I_L)^2}$$

(1) 频率为 ω 时,$I = \sqrt{5^2 + (25-20)^2}$ A = 7.07 A

(2) 频率为 2ω 时,$I = \sqrt{5^2 + (50-10)^2}$ A = 40.31 A

上述分析可知,总电流表 A 的读数不能通过将三个电流表 A_1、A_2、A_3 的读数直接相加得到。电流表的读数为有效值,在计算交流电流时应该使用相量相加。同时,感抗和容抗是频率的函数,频率变化,相应的电压或电流也可能会发生变化。

【**例4-18**】 图4-28(a)所示电路中电流表的读数为：$A_1 = 8$ A，$A_2 = 6$ A，试求：

（1）若 $Z_1 = R$，$Z_2 = -jX_C$，则电流表 A_0 的读数为多少？

（2）若 $Z_1 = R$，Z_2 为何参数，电流表 A_0 的读数最大？$I_{0\max} = ?$

（3）若 $Z_1 = jX_L$，Z_2 为何参数，电流表 A_0 的读数最小？$I_{0\min} = ?$

（4）若 $Z_1 = jX_L$，Z_2 为何参数，可以使电流表 $A_0 = A_1$ 读数最小，此时表 $A_2 = ?$

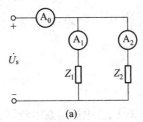 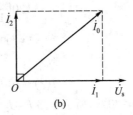

图4-28 例4-18图

解 （1）设以元件两端的电压相量为参考相量，根据元件电压和电流相量的关系画相量图如图4-28(b)所示，则：

$$I_0 = \sqrt{8^2 + 6^2} \text{ A} = 10 \text{ A}$$

（2）因为 Z_1 是电阻，所以当 Z_2 也是电阻时，总电流的有效值为两个分支路电流有效值之和，达到最大值：

$$I_{0\max} = (8+6) \text{ A} = 14 \text{ A}$$

（3）因为 $Z_1 = jX_L$ 是电感元件，所以当 Z_2 是电容元件时，总电流的有效值为两个分支路电流有效值之差，达到最小值：

$$I_{0\min} = (8-6) \text{ A} = 2 \text{ A}$$

（4）$Z_1 = jX_L$ 是电感元件，所以当 Z_2 是电容元件且 $I_2 = 16$ A 时，满足

$$I_0 = I_2 - I_1 = 8 \text{ A}$$

【**例4-19**】 如图4-29(a)所示，已知电源电压 $u(t) = 120\sqrt{2}\cos(5t)$ V，求电源电流 $i(t)$。

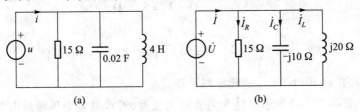

图4-29 例4-19图

解 电压源电压的相量为：$\dot{U} = 120\underline{/0°}$ V

计算得感抗和容抗值为：

$$jX_L = j4 \times 5 \text{ } \Omega = j20 \text{ } \Omega$$

$$-\mathrm{j}X_C = -\mathrm{j}\,\frac{1}{0.02 \times 5}\,\Omega = -\mathrm{j}10\ \Omega$$

电路的相量模型如图 4-29(b)所示。根据 KCL 和元件的 VCR 的相量表示式得：

$$\dot{I} = \dot{I}_R + \dot{I}_L + \dot{I}_C = \frac{\dot{U}}{R} + \frac{\dot{U}}{\mathrm{j}X_L} + \frac{\dot{U}}{-\mathrm{j}X_C}$$

$$= 120\left(\frac{1}{15} + \frac{1}{\mathrm{j}20} - \frac{1}{\mathrm{j}10}\right)\ \mathrm{A} = (8 - \mathrm{j}6 + \mathrm{j}12)\ \mathrm{A}$$

$$= (8 + \mathrm{j}6)\ \mathrm{A} = 10\ \underline{/36.9°}\ \mathrm{A}$$

所以

$$i(t) = 10\sqrt{2}\cos(5t + 36.9°)\ \mathrm{A}$$

【**例 4-20**】　图 4-30(a)所示电路 $I_1 = I_2 = 5$ A，$U = 50$ V，总电压与总电流同相位，求 I、R、X_C、X_L。

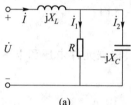 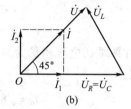

(a) 　　　　　　　　　　　(b)

图 4-30　例 4-20 图

解　设 $\dot{U}_C = U_C\,\underline{/0°}$ V。根据元件电压和电流之间的相量关系得：

$$\dot{I}_1 = 5\,\underline{/0°}\ \mathrm{A}, \quad \dot{I}_2 = \mathrm{j}5\ \mathrm{A}$$

所以

$$\dot{I} = \dot{I}_1 + \dot{I}_2 = (5 + \mathrm{j}5)\ \mathrm{A} = 5\sqrt{2}\,\underline{/45°}\ \mathrm{A}$$

因为 $\dot{U} = 50\,\underline{/45°}$ V $= (5 + \mathrm{j}5) \times \mathrm{j}X_L + 5R = \dfrac{50}{\sqrt{2}}(1 + \mathrm{j})$ V

令上面等式两边实部等于实部，虚部等于虚部得：

$$5X_L = \frac{50}{\sqrt{2}}\ \Omega \Rightarrow X_L = 5\sqrt{2}\ \Omega$$

$$5R = \left(\frac{50}{\sqrt{2}} + 5 \times 5\sqrt{2}\right)\ \Omega = 50\sqrt{2}\ \Omega \Rightarrow R = X_C = 10\sqrt{2}\ \Omega$$

也可以通过画图 4-30(b)所示的相量图计算。

【**例 4-21**】　图 4-31(a)所示电路为阻容移相装置，要求电容电压滞后电源电压 60°，问 R、C 应如何选择。

解　根据 KVL 有

$$\dot{U} = R\dot{I} - \mathrm{j}X_C\dot{I}$$

于是

$$\dot{I} = \frac{\dot{U}}{R-\mathrm{j}X_C} \Rightarrow \dot{U}_C = -\mathrm{j}X_C\frac{\dot{U}}{R-\mathrm{j}X_C}$$

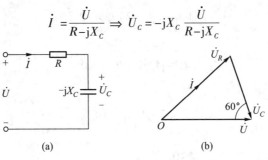

图 4-31 例 4-21 图

即
$$\frac{\dot{U}}{\dot{U}_C} = \mathrm{j}\omega CR+1$$

因此,若要电容电压滞后电源电压 $60°$,需满足 $\omega CR = \tan60° = \sqrt{3}$。也可以通过画图 4-31 (b)所示的相量图计算。

4.6.2 复杂正弦稳态电路的分析

对结构较为复杂的电路,可以进一步应用电阻电路中的方程分析法、线性叠加与等效变换等方法进行分析。以下通过例题,说明如何求解复杂正弦稳态电路在同频率正弦电源作用下的正弦稳态响应。

【**例 4 – 22**】 电路如图 4 – 32 (a) 所示,其中 $r = 2\ \Omega$。求解 $i_1(t)$ 和 $i_2(t)$。已知 $u_S(t) = 10\sqrt{2}\cos(10^3 t)\ \mathrm{V}$。

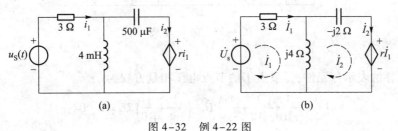

图 4-32 例 4-22 图

解 作相量模型如图 4-32(b)所示。其中

$$\dot{U}_s = 10\ \underline{/0°}\ \mathrm{V}, Z_L = \mathrm{j}\omega L = \mathrm{j}4\ \Omega, Z_C = \frac{1}{\mathrm{j}\omega C} = -\mathrm{j}2\ \Omega$$

网孔电流相量方程为

$$(3+\mathrm{j}4)\dot{I}_1 - \mathrm{j}4\dot{I}_2 = 10\ \underline{/0°} \tag{a}$$

$$-j4\,\dot{I}_1+(j4-j2)\,\dot{I}_2=-2\,\dot{I}_1 \qquad\qquad (b)$$

由 (b) 式可得

$$(2-j4)\,\dot{I}_1+j2\,\dot{I}_2=0 \qquad\qquad (c)$$

$2\times(c)+(a)$ 得

$$(7-j4)\,\dot{I}_1=10$$

即

$$\dot{I}_1=\frac{10}{7-j4}\ \mathrm{A}=1.24\ \underline{/29.7°}\ \mathrm{A}$$

代入 (c) 得

$$\dot{I}_2=\frac{10(2-j4)}{7-j4}\times\frac{1}{-j2}\ \mathrm{A}=\frac{20+j30}{13}\ \mathrm{A}=2.77\ \underline{/56.3°}\ \mathrm{A}$$

故得

$$i_1(t)=1.24\sqrt{2}\cos(10^3t+29.7°)\ \mathrm{A}$$

$$i_2(t)=2.77\sqrt{2}\cos(10^3t+56.3°)\ \mathrm{A}$$

【**例 4-23**】　电路相量模型如图 4-33 所示。试列出节点电压相量方程。

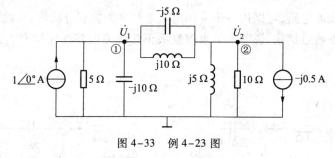

图 4-33　例 4-23 图

解　采用导纳表示各元件,得节点①的节点电压相量方程为

$$\left(\frac{1}{5}+\frac{1}{-j10}+\frac{1}{j10}+\frac{1}{-j5}\right)\dot{U}_1-\left(\frac{1}{-j5}+\frac{1}{j10}\right)\dot{U}_2=1\ \underline{/0°}$$

即

$$(0.2+j0.2)\,\dot{U}_1-j0.1\,\dot{U}_2=1\ \underline{/0°} \qquad\qquad (a)$$

节点②:

$$-\left(\frac{1}{-j5}+\frac{1}{j10}\right)\dot{U}_1+\left(\frac{1}{10}+\frac{1}{j5}+\frac{1}{j10}+\frac{1}{-j5}\right)\dot{U}_2=-(-j0.5)$$

$$-j0.1\,\dot{U}_1+(0.1-j0.1)\,\dot{U}_2=j0.5 \qquad\qquad (b)$$

(a)、(b) 式即为所示电路的节点电压相量方程。

【例4-24】 单口网络如图4-34所示,试求输入阻抗及输入导纳。

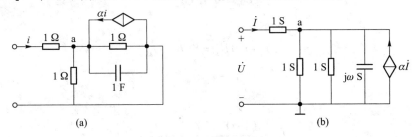

图4-34 例4-24 图

解 作相量模型如图4-34(b)所示,各无源元件用导纳表示。设想端钮上外接电压源$\dot{U}$,令5个元件的连接点为a,则节点电压相量方程为

$$(3+j\omega)\dot{U}_a = 1\dot{U} + \alpha\dot{I} \tag{a}$$

又

$$\dot{U} - \dot{U}_a = 1 \times \dot{I} \tag{b}$$

由(a)、(b)两式,得

$$[(3+j\omega)-1]\dot{U} = (3+j\omega+\alpha)\dot{I}$$

由此可得

$$Z = \frac{\dot{U}}{\dot{I}} = \frac{3+\alpha+j\omega}{2+j\omega} = \frac{6+2\alpha+\omega^2}{4+\omega^2} - j\frac{(1+\alpha)\omega}{4+\omega^2}$$

$$Y = \frac{1}{Z} = \frac{2+j\omega}{3+\alpha+j\omega} = \frac{6+2\alpha+\omega^2}{(3+\alpha)^2+\omega^2} + j\frac{(1+\alpha)\omega}{(3+\alpha)^2+\omega^2}$$

【例4-25】 求图4-35(a)所示单口网络的戴维宁等效电路。

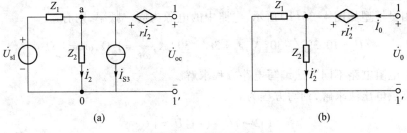

图4-35 例4-25 图

解 戴维宁等效电路的开路电压$\dot{U}_{oc}$和戴维宁等效阻抗Z_0的求解方法与电阻电路相同。

先求$\dot{U}_{oc}$。将1-1′开路,由图4-35(a)可知

$$\dot{U}_{oc} = -r\,\dot{I}_2 + \dot{U}_{a0}$$

又有

$$(Y_1 + Y_2)\,\dot{U}_{a0} = Y_1\,\dot{U}_{s1} - \dot{I}_{s3}$$

$$\dot{I}_2 = Y_2\,\dot{U}_{a0}$$

解得

$$\dot{U}_{oc} = \frac{(1 - rY_2)(Y_1\,\dot{U}_{s1} - \dot{I}_{s3})}{Y_1 + Y_2}$$

可按图 4-35(b)求解等效阻抗 Z_0。在端口 1-1′置一电压源 $\dot{U}_0$(与独立电源同频率),求得 $\dot{I}_0$ 后有

$$Z_0 = \frac{\dot{U}_0}{\dot{I}_0}$$

设 $\dot{I}_2'$ 为已知,然后求出 $\dot{U}_0$、$\dot{I}_0$。由图 4-35(b)得

$$\dot{I}_0 = \dot{I}_2' + Z_2 Y_1\,\dot{I}_2'$$

$$\dot{U}_0 = Z_2\,\dot{I}_2' - r\,\dot{I}_2'$$

解得

$$Z_0 = \frac{(Z_2 - r)\,\dot{I}_2'}{(1 + Z_2 Y_1)\,\dot{I}_2'} = \frac{Z_2 - r}{1 + Z_2 Y_1} = \frac{1 - rY_2}{Y_1 + Y_2}$$

从求得的 $\dot{U}_{oc}$ 和 Z_0 的表达式可知,应有 $Y_1 + Y_2 \neq 0$ 成立。

【例 4-26】　求图 4-36(a)所示电路中的电流 i_L。图中电压源 $u_S = 10.39\sqrt{2}\sin(2t + 60°)$ V,电流源 $i_S = 3\sqrt{2}\cos(2t - 30°)$ A。

解　作相量模型如图 4-36(b)所示,电路中的电源为同一频率,则有

$$\dot{U}_s = 10.39\,\underline{/-30°}\ \text{V},\ \dot{I}_s = 3\,\underline{/-30°}\ \text{A},\ \frac{1}{\omega C} = 1\ \Omega,\ \omega L = 1\ \Omega$$

本例仿照电阻电路不同方法编写电路方程求解。

(1)用节点电压法求解,列写方程为

$$(\text{j}2 - \text{j})\,\dot{U}_1 - (-\text{j})\,\dot{U}_2 = \text{j}\,\dot{U}_s$$

$$-(-\text{j})\,\dot{U}_1 + (\text{j} - \text{j})\,\dot{U}_2 = -\dot{I}_s$$

$$\dot{I}_L = \frac{\dot{U}_1 - \dot{U}_2}{\text{j}}$$

可解得

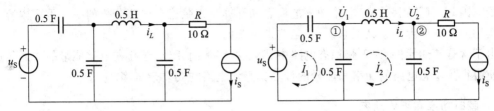

图 4-36 例 4-26 图

$$\dot{U}_1 = j\dot{I}_s, \quad \dot{U}_2 = \dot{U}_s - j\dot{I}_s, \quad \dot{I}_L = -j(\dot{U}_1 - \dot{U}_2) = j\dot{U}_s + 2\dot{I}_s$$

（2）用网孔电流法求解，列写方程为

$$-j2\dot{I}_1 - (-j)\dot{I}_2 = \dot{U}_s$$

$$-(-j)\dot{I}_1 + (j-j2)\dot{I}_2 - (-j)\dot{I}_s = 0$$

$$\dot{I}_L = \dot{I}_2$$

（3）用叠加定理求解。

$$\dot{I}'_L = j\dot{U}_s \qquad (\dot{U}_s \text{ 单独作用})$$

$$\dot{I}''_L = \dot{I}_s \frac{-j}{-j0.5} = 2\dot{I}_s \qquad (\dot{I}_s \text{ 单独作用})$$

$$\dot{I}_L = \dot{I}'_L + \dot{I}''_L$$

（4）用戴维宁等效电路求解。

端口①②的开路电压 $\dot{U}_{oc}$ 为

$$\dot{U}_{oc} = \frac{1}{2}\dot{U}_s - j\dot{I}_s$$

端口①②的等效阻抗 Z_0 为

$$Z_0 = \left(\frac{1}{j2} - j\right) \Omega = -j1.5\ \Omega$$

解得

$$\dot{I}_L = \frac{\dot{U}_{oc}}{j - j1.5} = j\dot{U}_s + 2\dot{I}_s = 10\underline{/30°}\ \text{A}$$

$$i_L = 10\sqrt{2}\cos(2t + 30°)\ \text{A}$$

4.7 正弦稳态电路的功率

电路分析的一个组成部分通常是确定电路提供的功率或者消耗的功率（或两者兼而有之）。几乎所有的电能都是以正弦电压和电流的形式供给的，而正弦稳态电路的重要用途之一就是传递能量。因此,有关正弦稳态电路功率的概念和计算是正弦稳态电路分析的一个重要内容,它不论从实用的角度或理论意义上来说,都是非常重要的。

由于含有储能元件,在正弦稳态电路中,除了有能量消耗外,还存在电磁能量的往返传递,这样就使得正弦稳态电路的功率和能量的计算比直流电路的要复杂得多。

4.7.1 瞬时功率和平均功率

图 4-37(a)所示的单口网络 N_0 为任意线性无源网络,u、i 取关联参考方向,设正弦稳态电路的电压、电流分别为

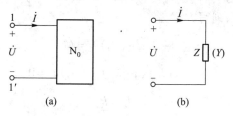

图 4-37 无源线性网络

$$u = \sqrt{2}\, U\cos(\omega t + \psi_u)$$
$$i = \sqrt{2}\, I\cos(\omega t + \psi_i)$$

则网络 N_0 吸收的瞬时功率(instantaneous power)为

$$p = ui \tag{4-36}$$

将 u、i 的表达式代入(4-36)式,有

$$
\begin{aligned}
p &= \sqrt{2}\, U\cos(\omega t + \psi_u) \times \sqrt{2}\, I\cos(\omega t + \psi_i) \\
&= UI\cos(\psi_u - \psi_i) + UI\cos(2\omega t + \psi_u + \psi_i) \\
&= UI\cos\varphi + UI\cos(2\omega t + \psi_u + \psi_i)
\end{aligned} \tag{4-37}
$$

式中,$\varphi = \psi_u - \psi_i$。

由(4-37)式可见,瞬时功率含有两个分量,第一个是恒定分量 $UI\cos\varphi$,第二个是正弦分量 $UI\cos(2\omega t + \psi_u + \psi_i)$,正弦分量的频率是电压、电流频率的两倍。

上式中第一项始终大于零,为瞬时功率的不可逆部分,表示网络吸收的功率;第二项为两倍电压或电流频率的正弦量,是瞬时功率的可逆部分,正负交替变化,代表电源和端口之间来回交换的能量,这是由于网络中存在储能元件的缘故。

图 4-38(b)表示了电压 u、电流 i 和瞬时功率 p 的波形。由波形图可以看出,当 u、i 同号时,瞬时功率 $p>0$,说明电路在这期间吸收能量,能量从电源输送入电路;当 u、i 异号时,瞬时功率 $p<0$,说明电路在这期间释放能量,电源和电路间形成能量往返交换的现象。可以看出,电压和电流的相位差越大,每个周期内瞬时功率为负的时间越长,因此电路吸收的功率也就越少;反之,若相位差越小,瞬时功率为负的时间越短,电路吸收的功率也就越多。

虽然 p 时正时负,但一个周期中 $p > 0$ 的部分大于 $p < 0$ 的部分,这是由于网络中存在电阻元件,总体效果是耗能的。

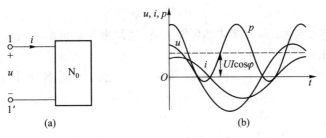

图 4-38 单口网络的瞬时功率

瞬时功率随时间不断变化,不便于测量,因而其在实际的应用中实用价值不大,为了便于测量,通常引入平均功率(average power)的概念。一般电器所标的功率都是指平均功率,交流功率表显示的读数也是平均功率。

平均功率也叫有功功率(active power),它是瞬时功率在一个周期内的平均值,用大写字母 P 表示,即

$$P = \frac{1}{T} \int_0^T p \, dt \tag{4-38}$$

将式(4-37)代入式(4-38),得

$$P = \frac{1}{T} \int_0^T p \, dt = \frac{1}{T} \int_0^T \left[UI\cos\varphi + UI\cos(2\omega t + \psi_u + \psi_i) \right] dt$$
$$= UI\cos\varphi = UI\cos(\psi_u - \psi_i) \tag{4-39}$$

有功功率表示单口网络实际消耗的功率,它等于瞬时功率中的恒定分量。它不仅与电压、电流的有效值的乘积有关,而且还与它们之间的相位差有关。式中 $\cos\varphi$ 称为电路的功率因数(power factor,pf)(φ 为单口网络的电压、电流的相位差),常用 λ 表示,即 $\lambda = \cos\varphi$,φ 也称为功率因数角(power factor angle)。因为 $\cos\varphi \leqslant 1$,所以有功功率总小于电压、电流有效值的乘积 UI。对于无源单口网络而言,功率因数角实际上就是阻抗角,因而功率因数 $\cos\varphi$ 的大小取决于电路结构、参数以及电源的频率。

对于纯电阻电路,电压与电流同相,$\varphi = 0$;对于纯电感电路,电压超前电流 90°,$\varphi = 90°$;对于纯电容电路,电流超前电压 90°,故 $\varphi = -90°$。根据(4-39)式,它们吸收的有功功率分别为

$$P_R = U_R I_R = I_R^2 R = \frac{U_R^2}{R}$$
$$P_L = U_L I_L \cos 90° = 0 \tag{4-40}$$
$$P_C = U_C I_C \cos(-90°) = 0$$

上式表明,电阻在正弦稳态电路中始终是消耗功率的,是耗能元件,电感、电容在正弦稳态电路中

是不消耗有功功率的,是储能元件。

一般情况下由 R、L、C 构成的单口网络的有功功率恒为正,即

$$P = UI\cos\varphi$$

但若网络内含有受控源,则有功功率可能为负,这是由于阻抗的电阻分量有可能为负所致。有功功率的单位为瓦特(W)。

可以证明,有功功率满足功率守恒定律,即任一正弦稳态电路各元件(或支路)吸收的有功功率之和恒等于零,即

$$\sum P = 0$$

【例 4-27】　在图 4-39 所示正弦稳态电路中,已知电源电压 $u_s = 100\sqrt{2}\cos(314t - 90°)$ V,求电路吸收的平均(有功)功率。

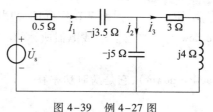

图 4-39　例 4-27 图

解　解法一　利用通用公式求解。先求单口网络的等效阻抗

$$Z = \left[(0.5 - j3.5) + \frac{-j5\times(3+j4)}{-j5+(3+j4)}\right]\Omega = \left[(0.5 - j3.5) + \frac{-j5\times5\ \underline{/53.1°}}{\sqrt{10}\ \underline{/-18.43°}}\right]\Omega$$

$$= [(0.5 - j3.5) + (7.5 - j2.5)]\ \Omega = (8 - j6)\ \Omega = 10\ \underline{/-36.9°}\ \Omega$$

端口的电压相量为

$$\dot{U}_s = 100\ \underline{/-90°}\ \text{V}$$

端口总电流

$$\dot{I}_1 = \frac{\dot{U}_s}{Z} = \frac{100\ \underline{/-90°}}{10\ \underline{/-36.9°}}\ \text{A} = 10\ \underline{/-53.1°}\ \text{A}$$

所以

$$P = U_s I\cos\varphi = [100\times10\times\cos(-36.9°)]\ \text{W} = 800\ \text{W}$$

解法二　平均功率等于等效阻抗实部(等效电阻)消耗的功率

$$P = I_1^2|Z|\cos\varphi = I_1^2 R = (10^2 \times 8)\ \text{W} = 800\ \text{W}$$

解法三　平均功率等于网络中各电阻元件消耗的有功功率之和

$$\dot{I}_3 = \frac{-j5}{-j5+(3+j4)}\dot{I}_1 = \left[\frac{-j5}{\sqrt{10}\ \underline{/-18.43°}}\times10\ \underline{/-53.1°}\right]\ \text{A}$$

$$= 15.81\ \underline{/-124.67°}\ \text{A}$$

$$P = I_1^2\times0.5 + I_3^2\times3 = (10^2\times0.5 + 15.81^2\times3)\ \text{W} = 800\ \text{W}$$

4.7.2　无功功率和视在功率

由于电感和电容的有功功率为零,但是它们与外电路又有能量的交换,那么如何来描述电感和电容在正弦稳态电路中的功率呢? 在工程中,为了表征电感与电容的这一特性,引入了无功功率(reactive power)的概念,来反映该电路中电感、电容等储能元件与外电路或电源之间进行能量交换的情况。

无功功率用大写字母 Q 表示,其定义为

$$Q = UI\sin\varphi \tag{4-41}$$

式中,Q 表示电路中储能元件与外电路或电源间能量交换的最大速率。对于感性负载,$\varphi > 0$,故 $Q > 0$;对于容性负载,$\varphi < 0$,故 $Q < 0$。为了与有功功率相区别,无功功率的单位用乏(var)来表示。

对于 R、L、C 单个元件来说,由于相位角 φ 的不同,故其无功功率也有所不同。对于电阻来说,电压与电流同相,即 $\varphi = 0$,无功功率为零。对于电感来说,$\varphi = 90°$,其无功功率为

$$Q_L = UI\sin\varphi = UI = \omega LI^2 = \frac{U^2}{\omega L}$$

对于电容来说,有 $\varphi = -90°$,其无功功率为

$$Q_C = UI\sin\varphi = -UI = -\frac{1}{\omega C}I^2 = -\omega CU^2$$

如果单口网络为 R、L、C 串联电路,无功功率为

$$Q = UI\sin\varphi$$

一般情况下,一个无源单端口网络,可等效为一个阻抗,其阻抗为

$$Z = R + \mathrm{j}\left(\omega L - \frac{1}{\omega C}\right), \varphi = \arctan\frac{\omega L - \dfrac{1}{\omega C}}{R}$$

由于 R、L、C 串联电路中的阻抗模 $|Z|$、电阻 R 和电抗 X 之间呈直角三角形关系,即 $R = |Z|\cos\varphi$,$X = |Z|\sin\varphi$,其中 φ 为阻抗角。将此关系代入式(4-39)和式(4-41),得该电路的有功功率和无功功率分别为

$$P = UI\cos\varphi = |Z|I^2\cos\varphi = RI^2$$

$$Q = UI\sin\varphi = |Z|I^2\sin\varphi = XI^2 = (X_L - X_C)I^2 = Q_L + Q_C$$

可见,电路中所吸收的有功功率即为电阻所消耗的功率,电路中的无功功率则为电感与电容所吸收的无功功率的代数和。这说明电路内有一部分能量在电感与电容之间自行交换,而其差值则与外电路或电源间交换。由于上式中 Q_C 小于零($Q_C < 0$)。因此习惯上把电感看做是"吸收"无功功率,而把电容看做是"发出"无功功率。

无功功率也满足功率守恒定律,即任一正弦稳态电路各元件(或支路)吸收的无功功率之和恒等于零,即

$$\sum Q = 0$$

有功功率与无功功率的定义式都涉及电压与电流的有效值的乘积,而许多电力设备的容量是由它们的额定电压(有效值)和额定电流(有效值)的乘积决定的,因此在工程技术上,引入了视在功率(apparent power)的概念,电气设备的容量即为它们的视在功率。定义单口网络的电压有效值 U 和电流有效值 I 的乘积为该单口网络的视在功率,用大写字母 S 表示,即

$$S = UI \tag{4-42}$$

为了与有功功率和无功功率相区别,视在功率的单位取为伏安(V·A)。

将(4-42)式代入(4-39)式和(4-41)式可得

$$P = S\cos\varphi, \quad Q = S\sin\varphi \tag{4-43}$$

因此 P、Q、S 三者之间的关系为

$$S^2 = P^2 + Q^2$$

$$\varphi = \arctan\frac{Q}{P} \tag{4-44}$$

即 P、Q、S 三者也构成了直角三角形关系,如图 4-40 所示,称为功率三角形(power triangle)。

功率三角形可由电压三角形得到,即把电压三角形的每条边同时乘以电流 I 得到。因此可以看出阻抗三角形、电压三角形和功率三角形都是相似三角形。同时需注意,视在功率不满足功率守恒定律。即

$$\sum S \neq 0$$

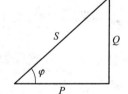

图 4-40   功率三角形

在一般情况下,图 4-37(a)所示的单口网络可以用它的等效阻抗(或等效导纳)表示(图 4-37(b)),其实部和虚部的各种功率可以用 R、L、C 串联电路讨论。对于无源单口网络来说,其等效阻抗的实部不会是负值,即 $\cos\varphi \geq 0$。

【例 4-28】   如图 4-41 所示正弦稳态电路中,已知 $u = 220\sqrt{2}\cos(314t)$ V,求电路的有功功率 P、无功功率 Q、视在功率 S、功率因数 $\cos\varphi$。

解   设 $\dot{U} = 220\ \underline{/0°}$ V。支路电流为

$$\dot{I}_1 = \frac{220\ \underline{/0°}}{8 - j6}\ \text{A} = 22\ \underline{/36.9°}\ \text{A}$$

$$\dot{I}_2 = \frac{220\ \underline{/0°}}{3 + j4}\ \text{A} = 44\ \underline{/-53.1°}\ \text{A}$$

总电流为

图 4-41 例 4-28 图

$$\dot{I} = \dot{I}_1 + \dot{I}_2 = (22 \underline{/36.9°} + 44 \underline{/-53.1°}) \text{ A}$$
$$= [(17.6 + j13.2) + (26.4 - j35.2)] \text{A}$$
$$= (44 - j22) \text{ A} = 49.2 \underline{/-26.56°} \text{ A}$$

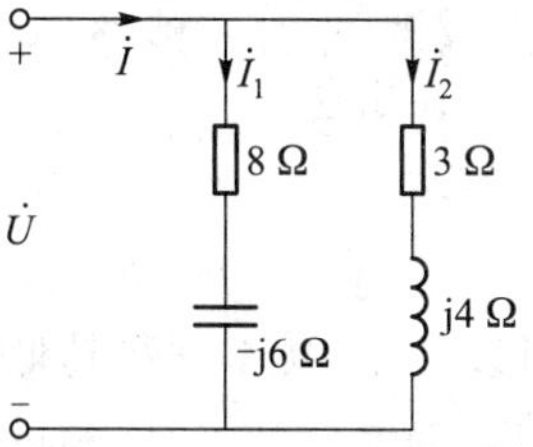

两种求功率的方法：

方法一

$$P = UI\cos\varphi = (220 \times 49.2\cos26.56°) \text{ kW} = 9.68 \text{ kW}$$

$$Q = UI\sin\varphi = (220 \times 49.2\sin26.56°) \text{ kvar} = 4.84 \text{ kvar}$$

$$S = UI = (220 \times 49.2) \text{ kV} \cdot \text{A} = 10.824 \text{ kV} \cdot \text{A}$$

$$\cos\varphi = \cos26.56° = 0.894$$

方法二

$$P = I_1^2 R_1 + I_2^2 R_2 = (22^2 \times 8 + 44^2 \times 3) \text{ kW} = 9.68 \text{ kW}$$

$$Q = -I_1^2 X_C + I_2^2 X_L = (-22^2 \times 6 + 44^2 \times 4) \text{ kvar} = 4.84 \text{ kvar}$$

$$S = \sqrt{P^2 + Q^2} = \sqrt{9.68^2 + 4.84^2} \text{ kV} \cdot \text{A} = 10.823 \text{ kV} \cdot \text{A}$$

$$\cos\varphi = \frac{P}{S} = \frac{9.68}{10.823} = 0.894$$

4.7.3 功率因数的提高

功率因数的概念广泛应用于电力传输和用电设备中，系统的功率因数取决于负载的性质。例如白炽灯、电烙铁、电阻炉等用电设备，可以看做是纯电阻负载，它们的功率因数为 1。但是，日常生活和生产中广泛应用的异步电动机、感应炉和日光灯等用电设备都属于感性负载，它们的电流均滞后电源电压。因此，在一般情况下功率因数总是小于 1。在实际应用中，如果功率因数过低会引起以下两个主要的问题。

（1）电源设备的容量不能得到充分的利用。

例如，若电源设备的容量为 $S_N = U_N I_N = 1000 \text{ kV} \cdot \text{A}$，此时若用户的 $\cos\varphi = 1$，则电源发出的有功功率为：

$$P = U_N I_N \cos\varphi = 1000 \text{ kW}$$

电路无需提供无功功率，可带 100 台 10 kW 的电炉工作。

若用户的 $\cos\varphi$ 降为 0.6，则电源发出的有功功率为：

$$P = U_N I_N \cos\varphi = 600 \text{ kW}$$

而电路需提供的无功功率为：

$$Q = U_N I_N \sin\varphi = 800 \text{ kvar}$$

此时，只能带 60 台 10 kW 的电炉工作。可见，功率因数 $\cos\varphi$ 越低，发电设备的利用率就越低；所以提高电路的 $\cos\varphi$ 可使发电设备的容量得到充分的利用。

（2）增加了线路和发电机绕组的功率损耗。

假设输电线和发电机绕组的电阻为 r。由于 $P = U_N I_N \cos\varphi$（P、U_N 定值）时，则线路电流为

$$I_N = \frac{P}{U_N \cos\varphi}$$

可以看出，功率因数越低，输电线路中的电流就越大，这将增加输电线上的电压降 $U_r = I_N r$，导致用户端电压下降，影响供电质量；同时 $\Delta P = I_N^2 r$，线路中损耗的功率也大大增加，浪费电能，降低了电网的输电效率；线路电流增大，也导致电路导线的横截面积必须增大，对有色金属资源也是一种浪费，更为严重的是电流增大导致发电机绕组的损耗增大，亦会造成发电机的过热引发绝缘等级下降等安全问题。

功率因数过低，就需要想办法去补偿，以提高电路的功率因数，补偿采取的原则是：必须保证原负载的工作状态不变，即加至负载上的电压和负载的有功功率应保持不变。

常用的最简单的措施就是在负载两端并联一个适当的电容，以使整体的功率因数得以提高，同时也不影响负载的正常工作。提高功率因数从物理意义上讲，就是用电容的无功功率去补偿感性负载的无功功率，以使电源输出的无功功率减少，功率因数角 φ 也变小。一般情况下，不必将功率因数提高到 1，因为这样将使电容量增大很多，致使设备的投资过大。通常功率因数达到 0.9 左右即可。

用相量图也可以分析说明负载并联电容后功率因数提高的情况。在图 4-42（a）所示的电路中，感性负载 Z_L 由电阻 R 和电感 L 组成，通过导线与电压为 $\dot{U}$ 的电源相联。并联电容之前，电路中的电流就是负载电流 $\dot{I}_L$，这时电路的阻抗角为 φ_L。并联电容 C 后，由于负载 Z 的性质和电源电压 $\dot{U}$ 均保持不变，故负载电流 $\dot{I}_L$ 也不变，这时电容 C 中的电流 $\dot{I}_C$ 超前电压 $\dot{U}$ 90°，它与负载电流 $\dot{I}_L$ 相加后成为电路的总电流，即 $\dot{I} = \dot{I}_L + \dot{I}_C$。在图 4-42（b）所示的该电路的相量图中，若将负载电流 $\dot{I}_L$ 分解成与电压 $\dot{U}$ 同相的有功分量 $\dot{I}_{LR}$ 和与电压 $\dot{U}$ 相垂直的无功分量 $\dot{I}_{LX}$，可以看出电容的无功电流 $\dot{I}_C$ 抵消了部分 $\dot{I}_{LX}$，使整个电路的无功分量减小为 $\dot{I}_X$，而电路的有功电流分量就是负载电流的有功分量，它在并联电容前后并没有改变。由于无功分量的减少，因此总电流 $\dot{I}$ 较并联电容前的 $\dot{I}_L$ 减少了，整个电路的阻抗角从并联电容前的 φ_L 减少为 φ，即减少了总电压 $\dot{U}$ 与总电流 $\dot{I}$ 的相位差，从而使电路的功率因数得到了提高。

并联电容 C 的数值计算如下。

方法一 并入电容后，由图 4-42（a），根据 KCL 有

$$\dot{I} = \dot{I}_L + \dot{I}_C$$

令 $\dot{U} = U \underline{/0°}$（参考相量），则

$$\dot{I} = I \underline{/\varphi}, \dot{I}_L = I_L \underline{/\varphi_L}, \dot{I}_C = I_C \underline{/90°} = \omega C U \underline{/90°}$$

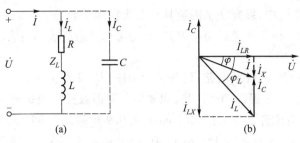

图 4-42 功率因数的提高

由图 4-42(b),电流三角形得

$$I_C = I_L \sin\varphi_L - I\sin\varphi \tag{4-45}$$

同时并联 C 前后,有功功率 P 保持不变,所以有

$$I_L = \frac{P}{U\cos\varphi_L}, I = \frac{P}{U\cos\varphi}$$

代入式(4-45)得

$$\omega CU = \frac{P}{U\cos\varphi_L}\sin\varphi_L - \frac{P}{U\cos\varphi}\sin\varphi$$

$$C = \frac{P}{\omega U^2}(\tan\varphi_L - \tan\varphi) \tag{4-46}$$

方法二 设负载吸收的有功功率为 P,由于并联电容并不消耗有功功率,因此电源提供的有功功率在并联电容前后保持不变。由图 4-43 并联 C 前后的功率三角形可得

并联电容前的无功功率为

$$Q_L = P\tan\varphi_L$$

并联电容后的无功功率为

$$Q = P\tan\varphi = Q_L + Q_C$$

电容的无功功率补偿了负载所消耗的部分无功功率,其中电容的无功功率为

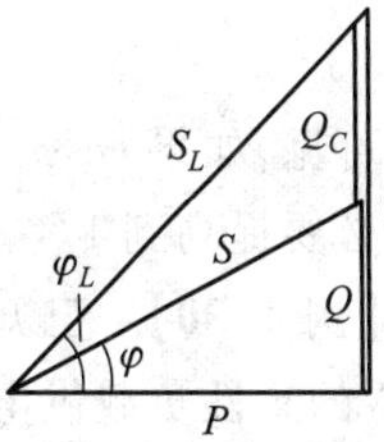

$$Q_C = -I_C^2 X_C = -\frac{U^2}{X_C} = -\omega CU^2$$

由以上三式可得

$$P\tan\varphi = P\tan\varphi_L - \omega CU^2$$

因此

$$C = \frac{P}{\omega U^2}(\tan\varphi_L - \tan\varphi) \tag{4-47}$$

图 4-43 并联 C 前后的
功率三角形

应当指出,在电力系统中,提高功率因数具有重大的经济价值,$\cos\varphi$ 通常为 0.9 左右。但是在电子系统、通信系统中,往往不考虑功率因数,而是考虑负载吸收的最大功率,因为通信系统的信号源都是弱信号。

【例 4-29】　图 4-42(a)所示电路,已知 $f = 50$ Hz、$U = 220$ V、$P = 10$ kW,线圈的功率因数 $\cos\varphi = 0.6$,采用并联电容方法提高功率因数,问要使功率因数提高到 0.9,应并联多大的电容 C,并联电容前后电路的总电流各为多大？如将 $\cos\varphi$ 从 0.9 提高到 1,问还需并多大的电容？

解　由于 $\cos\varphi_1 = 0.6 \Rightarrow \varphi_1 = 53.1°$,$\cos\varphi_2 = 0.9 \Rightarrow \varphi_2 = 18°$,因此并联电容 C 为

$$C = \frac{P}{\omega U^2}(\tan\varphi_1 - \tan\varphi_2)$$

$$= \left[\frac{10 \times 10^3}{314 \times 220^2} \times (\tan 53.1° - \tan 18°)\right] \mu F = 656\ \mu F$$

未并电容时,电路中的电流为

$$I = I_L = \frac{P}{U\cos\varphi_1} = \frac{10 \times 10^3}{220 \times 0.6} A = 75.8\ A$$

并联电容后,电路中的电流为

$$I = \frac{P}{U\cos\varphi_2} = \frac{10 \times 10^3}{220 \times 0.9} A = 50.5\ A$$

通过上述计算,可以看出并联电容后,视在功率、总电流都减小了,这样既提高了电源设备的利用率,也减少了传输线上的损耗。

功率因数从 0.9 提高到 1,所需增加的电容值为

$$C = \frac{P}{\omega U^2}(\tan\varphi_1 - \tan\varphi_2)$$

$$= \left[\frac{10 \times 10^3}{314 \times 220^2} \times (\tan 18° - \tan 0°)\right] \mu F = 213.6\ \mu F$$

可见,如果 $\cos\varphi \approx 1$ 时再继续提高,则所需电容值很大,就显得不经济了,所以一般功率因数没有必要提高到 1。

【例 4-30】　已知电源 $U_N = 220$ V、$f = 50$ Hz、$S_N = 10$ kV·A、$\cos\varphi = 0.5$,向 $P_N = 6$ kW、$U_N = 220$ V 的感性负载供电,求①该电源供出的电流是否超过其额定电流？②如并联电容 C 将 $\cos\varphi$ 提高到 0.9,电源是否还有富裕的容量？

解　(1)电源提供的电流为

$$I = \frac{P_N}{U_N\cos\varphi_1} = \frac{6 \times 10^3}{220 \times 0.5} A = 54.54\ A$$

电源的额定电流为

$$I_N = \frac{S_N}{U_N} = \frac{10 \times 10^3}{220} A = 45.45\ A$$

由于 $I > I_N$,因此该电源供出的电流超过了其额定电流。

（2）如将 $\cos\varphi$ 提高到 0.9 后，电源提供的电流为

$$I = \frac{P_N}{U_N\cos\varphi_2} = \frac{6\times10^3}{220\times0.9}A = 30.3\ A$$

由于 $I < I_N$，因此该电源还有富余的容量，即还有能力再带负载。所以提高电网功率因数后，将提高电源的利用率。

4.7.4 复功率

在正弦稳态电路中，电压与电流都可以用复数和相量来进行运算，而功率却不能，为了使功率也能直接用电压相量和电流相量来进行计算，引入了复功率（complex power）的概念。

设一个单口网络的端口电压 u 和电流 i（取关联参考方向）的相量分别为

$$\dot{U} = U\underline{/\psi_u} \qquad \dot{I} = I\underline{/\psi_i}$$

其电压相量 $\dot{U}$ 与电流相量 $\dot{I}$ 的共轭相量 $\dot{I}^*$ 的乘积定义为该网络所吸收的复功率，用符号 $\overline{S}$ 表示，即

$$\overline{S} = \dot{U}\dot{I}^*$$

将电压相量及电流相量代入，有

$$\overline{S} = \dot{U}\dot{I}^* = UI\underline{/(\psi_u-\psi_i)} = UI\cos\varphi + jUI\sin\varphi = P + jQ \qquad (4-48)$$

复功率的单位与视在功率的单位一致，为 $V \cdot A$。

由上式知，复功率的实部就是网络吸收的有功功率，虚部是网络吸收的无功功率。复功率是一个辅助计算功率的复数，它将正弦稳态电路的 3 个功率及功率因数统一在一个公式中。因此，只要计算出电路中的电压相量和电流相量，各种功率就可以很方便地计算出来。应该注意的是，复功率是为了方便计算正弦稳态电路中的各种功率而引入的，并不代表正弦量，乘积 $\dot{U}\dot{I}^*$ 是没有任何意义的。复功率的概念不仅适用于单个电路元件，也适用于任何一段电路。

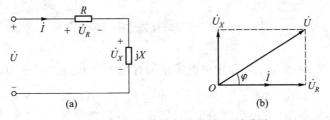

图 4-44 电压相量的有功分量、无功分量

一个不含独立电源的单口网络可以用等效阻抗或等效导纳来表示。图 4-44（a）表示了等效阻抗 Z 的实部 R 和虚部 X 上的电压分量 $\dot{U}_R$ 和 $\dot{U}_X$，其相量图如图 4-44（b）所示。电压 $\dot{U}_R$ 和 $\dot{U}_X$ 可以看作为电压相量 $\dot{U}$ 的两个分量。$\dot{U}_R$ 与电流相量 $\dot{I}$ 同相，称作 $\dot{U}$ 的有功分量，$U_R =$

$U\cos\varphi$, 而有功功率为

$$P = UI\cos\varphi = U_R I$$

另一个电压 $\dot{U}_X$ 与电流相量相垂直, 称为 $\dot{U}$ 的无功分量, $U_X = U\sin\varphi$, 相应的无功功率为

$$Q = UI\sin\varphi = U_X I$$

这样复功率 $\overline{S}$ 可以表示为

$$\overline{S} = \dot{U}\dot{I}^* = Z\dot{I}\dot{I}^* = ZI^2 \qquad (4-49)$$

式中, $Z = R + jX$。

同理, 可以把电流相量 $\dot{I}$ 分解为两个分量, 即有功分量 $\dot{I}_R$ 和无功分量 $\dot{I}_B$。其 $\dot{I}_R$ 为流过等效并联电导 G 的电流, 与电压相量 $\dot{U}$ 同相, $I_R = I\cos\varphi$; 而 $\dot{I}_B$ 为流过等效并联导纳的电流, 与电压相量 $\dot{U}$ 垂直, $I_B = I\sin\varphi$, 因此有

$$P = UI\cos\varphi = UI_R$$

$$Q = UI\sin\varphi = UI_B$$

如图 4-45(a)和(b)所示。此时复功率可以表示为

$$\overline{S} = \dot{U}\dot{I}^* = \dot{U}(\dot{U}Y)^* = U^2 Y^* \qquad (4-50)$$

式中, $Y = G + jB$, 而 $Y^* = G - jB$。

可以证明, 电路的复功率也是守恒的, 即满足

$$\sum \overline{S} = 0$$

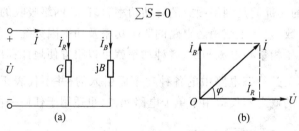

图 4-45　电流相量的有功分量、无功分量

【例 4-31】　求图 4-46 所示电路中电源发出的有功功率 P、无功功率 Q、视在功率 S 和电路的功率因数 λ。图中已知 $\dot{U}_S = 100 \underline{/0°}$ V、$\dot{I} = 0.60 \underline{/52.30°}$ A。

解　求功率必先解电路, 求得各部分的电压、电流就能求得各种功率。图中电源发出的功率可根据 $\dot{U}_S$ 和 $\dot{I}$ 求得, 其结果如下。

视在功率 S 为

$$S = U_S I = 100 \times 0.6 \text{ V} \cdot \text{A} = 60 \text{ V} \cdot \text{A}$$

$\dot{U}_S$ 与 $\dot{I}$ 的相位差 φ 和功率因数 λ 分别为

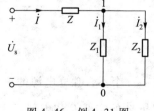

图 4-46　例 4-31 图

$$\varphi = 0° - 52.30° = -52.30° (容性)$$

$$\lambda = \cos\varphi = \cos(-52.30°) = 0.612$$

有功功率 P 为

$$P = S\lambda = 60 \times 0.612 \text{ W} = 36.72 \text{ W}$$

无功功率 Q 为

$$Q = S\sin\varphi = 60 \times \sin(-52.30°) \text{ var} = -47.47 \text{ var}$$

【**例 4-32**】 图 4-47 是一个测量电感线圈参数 R 和 L 的实验电路（工频），测得电压表、电流表、功率表的读数分别为 $U = 50$ V，$I = 1$ A，$P = 30$ W，求 R 和 L 的值。

解 根据功率表和电流表读数，可求得电阻 R 为

$$R = \frac{P}{I^2} = 30 \ \Omega$$

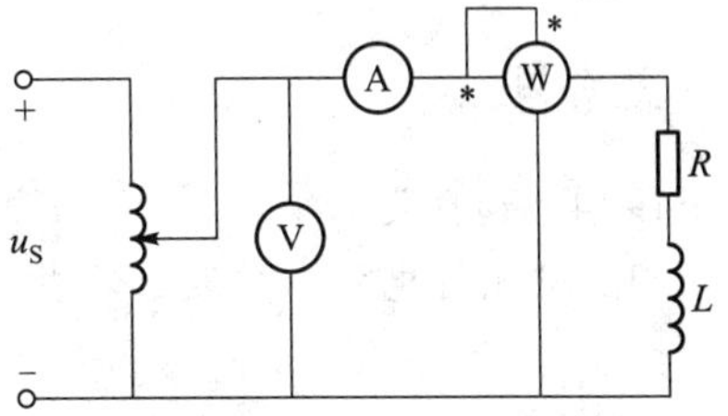

利用电压表和电流表的读数，可求得电感线圈阻抗的模

$$|Z| = \frac{U}{I} = 50 \ \Omega$$

而

$$|Z| = \sqrt{R^2 + (\omega L)^2}$$

则

$$\omega L = \sqrt{|Z|^2 - R^2} = 40 \ \Omega$$

电源频率为 50 Hz，故

$$L = \frac{40}{2\pi \times 50} \text{ H} = 0.127 \text{ H}$$

图 4-47 例 4-32 图

【**例 4-33**】 图 4-48 所示电路，已知 $R_1 = 6 \ \Omega$、$R_2 = 4 \ \Omega$、$X_C = 8 \ \Omega$、$X_L = 3 \ \Omega$，电源电压 $U = 220$ V，求各支路及总电路的有功功率、无功功率及总电路的功率因数，并讨论功率守恒情况。

解 设电压相量 $\dot{U} = 220 \ \underline{/0°}$ V。

对于支路 1，有

$$\dot{I}_1 = \frac{\dot{U}}{Z_1} = \frac{\dot{U}}{R_1 - jX_C} = \frac{220 \ \underline{/0°}}{6 - j8} \text{A} = 22 \ \underline{/53.13°} \text{ A}$$

$$P_1 = I_1^2 R_1 = 22^2 \times 6 \text{ W} = 2904 \text{ W}$$

$$Q_1 = -I_1^2 X_C = -22^2 \times 8 \text{ var} = -3872 \text{ var}$$

$$S_1 = UI_1 = 220 \times 22 \text{ V} \cdot \text{A} = 4840 \text{ V} \cdot \text{A}$$

对于支路 2，有

$$\dot{I}_2 = \frac{\dot{U}}{Z_2} = \frac{\dot{U}}{R_2 + jX_L} = \frac{220 \ \underline{/0°}}{4 + j3} \text{A} = 44 \ \underline{/-36.87°} \text{ A}$$

$$P_2 = I_2^2 R_2 = 44^2 \times 4 \text{ W} = 7744 \text{ W}$$

$$Q_2 = I_2^2 X_L = 44^2 \times 3 \text{ var} = 5808 \text{ var}$$

$$S_2 = UI_2 = 220 \times 44 \text{ V} \cdot \text{A} = 9680 \text{ V} \cdot \text{A}$$

对于总电路,有

$$\dot{I} = \dot{I}_1 + \dot{I}_2 = (22 \underline{/53.13°} + 44 \underline{/-36.87°}) \text{ A} = 49.2 \underline{/-10.3°} \text{ A}$$

$$\cos\varphi = \cos 10.3° = 0.984$$

$$P = UI\cos\varphi = 220 \times 49.2 \times 0.984 \text{ W} = 10\ 649 \text{ W}$$

$$Q = UI\sin\varphi = 220 \times 49.2 \times \sin 10.3° \text{ var} = 1935 \text{ var}$$

$$S = UI = 220 \times 49.2 \text{ V} \cdot \text{A} = 10\ 824 \text{ V} \cdot \text{A}$$

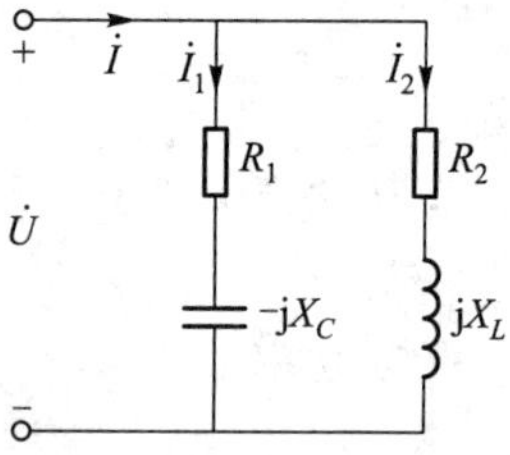

图 4-48 例 4-33 图

上述结果说明,有功功率和无功功率分别守恒,而视在功率不守恒。

思考题

4-14 选择题

(1) 日光灯电路中并联电容器后,提高了负载的功率因数,这时,日光灯消耗的有功功率将( )。

A. 不变   B. 增大   C. 下降

(2) 无功功率的单位是( )。

A. W   B. var   C. V · A

(3) 已知某交流电路的无功功率为 6 kvar,有功功率为 8 kW,则功率因数为( )。

A. 0.8   B. 0.75   C. 0.6

(4) 已知某交流电路的无功功率 6 kvar,有功功率为 8 kw,则视在功率为( )。

A. 14 kV · A   B. 10 kV · A   C. 10 kW

(5) 纯电阻正弦交流电路中,功率因数为( )。

A. 1   B. 0.5   C. 0

(6) 已知电流 $i = 10\sqrt{2}\cos(\omega t)$ A,它通过 5Ω 线性电阻时消耗的功率 P 为( )。

A. 1000 W   B. 500 W   C. 250W

4.8 最大功率传递定理

上一节讨论了功率因数的提高,它主要应用在电力传输及供电系统中。而在电子及通信系统中主要考虑能够将最大功率传递到负载。在直流电路中曾讨论过负载获得最大功率的条件,以及最大功率传递定理。在正弦稳态电路中,同样需要讨论在什么条件下负载能够获得最大功率的问题。根据戴维宁等效定理,可以将一个实际问题简化为一个含源单口网络向无源单口网络输送功率的问题来进行研究,如图 4-49 所示电路。

设 $Z_0 = R_0 + jX_0$,$Z = R + jX$,则负载吸收的有功功率为

$$P = I^2 R = \frac{U_{oc}^2 R}{(R + R_0)^2 + (X + X_0)^2}$$

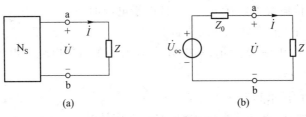

图 4-49　最大功率传输

从上式可以看出,负载获得的功率与单口网络 N_S 的等效参数和负载的参数有关,在单口网络 N_S 的等效参数不变的情况下,则负载 Z 必须根据 Z_0 进行匹配才可能获得最大功率。匹配条件不同,所获得的最大功率也不同。如果 R 和 X 可为任意值,而其他参数不变时,那么获得最大功率的条件为

$$\begin{cases} X+X_0 = 0 \\ \dfrac{\mathrm{d}}{\mathrm{d}R}\left[\dfrac{R}{(R+R_0)^2}\right] = 0 \end{cases}$$

即

$$\begin{cases} X = -X_0 \\ R = R_0 \end{cases}$$

进一步地,有

$$Z = R_0 - \mathrm{j}X_0 = Z_0^* \tag{4-51}$$

上式表明:当负载阻抗等于电源内阻抗的共轭复数时,负载能够获得最大功率。这种情况下负载与电源的匹配称为共轭匹配(conjugate match),又称最佳匹配。此时最大功率为

$$P_{\max} = \frac{U_{oc}^2}{4R_0} \tag{4-52}$$

在有些情况下,负载常常是电阻性设备,即负载为一纯电阻。此时负载电阻满足什么条件能获得最大功率呢?

设 $Z = R$,则负载吸收的有功功率为

$$P = I^2 R = \frac{U_{oc}^2 R}{(R+R_0)^2 + X_0^2}$$

当改变 R 时,对功率 P 求导,即可获得最大值的条件为

$$R = \sqrt{R_0^2 + X_0^2} = |Z_0| \tag{4-53}$$

上式表明:当负载阻抗为纯电阻时,负载获得最大功率的条件是负载电阻与电源内阻抗的模相等。这种情况下负载与电源的匹配称为模匹配,此时的最大功率比共轭匹配时的小。

在无线电通信等弱电系统中,往往要求达成共轭匹配,以使负载得到最大功率。但是电力系统中的主要问题是传输效率。在共轭匹配状态下,由于 $R_L = R_0$,负载与电源等效电阻消耗的平

均功率相等,使电路的传输效率只有50%,而且由于电源的内阻很小,匹配电流很大,必将危害电源及设备,因此不允许工作在共轭匹配状态下。

【例4-34】 电路如图4-50所示,其中 R 和 L 为电源内部电阻和电感。已知 $R=5\ \Omega$, $L=50\ \mu\text{H}$, $u_S=10\sqrt{2}\cos(10^5 t)$ V 。

(1) 当 $R_L=5\ \Omega$ 时,试求其消耗的功率。

(2) 当 R_L 等于多少时,能获得最大功率? 最大功率是多少?

(3) 若在 R_L 两端并联一电容 C ,问 R_L 和 C 等于多少时,能与内阻共轭匹配? 并求负载吸收的最大功率。

解 电源内阻抗为 $Z=R+\text{j}\,X=(5+\text{j}5)\ \Omega$ 。

(1) 当 $R_L=5\ \Omega$ 时,电路中的电流为

$$\dot{I}=\frac{\dot{U}_s}{Z+R_L}=\frac{10\ \underline{/0°}}{5+\text{j}5+5}\ \text{A}=0.89\ \underline{/-26.6°}\ \text{A}$$

负载 R_L 消耗的功率为

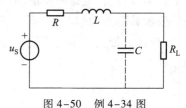

图 4-50 例 4-34 图

$$P=I^2 R_L=(0.89^2\times5)\ \text{W}=4\ \text{W}$$

(2) 当 $R_L=\sqrt{R^2+X^2}$ 时能获得最大功率,即

$$R_L=\sqrt{5^2+5^2}\ \Omega=7.07\ \Omega$$

此时电路中的电流为

$$\dot{I}=\frac{\dot{U}_s}{Z+R_L}=\frac{10\ \underline{/0°}}{5+\text{j}5+7.07}\ \text{A}=0.766\ \underline{/-22.5°}\ \text{A}$$

R_L 消耗的功率为

$$P=I^2 R_L=0.766^2\times7.07\ \text{W}=4.15\ \text{W}$$

(3) 当负载与内阻共轭匹配时,能获得最大功率。在负载端并联一电容后,负载阻抗变化为

$$Z_L=\frac{R_L\dfrac{1}{\text{j}\omega C}}{R_L+\dfrac{1}{\text{j}\omega C}}=\frac{R_L}{1+\text{j}\omega CR_L}=\frac{R_L}{1+(\omega CR_L)^2}-\text{j}\frac{\omega CR_L^2}{1+(\omega CR_L)^2}$$

当 $Z_L=Z^*=(5-\text{j}5)\ \Omega$ 时,负载获得最大功率,即

$$\begin{cases}\dfrac{R_L}{1+(\omega CR_L)^2}=5\\[4mm]\dfrac{\omega CR_L^2}{1+(\omega CR_L)^2}=5\end{cases}$$

求解上式得

$$R_L=10\ \Omega \qquad C=1\ \mu\text{F}$$

此时电路中的电流为

$$\dot{I} = \frac{\dot{U}_s}{Z+Z_L} = \frac{10\underline{/0°}}{10} \text{ A} = 1\underline{/0°} \text{ A}$$

此电流相量为流过电容 C 和负载电阻并联电路的电流。负载获得的最大功率为

$$P = \frac{U_s^2}{4R} = \frac{10^2}{4\times5} \text{ W} = 5 \text{ W}$$

【例 4-35】　电路如图 4-51(a)所示,求 $Z_L = ?$ 时能获得最大功率,并求最大功率。

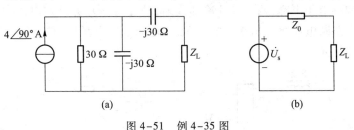

(a)　　　　　　　　　　　　　(b)

图 4-51　例 4-35 图

解　应用戴维宁定理,先求负载阻抗 Z_L 左边电路的等效电路。

等效阻抗 $Z_0 = [-j30+(-j30//30)]\ \Omega = (15-j45)\ \Omega$

等效电源 $\dot{U}_s = j4\times(-j30//30)\text{ V} = 60\sqrt{2}\underline{/45°}\text{ V}$

等效电路如图 4-51(b)所示。

因此,当 $Z_L = Z_0^* = (15+j45)\ \Omega$ 时,负载获得最大功率

$$P_{max} = \frac{(60\sqrt{2})^2}{4\times15}\text{W} = 120 \text{ W}$$

思考题

4-15　填空题　正弦电压源 $u_s = 100\cos(10^4 t+45°)\text{V}$,其内阻抗 $Z_0 = 10\underline{/-45°}\ \Omega$,负载阻抗 $Z_L = \underline{\hspace{2cm}}\ \Omega$ 时,它可获得最大功率,其值为 $\underline{\hspace{2cm}}$ W。

4-16　选择题

正弦稳态电路如图 4-51(b)图,已知负载阻抗 $Z_L = (5+j10)\ \Omega$,若电源的内阻 Z_0 的虚部和实部均可单独调节,要使负载获得尽可能大的功率的条件是(　　　)。

A. $Z_0 = (0-j10)\ \Omega$　　　B. $Z_0 = (5-j10)\ \Omega$　　　C. $Z_0 = 0$

*4.9　应用性学习:日光灯电路与转换电路设计

4.9.1　日光灯电路原理与分析

常用的日光灯电路如图 4-52(a)所示。灯管工作时,可以认为是一个电阻负载。镇流器是

一个铁心线圈,可以认为是一个电感量较大的感性负载,两者串联的电路模型如图 4-52(b)所示。

日光灯电路的工作原理可分为三个阶段:

(1) 当接通电源时,日光灯管不导电,全部电压加在启辉器内的两个金属片上,使启辉器动片和定片间的气隙被击穿,连续发生火花,金属片受热伸长,使动片与定片接触。于是有电流流过灯丝和镇流器。

(2) 启辉器两端电压下降,两金属片冷却收缩,动片与定片分开。电路中电流突然减少,镇流器线圈因灯丝电路断电而感应出很高的电压,与电源电压串联加到灯管两端,使灯管内气体电离产生弧光放电而发光。

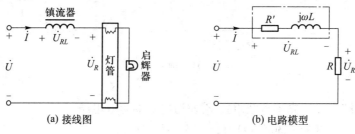

图 4-52　日光灯电路

(3) 日光灯点亮后,灯管两端的电压降到 120 V 以下,不再满足启辉器导通的条件,启辉器处于断开状态。当灯管正常发光时,与灯管串联的镇流器起着限制电压与电流的作用。

【例 4-36】　实验测得接于 50 Hz 电网上的日光灯电路输入端电压 $U = 227$ V,灯管两端电压 $U_R = 69$ V,镇流器两端电压 $U_{RL} = 204$ V,电流 $I = 269.5$ mA。试求日光灯电路模型中的参数 R、R' 和 L。

解　由于灯管上电压、电流已知,故灯管电阻

$$R = \frac{U_R}{I} = \frac{69}{0.2695} \ \Omega = 256 \ \Omega$$

以电流 $\dot{I}$ 为参考相量绘相量图,如图 4-53 所示。

在 $\dot{U}$、$\dot{U}_R$ 和 $\dot{U}_{RL}$ 构成的三角形中,应用余弦定理可得

$$\cos\varphi = \frac{U^2 + U_R^2 - U_{RL}^2}{2UU_R} = \frac{227^2 + 69^2 - 204^2}{2 \times 227 \times 69} = 0.468$$

故

$$\varphi = 62.1°$$

从相量图可见

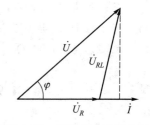

图 4-53　日光灯电路相量图

$$\omega LI = U\sin\varphi$$

$$(R + R')I = U\cos\varphi$$

所以镇流器的等效参数

$$L = \frac{U\sin\varphi}{\omega I} = \frac{227 \times \sin 62.1°}{100\pi \times 0.2695} \text{ H} = 2.37 \text{ H}$$

$$R' = \frac{U\cos\varphi}{I} - R = \left(\frac{227 \times 0.468}{0.2695} - 256\right) \Omega = 138.2 \Omega$$

4.9.2　单相电压至三相电压的转换电路设计

由三相电压(three-phase voltage)得到单相电压(single-phase voltage)非常容易,只要三相电源中取出其中任一相电源都可以实现。但是如何由单相电压来得到对称的三相电压呢? 从本章可知,单相正弦电压有三要素,即幅值、角频率和初相位,而对称三相电源中的每一相电源均有这三要素,但是它们的幅值与角频率是相同的,不同点只是相位相差120°而已。因此,只需要将基准的正弦电压进行移相,就可以得到另外二相正弦电压,从而构成三相正弦电压了。

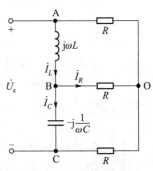

图4-54　单相电压变换为对称三相电压的电路图

以下给出一个设计实例。在如图4-54所示的电路中,已知正弦电压为 $u_s(t) = U_m\cos(\omega t + \varphi)$ V,为了计算方便,取初相为0°,电源频率为我国的交流电标准频率50 Hz,电阻 $R = 20$ Ω,若要在三个电阻上得到对称的三相电压 $\dot{U}_{AO}$、$\dot{U}_{BO}$、$\dot{U}_{CO}$,则 R、L、C 之间应满足何种关系,并求 L、C 的值。

假设在三个电阻 R 上得到了对称的三相正弦电压,并设 $\dot{U}_{AO} = U \underline{/0°}$ V,$\alpha = 1 \underline{/120°}$,则

$$\dot{U}_{BO} = \alpha^2 \dot{U}_{AO} = U \underline{/-120°} \text{ V}, \dot{U}_{CO} = \alpha \dot{U}_{AO} = U \underline{/120°} \text{ V}$$

利用线电压与相电压的关系有

$$\dot{U}_{AB} = \sqrt{3} U_{AO} \underline{/30°} = \sqrt{3} U \underline{/30°}$$

$$\dot{U}_{BC} = \sqrt{3} U_{BO} \underline{/30°} = \sqrt{3} U \underline{/-90°}$$

$$\dot{U}_{CA} = \sqrt{3} U_{CO} \underline{/30°} = \sqrt{3} U \underline{/150°}$$

对 B 点列写 KCL 方程

$$\dot{I}_L = \dot{I}_C + \dot{I}_R$$

即

$$\frac{\dot{U}_{AB}}{j\omega L} = \frac{\dot{U}_{BC}}{1/j\omega C} + \frac{\dot{U}_{BO}}{R}$$

$$\frac{\sqrt{3} U \underline{/30°}}{j\omega L} = \frac{\sqrt{3} U \underline{/-90°}}{1/j\omega C} + \frac{U \underline{/-120°}}{R}$$

这是一个复代数方程,根据复数相等的性质,得到两个方程

$$\frac{\sqrt{3}}{\omega L} - \frac{\sqrt{3}}{1/\omega C} + \frac{1}{2R} = 0$$

$$\frac{\sqrt{3}}{2R} = \frac{3}{2\omega L}$$

因此

$$L = \frac{\sqrt{3}R}{\omega} = \frac{\sqrt{3} \times 20}{2\pi \times 50} \text{mH} = 110.32 \text{ mH}$$

$$C = \frac{\frac{\sqrt{3}}{\omega L} + \frac{1}{2R}}{\sqrt{3}\,\omega} = \frac{\frac{1}{R} + \frac{1}{2R}}{\sqrt{3}\,\omega} = \frac{\sqrt{3}}{2\omega R} = \frac{\sqrt{3}}{2 \times 2\pi \times 50 \times 20} \mu\text{F} = 137.83 \text{ } \mu\text{F}$$

由此说明,当 $R = 20 \text{ } \Omega$, $L = 110.32 \text{ mH}$, $C = 137.83 \text{ } \mu\text{F}$ 时,可从三个电阻上得到对称的三相正弦电压输出。

习 题 4

4-1 求下列各正弦电压或电流之间的相位差,并判断它们之间的超前与滞后关系。

(1) $u_1 = 5\sqrt{2}\cos(314t + 60°)$ V 和 $u_2 = 10\sqrt{2}\cos(314t - 150°)$ V;

(2) $i_1 = \sqrt{2}\cos(t - 100°)$ A 和 $i_2 = 3\sqrt{2}\sin(t + 100°)$ A;

(3) $u = 2\sqrt{2}\cos(5t - 45°)$ V 和 $i = 6\sqrt{2}\cos(5t - 30°)$ A;

(4) $u = 8\cos(t + 30°)$ V 和 $i = \cos(2t - 90°)$ A。

4-2 计算下列正弦函数的和

(1) $y = 5\sqrt{2}\cos(314t + 60°) + 10\sqrt{2}\cos(314t + 30°)$;

(2) $y = 100\sqrt{2}\cos(t + 30°) - 80\sqrt{2}\cos(t - 45°) + 50\sqrt{2}\cos(t + 90°)$;

(3) $y = 25\cos t + 25\cos(t - 120°) + 25\cos(t + 120°)$。

4-3 已知电压相量 $\dot{U} = (3 + j5)$ V,频率 $f = 50$ Hz,求 $t = 0.01$ s 时的电压的瞬时值。

4-4 频率为 50 Hz 的正弦电压,初相位为 0,最大幅值为 100 V,在 $t = 0$ 时刻,加到电感的两端,电感上的稳态电流的最大幅值为 10 A。(1) 求电感电流的频率、初相位;(2) 求电感的感抗和阻抗;(3) 求电感值。

4-5 频率为 50 Hz 的正弦电压,初相位为 0,最大幅值为 10 mV,在 $t = 0$ 时刻,将此电压加到电容的两端,电容上的稳态电流的最大幅值为 628.32 μA。(1) 求电容电流的频率、初相位;(2) 求电容的容抗和阻抗;(3) 求电容值。

4-6 求题 4-6 图所示各个电路的等效阻抗。

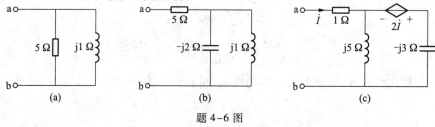

题 4-6 图

4–7 设某单口网络上的电压和电流分别为 $u = 5\sqrt{2}\cos(314t+60°)$ V 和 $i = 2\sqrt{2}\cos(314t-30°)$ A,判断该元件是什么类型的元件,并求出它们的参数。

4–8 已知元件 A 上的电压与电流采用关联参考方向,元件 A 上的正弦电压为 $u = 5\sqrt{2}\cos(314t-45°)$ V,若元件 A 为:(1) 电阻 $R = 5$ kΩ;(2) 电感 $L = 10$ mH;(3) 电容 $C = 1$ μF。分别求出流过元件 A 的电流 $i(t)$;如果在其他条件不变的情况下,将正弦电压的频率增加一倍,则流过元件 A 的电流 $i(t)$ 有何变化?

4–9 已知题 4–9 图所示电路中 $\dot{I} = 10\sqrt{2}\underline{/0°}$ A,$\dot{I}_2 = 10\underline{/-45°}$ A,求 $\dot{I}_1$。

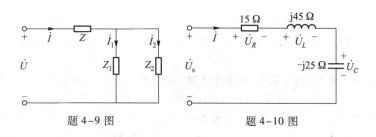

题 4–9 图　　　　　　　　题 4–10 图

4–10 题 4–10 图所示电路中,已知 $u_s = 5\sqrt{2}\cos(\omega t+60°)$ V,$R = 15$ Ω,$X_L = j45$ Ω,$X_C = -j25$ Ω,求 $\dot{I}$、$\dot{U}_R$、$\dot{U}_L$、$\dot{U}_C$ 以及 $i(t)$、$u_R(t)$、$u_L(t)$、$u_C(t)$。

4–11 在题 4–11 图所示 R、X_L、X_C 串联的电路中,各电压表的读数为多少?

4–12 在题 4–12 图所示 R、X_L、X_C 并联的电路中,已知 $U_s = 10$ V,求各电流表的读数为多少?

4–13 在题 4–13 图所示电路中,$I_1 = 10$ A,$I_2 = 10\sqrt{2}$ A,$U = 200$ V,$R = 5$ Ω,$R_2 = X_L$,试求 I、X_C、X_L 及 R_2。

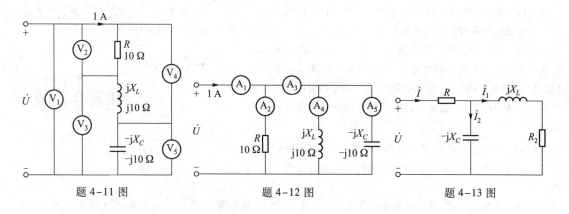

题 4–11 图　　　　　　题 4–12 图　　　　　　题 4–13 图

4–14 在题 4–14 图所示电路中,$I_1 = I_2 = 10$ A,$U = 100$ V,u 与 i 同相,试求 I、X_C、X_L 及 R。

4–15 在题 4–15 图所示电路中,$u = 220\sqrt{2}\cos(314t)$ V,$i_1 = 22\cos(314t-45°)$ A $i_2 = 11\sqrt{2}\cos(314t+90°)$ A,试求各仪表的读数及电路的参数 R、L 和 C。

4–16 在题 4–16 图所示电路中,$\dot{U}_C = 1\underline{/0°}$ V,求 $\dot{U}$。

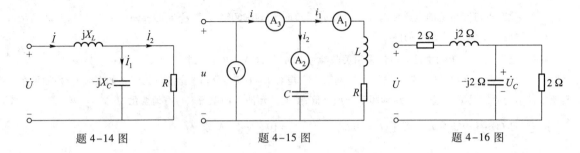

題 4-14 圖　　　　　　題 4-15 圖　　　　　　題 4-16 圖

4-17　在題 4-16 圖所示電路中,在題 4-16 已知條件不變的情況下,(1)分別求出每個電阻吸收的平均功率;(2)分別求出電容與電感吸收的無功功率;(3)整個電路的有功功率、無功功率和視在功率;(4)整個電路的功率因數。

4-18　日光燈電路可看成燈管電阻 R 與鎮流器電感 L 的串聯。現測得燈管電流 $I=0.4$ A,功率表讀數 $P=40$ W,電源電壓 200 V。試求燈管電阻 R、電路總的阻抗模 $|Z|$ 和電路功率因數 $\cos\varphi$。

4-19　某廠變電站以 380 V 的電壓向某車間輸送 600 W 的功率,設輸電線的電阻為每千米 1 Ω,變電站到車間的距離是 500 米,當負載的功率因數為 0.7 時,輸電線上的功率損耗是多少? 若將功率因數提高到 0.9,則輸電線上的功率損耗是多少?

4-20　某教學樓裝有 220 V/40 W 日光燈 100 支和 220 V/40 W 的白熾燈 20 個。日光燈的功率因數為 0.5。日光燈管和鎮流器串聯接到交流電源上可看作 RL 串聯電路。(1)試求電源向電路提供的電流 I;(2)若全部燈都正常工作 5 小時,共耗電多少 kW·h?

4-21　在 380 V/50 Hz 的電路中,接有電感性負載,其功率為 20 kW,功率因數為 0.6,試求線路電流;如果在負載兩端並聯電容值為 374 μF 的一組電容器,問整個電路的功率因數可以提高到多少? 此時的線路電流又是多少?

4-22　某照明電源的額定容量為 10 kVA,額定電壓為 220 V,頻率為 50 Hz,今接有 220 V/40 W、功率因數為 0.5 的日光燈 120 支。(1)試通過計算說明日光燈的總電流是否超過電源的額定電流? (2)若並聯若干電容後將電路的功率因數提高到 0.9,試問這時還可再接入多少支 220 V/40 W 的白熾燈?

4-23　把三個負載並聯接到 220 V 的正弦電源上,各負載消耗的有功功率和通過的電流分別為:$P_1=4.4$ kW,$I_1=44.7$ A(感性);$P_2=8.8$ kW,$I_2=50$ A(感性);$P_3=6.6$ kW,$I_3=60$ A(容性);求題 4-23 圖中電流表與功率表的讀數和整個電路的功率因數。

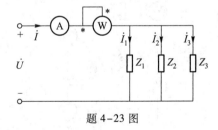

題 4-23 圖

4-24　已知 $u_S=10\sqrt{2}\cos(314t)$ V,$i_S=2\sqrt{2}\cos(314t-45°)$ A。試列出題 4-24 圖所示電路的網孔電流方程和節點電壓方程。

4-25　求如題 4-25 圖所示電路中各支路的電流。已知電路參數為:$R_1=1000$ Ω、$R_2=10$ Ω、$L=500$ mH、$C=10$ μF、$\mu=100\sqrt{2}\cos(314t)$ V。

4-26　求如題 4-26 圖所示電路中的電流 $\dot{I}$。已知:$\dot{I}_S=4\underline{/90°}$ A,$Z_1=Z_2=-j30$ Ω,$Z_3=30$ Ω,$Z_4=45$ Ω。

4-27　求題 4-27 圖所示電路的戴維寧等效電路。

4-28　用疊加定理計算題 4-28 圖所示電路的電流 $\dot{I}_2$,已知 $\dot{U}_S=10\underline{/30°}$V,$\dot{I}_S=4\underline{/0°}$ A,$Z_1=Z_3=50\underline{/30°}$。

$\Omega, Z_2 = 50 \underline{/-30°}\ \Omega$。

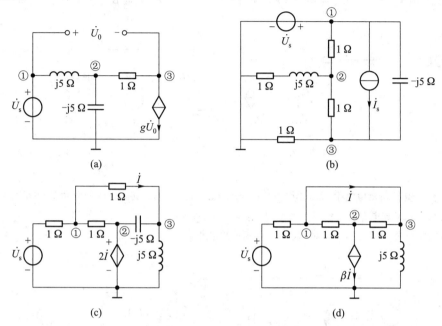

题 4-24 图

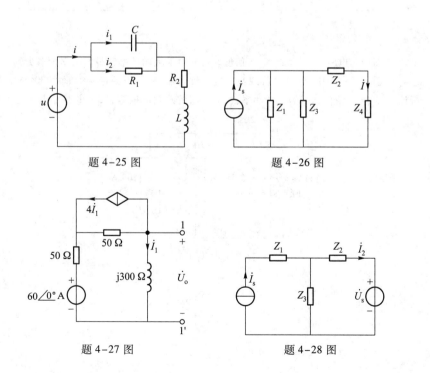

题 4-25 图　　　　　　　题 4-26 图

题 4-27 图　　　　　　　题 4-28 图

4-29　已知题 4-29 图所示电路中：$Z = 10 + j50\ \Omega$，$Z_1 = 400 + j1000\ \Omega$，问 β 等于多少时，$\dot{I}_1$ 和 $\dot{U}_0$ 的相位差为 90°？

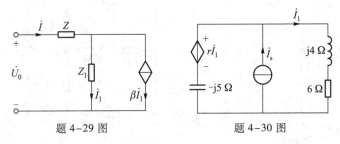

题 4-29 图　　　　　　题 4-30 图

4-30　题 4-30 图所示电路中，$\dot{I}_s = 10\ \underline{/0°}\ \text{A}$，$r = 7\ \Omega$，试分别求三条支路吸收的复功率，并判断电路是否满足复功率守恒，由此确定电路吸收的有功功率和无功功率。

4-31　题 4-31 图所示电路中，求负载 Z_L 为何值时可获得最大的功率？最大功率为多少？

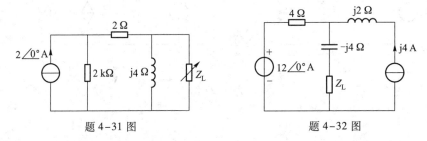

题 4-31 图　　　　　　题 4-32 图

4-32　题 4-32 图所示电路中，求负载 Z_L 为何值时可获得最大的功率？最大功率为多少？

4-33　题 4-33 图所示电路中，电感性负载与一电容性负载并联，电源额定容量为 30 kV·A，额定电压为 1000 V，试分析计算：(1) 电路各支路的无功功率；(2) 电路的总功率因数；(3) 电路总电流是否超过电源的额定电流。

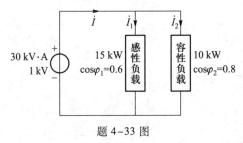

题 4-33 图

第5章 三相电路

实践证明,三相电路与单相电路相比具备许多优越性。在发电方面,三相电路(three-phase circuit)比单相电路(single-phase circuit)可提高大约 50% 的功率;在输电方面,三相输电比单相输电可节省约 25% 的铜材;在配电方面,三相变压器比单项变压器经济且更方便接入单相和三相两类负载;在输电设备方面,三相电路具有结构简单、成本低、运行可靠、维护方便等特点。同时,三相电动机结构比较简单,重量较轻,而且供电稳定,输电电压还可以调高或调低,并能实现远距离送电,三相电路的瞬时功率始终保持恒定,使得三相电动机的运行非常平衡。三相电路是各国在发电、输电、配电、供电、用电等方面采用的主要电路系统。

本章将重点介绍三相电路的基本概念、三相电路的联结方式、对称和不对称三相电路的分析方法,以及三相电路的功率测量等。在学习三相电路时要注意与单相正弦交流电路的关联性,同时又要注意它的特殊性,即特殊的电源、特殊的负载、特殊的电路连接方式和特殊的电路分析求解方法。

5.1 对称三相电源及联结

广泛应用的交流电,几乎都是由三相发电机产生和用三相输电线输送的。所谓三相电路,就是由三个频率相同而相位不同的正弦电压源与三组负载按一定的方式连接组成的电路。日常生活中常用的单相交流电,也是从三相制供电系统中得到的。

5.1.1 对称三相电压的产生

三相电压是由三相发电机产生的。三相发电机的主要组成部分是电枢和磁极。如图 5-1 所示为一对磁极的三相发电机原理图。

电枢是固定的,称为定子(stator)。定子铁芯由硅钢片叠成,它的内圆周表面每隔 60° 刻有一个槽口,在槽中镶嵌有三个独立的绕组,每个绕组有相同的匝数,在空间彼此相差 120°,即三个绕组的首端 A、B、C 彼此相差 120°,三个绕组的末端 X、Y、Z 也彼此相差 120°。图 5-1(a) 中 AX、BY、CZ 为三相发电机的三相绕组。图 5-1(b) 为其中一相绕组的示意图。

中间的转子(rotor)铁芯上绕有励磁绕组,通以直流电励磁,使铁芯磁化,产生磁场,适当选择极面形状和励磁绕组的分布,可以使磁极与电枢的空隙中的磁感应强度按正弦规律分布。当转子按逆时针方向等速旋转时,每相绕组的线圈依次切割磁感应线而产生感应电压,这三相感应电

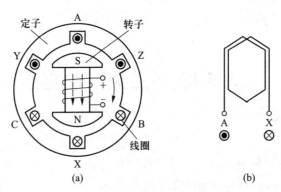

图 5-1 三相交流发电机示意图及一相电枢绕组

压的最大值和频率是一样的,只是相位不同,由于三相绕组在空间差 120°相位,所以产生的感应电压也相差 120°相位。由此,从三相发电机可获得如下三个电压,其瞬时值表达式为

$$u_{\mathrm{A}} = \sqrt{2}\, U \cos(\omega t)$$

$$u_{\mathrm{B}} = \sqrt{2}\, U \cos(\omega t - 120°) \tag{5-1}$$

$$u_{\mathrm{C}} = \sqrt{2}\, U \cos(\omega t + 120°)$$

上述三个电压就称为对称三相电压。它们所对应的相量分别为

$$\dot{U}_{\mathrm{A}} = U \underline{/0°}$$

$$\dot{U}_{\mathrm{B}} = U \underline{/-120°} = a^2 \dot{U}_{\mathrm{A}} \tag{5-2}$$

$$\dot{U}_{\mathrm{C}} = U \underline{/120°} = a \dot{U}_{\mathrm{A}}$$

式中以 A 相电压 u_{A} 作为参考正弦量。$a = 1\underline{/120°}$,它是工程中为了方便而引入的单位相量算子。此处 A 相电压超前 B 相电压 120°,B 相电压超前 C 相电压 120°;反之,如果三相发电机顺时针等速转动,则产生的三相电压将是 A 相电压滞后 B 相电压 120°,B 相电压滞后 C 相电压 120°,也是一组对称的三相电压。为此,为了统一起见,在三相电路中把三相交流电到达正最大值的顺序,就称为相序(phase sequence)(次序)。如果三相电压的相序(次序)为 A、B、C 称为正序(positive sequence)或顺序。反之,如果三相电压的相序(次序)为 C、B、A,这种相序称为负序(negative sequence)或逆序。相位差为零的相序称为零序。一般如不特别指明,今后本书统一采用正序。

相序的实际意义:对三相异步电动机(three-phase induction motor)而言,如果相序反了,电动机的转动方向就会反了。这种方法常用于控制三相异步电动机的正转和反转。

对称三相电压随时间变化的波形图和相量图分别如图 5-2(a)和(b)所示。由图可知对称三相电压满足

$$u_{\mathrm{A}} + u_{\mathrm{B}} + u_{\mathrm{C}} = 0 \quad \text{或} \quad \dot{U}_{\mathrm{A}} + \dot{U}_{\mathrm{B}} + \dot{U}_{\mathrm{C}} = 0$$

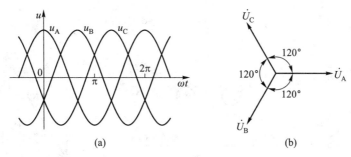

图 5-2 对称三相电压随时间变化的波形图和相量

即它们的瞬时值之和和相量之和都等于零。

5.1.2 三相电源的星形联结

三相电源本身是没有自己的模型的,它的模型是由三个单相电源按照一定的方式相互联结以后形成的模型。

如果将上述三相电源的三个定子绕组的尾端联结在一起,这个点叫中性点(neutral point)(或简称中点),从中点引出的一根引线,叫中性线(neutral line),简称中线(或俗称为零线),从三个绕组的首端 A、B、C 分别引出三根引线,称为相线(phase line)(俗称火线),这种连接方式就称为三相电源的星形(或 Y 形)连接(star connection)方式,如图 5-3(a)或图 5-3(b)所示。

每相电源或者相线与中线间的电压,称为相电压(phase voltage),分别用 $\dot{U}_{AN} = \dot{U}_A$、$\dot{U}_{BN} = \dot{U}_B$、$\dot{U}_{CN} = \dot{U}_C$ 表示,相线与相线间的电压称为线电压(line voltage),用 $\dot{U}_{AB}$、$\dot{U}_{BC}$、$\dot{U}_{CA}$ 表示。若三相电源为对称三相电源(symmetrical three-phase source),则根据 KVL 可得

$$\begin{cases} \dot{U}_{AB} = \dot{U}_A - \dot{U}_B = (1-a^2)\,\dot{U}_A = \sqrt{3}\,\dot{U}_A\ \underline{/30°} \\ \dot{U}_{BC} = \dot{U}_B - \dot{U}_C = (1-a^2)\,\dot{U}_B = \sqrt{3}\,\dot{U}_B\ \underline{/30°} \\ \dot{U}_{CA} = \dot{U}_C - \dot{U}_A = (1-a^2)\,\dot{U}_C = \sqrt{3}\,\dot{U}_C\ \underline{/30°} \end{cases} \tag{5-3}$$

同样有 $\dot{U}_{AB} + \dot{U}_{BC} + \dot{U}_{CA} = 0$。所以式(5-3)中,只有两个方程是独立的。对称的星形三相电源端的线电压与相电压之间的关系,还可用一种特殊的电压相量图来表示,如图 5-4 所示。它是由式(5-3)三个公式的相量图拼接而成,图中实线所示部分表示 $\dot{U}_{AB}$ 的图解方法,它是以 B 为原点画出 $\dot{U}_{AB} = (-\dot{U}_{BN}) + \dot{U}_{AN}$,其他线电压的图解求法类同。从图中可以看出,线电压与对称相电压之间的关系可以用图示电压正三角形说明,相电压对称时,线电压也一定依序对称,它是相电压的 $\sqrt{3}$ 倍,依次超前 $\dot{U}_A$、$\dot{U}_B$、$\dot{U}_C$ 相位 30°,实际计算时,只要算出 $\dot{U}_{AB}$,就可以依序写出 $\dot{U}_{BC} = a^2\dot{U}_{AB}$,$\dot{U}_{CA} = a\dot{U}_{AB}$。

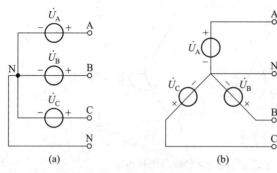

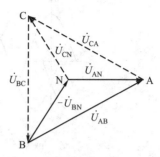

图 5-3   三相电源的星形联结

图 5-4   星形联结时线电压和
相电压之间的关系

5.1.3   三相电源的三角形联结

如果把三相电源的三个定子绕组依次首尾相接形成一个封闭的三角形,再从三角形的三个顶点 A、B、C 引出三根引线,就构成了三相电源的三角形联结(trianular connection),简称三角形或 Δ 形电源,如图 5-5 所示。

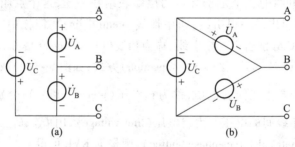

图 5-5   三相电源的三角形联结

三相电源的三角形联结时只有相线,没有中性点,所以就没有中性线,由图可知,在三相电源三角形联结时,有

$$\dot{U}_{AB} = \dot{U}_A, \quad \dot{U}_{BC} = \dot{U}_B, \quad \dot{U}_{CA} = \dot{U}_C$$

所以线电压等于相电压,相电压对称时,线电压也一定对称。

同时在三角形联结时,绝不允许有任何一相电源接反,否则将会引起电源烧毁。其电压相量图如图 5-6 所示。

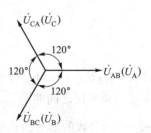

图 5-6   三角形联结时线电压和
相电压之间的关系

思 考 题

5-1   判断下列三相电源的相序。

(1) 已知 $\dot{U}_A = U \underline{/80°}$ V,$\dot{U}_B = U \underline{/-40°}$ V,$\dot{U}_C = U \underline{/200°}$ V;

（2）已知 $u_A = \sqrt{2}\,U\sin(\omega t)$ V，$u_B = \sqrt{2}\,U\cos(\omega t + 30°)$ V，$u_C = \sqrt{2}\,U\sin(\omega t - 120°)$ V；

（3）已知 $\dot{U}_A = -U$ V，$\dot{U}_B = -U\,\underline{/120°}$ V，$\dot{U}_C = -U\,\underline{/-120°}$ V。

5-2 选择题

（1）若对称三相电源为星形联结，每相电压有效值均为 220 V，但 B 相的电压接反了，则其线电压 U_{BC} 为（　　）。

A. 380 V　　　　　　　　　　B. 128 V　　　　　　　　　　C. 220 V

（2）若对称三相电压中，$u_A = U_m\cos(\omega t - 90°)$ V，则接成星形时，$u_{CA} = ?$（　　）

A. $\sqrt{3}\,U_m\cos(\omega t + 30°)$ V　　　B. $\sqrt{3}\,U_m\cos(\omega t - 60°)$ V　　　C. $\sqrt{3}\,U_m\cos(\omega t + 60°)$ V

（3）已知三相电源线电压 $\dot{U}_{AB} = 380\,\underline{/13°}$ V，$\dot{U}_{BC} = 380\,\underline{/-107°}$ V，$\dot{U}_{CA} = 380\,\underline{/133°}$ V，当 $t = 12$ s 时，三个相电压 $u_A + u_B + u_C$ 之和为（　　）。

A. 0 V　　　　　　　　　　B. 220 V　　　　　　　　　　C. 380V

（4）在三相电路中，通常所说的电源电压为 220 V 和 380 V 指的是电压的（　　）。

A. 平均值　　　　　　　　　B. 最大值　　　　　　　　　C. 有效值

5.2 对称三相负载及其联结

在三相供电系统中，三相负载也和三相电源一样有两种联结方式，即星形和三角形联结。

5.2.1 三相负载的星形联结

当三个阻抗联结成星形时就构成三相星形负载，如图 5-7（a）或图 5-7（b）所示。

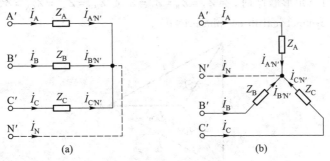

(a)　　　　　　　　　　　　　　　(b)

图 5-7 三相负载的星形联结

在三相电路中电压有两种线电压与相电压，这在上一节已经介绍过了。同样，在三相电路中电流也有两种，分别是线电流（line current）和相电流（phase current），线电流就是在相线中流过的电流，用 $\dot{I}_A$、$\dot{I}_B$、$\dot{I}_C$ 表示，相电流就是流过一相负载或一相电源的电流，用 $\dot{I}_{A'N'}$、$\dot{I}_{B'N'}$、$\dot{I}_{C'N'}$ 表示，显然在星形联结的三相电路中，相电流等于相应的线电流。

5.2.2 三相负载的三角形联结

负载三角形联结时的三相电路,如图5-8(a)或图5-8(b)所示。

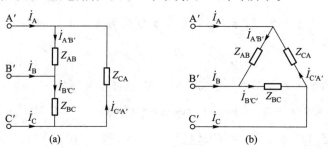

图5-8 负载的三角形联结

在负载为在三角形联结时,显然线电流与相电流就不相等了,对各节点应用 KCL,可求得各线电流

$$\begin{cases} \dot{I}_A = \dot{I}_{A'B'} - \dot{I}_{C'A'} = (1-a)\dot{I}_{A'B'} = \sqrt{3}\,\dot{I}_{A'B'}\underline{/-30°} \\ \dot{I}_B = \dot{I}_{B'C'} - \dot{I}_{A'B'} = (1-a)\dot{I}_{B'C'} = \sqrt{3}\,\dot{I}_{B'C'}\underline{/-30°} \\ \dot{I}_C = \dot{I}_{C'A'} - \dot{I}_{B'C'} = (1-a)\dot{I}_{C'A'} = \sqrt{3}\,\dot{I}_{C'A'}\underline{/-30°} \end{cases} \tag{5-4}$$

即当负载对称时,相电流与线电流也是对称的。由式(5-4)可得,线电流滞后对应的相电流30°,大小是相电流的$\sqrt{3}$倍。线电流与相电流的相量图如图5-9所示。

在负载为星形与三角形联结时,若 $Z_A = Z_B = Z_C = Z$ 或 $Z_{AB} = Z_{BC} = Z_{CA} = Z$,则称这样的三相负载为对称三相负载(symmetrical three-phase load)。

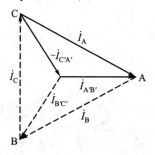

图5-9 三角形联结时线电流与相电流的相量图

思考题

5-3 选择题

（1）对称三相负载是指（　　）。

A. $|Z_1| = |Z_2| = |Z_3|$　　　　　B. $\varphi_1 = \varphi_2 = \varphi_3$　　　　　C. $Z_1 = Z_2 = Z_3$

（2）对称三相电路中，电源和负载均为星形联结，当电源和负载都变为三角形联结时，通过负载电流的有效值（　　）。

A. 增大　　　　　　　B. 减少　　　　　　　C. 不变

（3）对称三相电路中，电源和负载均为三角形联结，当电源连接方式不变，而负载由三角形联结变为星形联结时，通过负载电流的有效值（　　）。

A. 增大　　　　　　　B. 减少　　　　　　　C. 不变

（4）在对称三相交流电路中，负载为三角形联结时，则相电流与线电流的相位关系为（　　）。

A. 0°　　　　B. 30°　　　　C. −30°　　　　D. 90°

5.3　三相电路的计算

当三相电源与三相负载相互联结，构成一个完整的整体，就形成了三相电路。由于三相电源与三相负载都有星形与三角形两种联结方式，所以当它们相互联结构成三相电路时，两两组合就可以构成四种三相电路，分别是 Y-Y 形、Y-Δ 形、Δ-Y 形和 Δ-Δ 形四种。在 Y-Y 形联结中，有三根相线，一根中线，这种联结方式称为三相四线制（three-phase four-wire system）三相电路。而其余的联结方式都只有三根相线，而无中线，所以称为三相三线制（three-phase three-wire system）三相电路。因此在三相电路中，有三个电源同时给三个负载供电，最多只需 4 根引线；在单相电路中，一个电源给一个负载供电，需二根引线，所以使用三相电路供电，可以节省大量的架线线材。当三相电源对称、三相负载也对称时，就称为对称三相电路（symmetrical three-phase circuit），这四种对称三相电路分别如图 5-10（a）、（b）、（c）和（d）所示。

5.3.1　对称三相电路的计算

对称三相电路是一种特殊类型的正弦三相交流电路，分析正弦交流电路的相量法对对称三相电路完全适用。以下以对称三相四线制电路为例，来说明对称三相电路的分析计算方法，如图5-10（a）所示，其中 Z_1 为线路阻抗，Z_N 为中性线阻抗。N 和 N′ 为中性点。对于这种电路，可用节点分析法求出中性点 N′ 与 N 之间的电压。以 N 为参考节点，可得

$$\left(\frac{1}{Z_N} + \frac{3}{Z+Z_1}\right)\dot{U}_{N'N} = \frac{1}{Z+Z_1}(\dot{U}_A + \dot{U}_B + \dot{U}_C) \tag{5-5}$$

由于 $\dot{U}_A + \dot{U}_B + \dot{U}_C = 0$，所以 $\dot{U}_{N'N} = 0$，即在对称的三相四线制三相电路中，两个中点等电位，因此，两个中点之间可以看成短路，中线阻抗不起作用；同时由于 $\dot{U}_{N'N} = 0$，中线电流 $\dot{I}_N = \dot{I}_A + \dot{I}_B + \dot{I}_C = 0$，所以两个中点之间又可以看成开路，可以省去中线，这表明对称 Y-Y 三相电路，在理论上不需要中

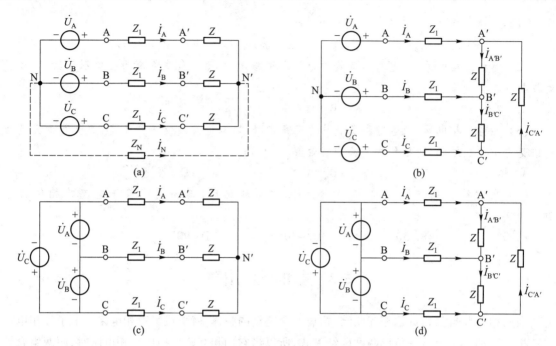

图 5-10　四种对称三相电路

性线。而在任一时刻,i_A、i_B、i_C中至少有一个为负值,对应此负值电流的输电线则作为对称电流系统在该时刻的电流回线,这样三相四线制三相电路就变成了三相三线制三相电路。但在实际的应用过程中,三相电源是可以做到完全对称的,这一点可由供电方国家电网得到保证,但是由于种种原因,负载不可能做到完全对称,因此,中线上总归会有由于负载的不对称而引起的中线电流,所以在实际应用过程中线是绝对不可以省去的,也不允许开路,同时在中线上是绝对不允许安装熔断器等电器的,以防止中性线断开造成负载端相电压不对称。

可以看出,各线(相)电流独立,$\dot{U}_{N'N}=0$ 是各线(相)电流独立、彼此无关的必要和充分条件。因此,对称的 Y–Y 电路可分列为三个独立的单相电路。又由于三相电源、三相负载的对称性,因此线(相)电流构成对称组。故只要分析计算三相中的任一相,而其他两相的线(相)的电流就能按对称顺序写出。

图 5–11 为一相计算电路(A 相)。注意,在一相计算电路中,连接 N、N′的短路线是 $\dot{U}_{N'N}=0$ 的等效线,与中性线阻抗 Z_N无关。各相电源和负载中的相电流等于线电流,它们是

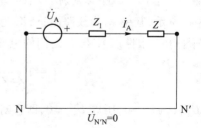

$$\dot{I}_A = \frac{\dot{U}_A - \dot{U}_{N'N}}{Z+Z_1} = \frac{\dot{U}_A}{Z+Z_1}$$

图 5–11　对称三相电路的 A 相电路等效电路

$$\dot{I}_B = \frac{\dot{U}_B}{Z+Z_1} = a^2 \dot{I}_A$$

$$\dot{I}_C = \frac{\dot{U}_C}{Z+Z_1} = a\dot{I}_A$$

另外,中性线的电流为

$$\dot{I}_N = -(\dot{I}_A + \dot{I}_B + \dot{I}_C) = 0$$

负载端的相电压为

$$\dot{U}_{A'N'} = Z\dot{I}_A$$

$$\dot{U}_{B'N'} = Z\dot{I}_B = \dot{U}_{A'N'} \underline{/-120°} = a^2\dot{U}_{A'N'}$$

$$\dot{U}_{C'N'} = Z\dot{I}_C = \dot{U}_{A'N'} \underline{/120°} = a\dot{U}_{A'N'}$$

同理,可得负载端的线电压

$$\dot{U}_{A'B'} = \dot{U}_{A'N'} - \dot{U}_{B'N'} = \sqrt{3}\,\dot{U}_{A'N'} \underline{/30°}$$

$$\dot{U}_{B'C'} = \dot{U}_{B'N'} - \dot{U}_{C'N'} = \sqrt{3}\,\dot{U}_{B'N'} \underline{/30°}$$

$$\dot{U}_{C'A'} = \dot{U}_{C'N'} - \dot{U}_{A'N'} = \sqrt{3}\,\dot{U}_{C'N'} \underline{/30°}$$

最后还必须指出,所有关于电压、电流的对称性以及上述对称相值和对称线值之间关系的论述,只能在指定的顺序和参考方向的条件下,才能以简单有序的形式表达出来,而不能任意设定,否则将会使问题的表述变得杂乱无序。

【例 5-1】 对称三相电路如图 5-10(a)所示,已知:$Z_1 = (1+j2)$ Ω,$Z = (5+j6)$ Ω,$u_{AB} = 380\sqrt{2}\cos(\omega t+30°)$ V。试求负载中各相电流相量。

解 可设一组对称三相电压源与该组对称线电压对应。根据(5-3)式的关系,有

$$\dot{U}_A = \frac{\dot{U}_{AB}}{\sqrt{3}} \underline{/-30°}\text{V} = 220 \underline{/0°} \text{ V}$$

据此可画出一相(A 相)计算电路,如图 5-11 所示。可以求得

$$\dot{I}_A = \frac{\dot{U}_A}{Z+Z_1} = \frac{220 \underline{/0°}}{6+j8} \text{ A} = 22 \underline{/-53.1°} \text{ A}$$

根据对称性可以写出

$$\dot{I}_B = a^2\dot{I}_A = 22 \underline{/-173.1°} \text{ A}$$

$$\dot{I}_C = a\dot{I}_A = 22 \underline{/66.9°} \text{ A}$$

对称三相电路的相量图,可将 A 线(相)的相量图依序顺时针旋转 120°合成。

【例 5-2】 对称三相电路如图 5-10(b)所示,已知:$Z_1 = (3+j4)$ Ω,$Z = (19.2+j14.4)$ Ω,对称线电压 $U_{AB} = 380$ V。求负载端的线电压。

解 该电路可先将三角形负载等效为星形负载,这样就将对称的 Y–Δ 形可以变换成对称的 Y–Y 三相电路,变换后的负载 Z' 为

$$Z' = \frac{Z}{3} = \frac{19.2 + \mathrm{j}14.4}{3}\Omega = (6.4 + \mathrm{j}4.8)\ \Omega$$

令 $\dot{U}_{\mathrm{A}} = 220\ \underline{/0^\circ}$ V。根据一相计算电路有

$$\dot{I}_{\mathrm{A}} = \frac{\dot{U}_{\mathrm{A}}}{Z' + Z_1} = \frac{220\ \underline{/0^\circ}}{(6.4 + \mathrm{j}4.8) + (3 + \mathrm{j}4)}\mathrm{A} = 17.1\ \underline{/-43.2^\circ}\ \mathrm{A}$$

而

$$\dot{I}_{\mathrm{B}} = a^2 \dot{I}_{\mathrm{A}} = 17.1\ \underline{/-163.2^\circ}\ \mathrm{A}$$

$$\dot{I}_{\mathrm{C}} = a \dot{I}_{\mathrm{A}} = 17.1\ \underline{/76.8^\circ}\ \mathrm{A}$$

此电流即为负载端的线电流。再求出负载端的相电压,利用线电压与相电压的关系就可得负载端的线电压。$\dot{U}_{\mathrm{A'N'}}$ 为

$$\dot{U}_{\mathrm{A'N'}} = \dot{I}_{\mathrm{A}} Z' = 136.8\ \underline{/-6.3^\circ}\ \mathrm{V}$$

根据式(5–3),有

$$\dot{U}_{\mathrm{A'B'}} = \sqrt{3} \dot{U}_{\mathrm{A'N'}} \underline{/30^\circ} = 236.9\ \underline{/23.7^\circ}\ \mathrm{V}$$

根据对称性可写出其他二相的线电压相量

$$\dot{U}_{\mathrm{B'C'}} = a^2 \dot{U}_{\mathrm{A'B'}} = 236.9\ \underline{/-96.3^\circ}\ \mathrm{V}$$

$$\dot{U}_{\mathrm{C'A'}} = a \dot{U}_{\mathrm{A'B'}} = 236.9\ \underline{/143.7^\circ}\ \mathrm{V}$$

5.3.2 复杂对称三相电路的计算

如图 5–12 所示是复杂的对称三相电路,对于这一类电路,一般先将 Δ 形负载化为 Y 形负载,再将电路化为 Y–Y 三相四线制三相电路,最后短接电源与负载的中点,将对称的三相电路再化为单相电路来分析与计算。如 A 相的等效电路如图 5–13 所示。

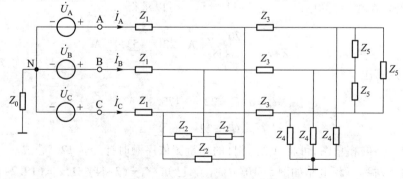

图 5–12 复杂的对称三相电路

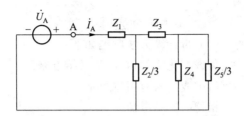

图 5-13 图 5-12 电路的 A 相等效电路

【例 5-3】 已知三相电源线电压为 380 V,接入二组对称三相负载,如图 5-14(a)所示,其中 Y 形三相负载的每相阻抗为 $Z_Y = (4+j3)$ Ω,三角形负载每相阻抗为 $Z_\Delta = 10$ Ω,求三相电路每相负载端的线电流。

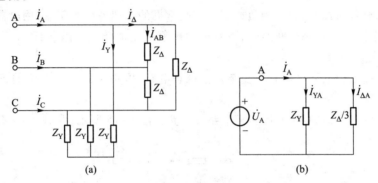

图 5-14 例 5-3 图

解 由于是对称三相电路,所以可以化为单相电路来计算。作出 A 相的等效电路如图 5-14 (b)所示,已知线电压为 380 V,则相电压为 220 V。

令 $\dot{U}_A = 220 \underline{/0°}$ V,则星形负载的相电流为

$$\dot{I}_{YA} = \frac{\dot{U}_A}{Z_Y} = \frac{220 \underline{/0°}}{4+j3}\text{A} = 44 \underline{/-36.9°} \text{ A}$$

三角形负载的线电流为

$$\dot{I}_{\Delta A} = \frac{\dot{U}_A}{Z_\Delta/3} = \frac{220 \underline{/0°}}{10/3}\text{A} = 66 \underline{/0°} \text{ A}$$

所以 A 相负载的线电流为

$$\dot{I}_A = \dot{I}_{YA} + \dot{I}_{\Delta A}$$
$$= (44 \underline{/-36.9°} + 66 \underline{/0°})\text{A} = 104.58 \underline{/-14.63°}\text{A}$$

由对称性,可得其他二相的线电流为

$$\dot{I}_B = 104.58 \underline{/-134.63°} \text{ A}$$

$$\dot{I}_{\text{C}} = 104.58 \underline{/105.37°} \text{ A}$$

最后,将对称三相电路的一般分析计算方法归纳如下:

(1) 尽量将所有三相电源、负载都化为等值 Y-Y 联结电路;

(2) 连接各负载和电源中点,中线上若有阻抗可不计;

(3) 画出一相电路,求出一相的电压和电流;

(4) 根据 Δ 联结、Y 联结时线电压(电流)、相电压(电流)之间的关系,求出原电路的电流电压;

(5) 由对称性,得出其他两相的电压和电流。

5.3.3　不对称三相电路的计算

一般三相电源是对称的,而三相负载不对称是常见的。如各相照明、家用电器负载的分配不均匀,特别是当电路发生短路或断路时,不对称的现象就更加严重。因此,不对称的三相电路是普遍存在的。

一般的不对称三相电路可以看成复杂正弦稳态电路,可用第四章所介绍的正弦稳态电路分析方法进行。

首先分析一下不对称的 Y-Y 形三相电路。电路如图 5-15 所示,此时 $Z_{\text{A}} \neq Z_{\text{B}} \neq Z_{\text{C}}$。

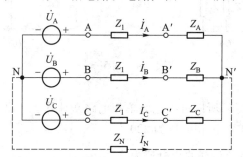

图 5-15　不对称的 Y-Y 型三相四线制三相电路

对于上述电路,应用节点电压法可得两中点间的电压

$$\left(\frac{1}{Z_{\text{N}}} + \frac{1}{Z_{\text{A}}+Z_1} + \frac{1}{Z_{\text{B}}+Z_1} + \frac{1}{Z_{\text{C}}+Z_1} \right) \dot{U}_{\text{N'N}} = \left(\frac{\dot{U}_{\text{A}}}{Z_{\text{A}}+Z_1} + \frac{\dot{U}_{\text{B}}}{Z_{\text{B}}+Z_1} + \frac{\dot{U}_{\text{C}}}{Z_{\text{C}}+Z_1} \right)$$

$$\dot{U}_{\text{N'N}} = \frac{\left(\dfrac{\dot{U}_{\text{A}}}{Z_{\text{A}}+Z_1} + \dfrac{\dot{U}_{\text{B}}}{Z_{\text{B}}+Z_1} + \dfrac{\dot{U}_{\text{C}}}{Z_{\text{C}}+Z_1} \right)}{\left(\dfrac{1}{Z_{\text{N}}} + \dfrac{1}{Z_{\text{A}}+Z_1} + \dfrac{1}{Z_{\text{B}}+Z_1} + \dfrac{1}{Z_{\text{C}}+Z_1} \right)} \tag{5-6}$$

式(5-6)表明,当 $Z_{\text{N}} \neq 0$ 或 $Z_{\text{N}} \to \infty$(无中线)时,则 $\dot{U}_{\text{N'N}} \neq 0$。两中性点不是等电位点,这种现象称为负载的中性点位移,图 5-16 画出了中性点位移后各相电源和负载上的相电压的相量图。

图 5-16 中 $\dot{U}_{\text{N'N}}$ 相量表示了负载中性点位移的大小和方向。很显然当中性点位移较大时,势必引起负载中有的相电压过高,而有的相电压过低。同时,需注意,当中性点位移时,造成各相电压的分配的不均衡,可能使某相负载由于过压而损坏,而另一相负载则由于欠压而不能正常工作。

为了解决这个问题,在实际应用过程中,往往采取措施来减少中线阻抗。若 $Z_{\text{N}} = 0$,则 $\dot{U}_{\text{N'N}} = 0$,这时电源中心与负载中心强制重合,故无中性点位移的现象,各相的相电压依然是平衡的,但此时中线电流 $I_{\text{N}} \neq 0$,即相电流不对称。

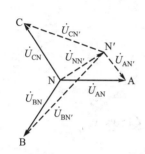

图 5-16 中性点位移后的电源端
和负载端相电压的相量图

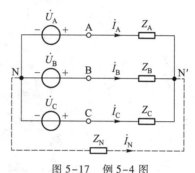

图 5-17 例 5-4 图

【例 5-4】 有一星形联结的三相电路,如图 5-17 所示,其中 $Z_{\text{N}} = 0$,$Z_{\text{A}} = Z_{\text{B}} = 10\ \Omega$,$Z_{\text{C}} = 20\ \Omega$,电源线电压为 380 V,求:(1) 各相负载的线电流与中线电流;(2) A 相短路、中性线未断开时,各相负载的相电压;(3) A 相短路、中性线断开时,各相负载的相电压;(4) A 相断路、中性线未断开时,各相负载的相电压;(5) A 相断路、中性线断开时,各相负载的相电压。

解 由于线电压为 380 V,电源为对称三相电源,所以设 A 相电压为基准相量有

$$\dot{U}_{\text{A}} = \frac{U_1}{\sqrt{3}}\angle 0° \text{V} = \frac{380}{\sqrt{3}}\angle 0° \text{V} = 220\angle 0°\ \text{V}$$

则 B、C 两相的相电压为

$$\dot{U}_{\text{B}} = 220\angle -120°\ \text{V}, \quad \dot{U}_{\text{C}} = 220\angle 120°\ \text{V}$$

(1) 三相负载不对称,但由于有中性线的存在,负载上仍承受三相对称电压,分别计算各线电流如下

$$\dot{I}_{\text{A}} = \frac{\dot{U}_{\text{A}}}{Z_{\text{A}}} = \frac{220\angle 0°}{10}\text{A} = 22\angle 0°\text{A}$$

$$\dot{I}_{\text{B}} = \frac{\dot{U}_{\text{B}}}{Z_{\text{B}}} = \frac{220\angle -120°}{10}\text{A} = 22\angle -120°\text{A}$$

$$\dot{I}_{\text{C}} = \frac{\dot{U}_{\text{A}}}{Z_{\text{C}}} = \frac{220\angle 120°}{20}\text{A} = 11\angle 120°\text{A}$$

星形联结时,相电流等于相应的线电流。中性线电流为

$$\dot{I}_N = -(\dot{I}_A + \dot{I}_B + \dot{I}_C) = -(22\underline{/0°} + 22\underline{/-120°} + 11\underline{/120°})A = (-5.5 + j9.5)A = 11\underline{/120°}\ A$$

(2) A 相短路、中性线未断开时,此时 A 相短路电流很大,将使 A 相熔断丝熔断,而 B 相和 C 相未受影响,其相电压仍为 220 V,通过的电流保持不变,仍正常工作。但中性电流将增大,有

$$\dot{I}_N = \dot{I}_B + \dot{I}_C = (22\underline{/-120°} + 11\underline{/120°})A = (-16.5 - j9.6)A = 19.1\underline{/-30.2°}\ A$$

(3) A 相短路、中性线断开时,负载中性点 N' 即为 A,如图 5-18 所示,因此负载各相的相电压为

$$\dot{U}_{AN'} = 0\ V$$

$$\dot{U}_{BN'} = \dot{U}_{BA} = 380\underline{/150°}\ V$$

$$\dot{U}_{CN'} = \dot{U}_{CA} = 380\underline{/90°}\ V$$

$$\dot{I}_B = \frac{\dot{U}_{BA}}{Z_B} = \frac{380\underline{/150°}}{10}A = 38\underline{/150°}\ A$$

$$\dot{I}_C = \frac{\dot{U}_{CA}}{Z_C} = \frac{380\underline{/90°}}{20}A = 19\underline{/90°}\ A$$

$$\dot{I}_A = -(\dot{I}_B + \dot{I}_C) = -(38\underline{/150°} + 19\underline{/90°})A = (32.9 - j38)A = 50.3\underline{/-49.1°}\ A$$

此情况下,由于 B 相和 C 相的负载承受的电压都超过额定电压 220 V,通过的电流也超过额定电流,这是不允许的,负载将烧毁。

(4) A 相断路、中性线未断开时,B、C 相负载仍承受 220 V 电压,工作依然正常,通过它们的电流不变,中性线上的电流为

$$\dot{I}_{N'N} = \dot{I}_B + \dot{I}_C = (22\underline{/-120°} + 11\underline{/120°})A = (-16.5 - j9.6)A = 19.1\underline{/-30.2°}\ A$$

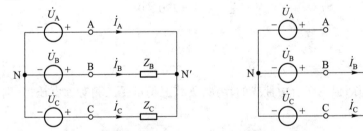
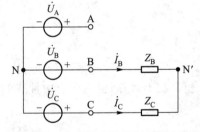

图 5-18　A 相短路中性线断开的电路图　　　　图 5-19　A 相断路中性线断开的电路图

(5) A 相断路、中性线断开时,电路就变为单相电路,如图 5-19 所示,因此

$$\dot{I}_B = -\dot{I}_C = \frac{\dot{U}_{BC}}{Z_B + Z_C} = \frac{\sqrt{3}\dot{U}_B\underline{/30°}}{Z_B + Z_C} = \frac{220\sqrt{3}\underline{/-120°}\underline{/30°}}{10 + 20}A = 12.7\underline{/-90°}\ A$$

$$\dot{I}_C = -\dot{I}_B = 12.7\underline{/90°}\ A$$

$$\dot{U}_{\mathrm{BN'}} = \dot{I}_{\mathrm{B}}Z_{\mathrm{B}} = (12.7\underline{/-90°}×10)\mathrm{V} = 127\underline{/-90°}\ \mathrm{V}$$

$$\dot{U}_{\mathrm{CN'}} = \dot{I}_{\mathrm{C}}Z_{\mathrm{C}} = (12.7\underline{/90°}×20)\mathrm{V} = 254\underline{/90°}\ \mathrm{V}$$

由上述例题可以看出,不对称三相负载星形联结又未接中性线时,造成负载相电压不再对称,且负载阻抗越大,负载承受的电压越高。

因此得到结论:中性线的作用是保证星形不对称负载的相电压对称,对于不对称照明负载,必须采用三相四线制方式供电,且不能在中性线上安装熔断器和闸刀开关,以防中性线断开造成负载相电压不对称。

思考题

5-4 选择题

下列结论中错误的是( )。

A. 当负载作三角形联结时,线电流为相电流的$\sqrt{3}$倍;

B. 当负载为对称星形联结时,线电流必等于相应的相电流;

C. 当负载作三角形联结时,线电压等于相应的相电压。

5-5 对称三相电源星形联结,且相电压分别为$\dot{U}_{\mathrm{A}} = 220\underline{/10°}\ \mathrm{V}$,$\dot{U}_{\mathrm{B}} = 220\underline{/130°}\ \mathrm{V}$,$\dot{U}_{\mathrm{C}} = 220\underline{/-110°}\ \mathrm{V}$,如果把 A 相电源的极性对调,试求每相的线电压的大小,并绘制线电压的相量图。

5-6 在图 5-10 所示的四种基本对称三相电路中,设$\dot{U}_{\mathrm{A}} = 220\underline{/10°}\ \mathrm{V}$,$Z_{\mathrm{L}} = 0\ \Omega$,$Z = (5+\mathrm{j}5)\ \Omega$,试求各种接法的每一相的线电流相量、相电流相量和线电压相量。

5-7 三相电动机有三根电源线,分别接到三相电源的 A、B、C 端,称为三相负载,电灯有二根电源线,为什么不称为两相负载,而称为单相负载?

5-8 在图 5-10(b)所示的三角形负载电路中,三个电流都流向负载,又无中性线可流回电源,如何解释这种现象?

5.4 三相电路的功率及其测量

5.4.1 三相电路功率的计算

在三相电路中,三相电路的总有功功率等于每一相的有功功率之和,即

$$P = P_{\mathrm{A}} + P_{\mathrm{B}} + P_{\mathrm{C}} \tag{5-7}$$

三相电路的总无功功率等于每一相的无功功率之和,即

$$Q = Q_{\mathrm{A}} + Q_{\mathrm{B}} + Q_{\mathrm{C}} \tag{5-8}$$

三相负载吸收的复功率等于各相复功率之和,即

$$\overline{S} = \overline{S}_{\mathrm{A}} + \overline{S}_{\mathrm{B}} + \overline{S}_{\mathrm{C}} \tag{5-9}$$

但是,三相电路的总视在功率不等于每一相视在功率之和,即

$$S \neq S_A + S_B + S_C$$

三相电路的总视在功率为

$$S = \sqrt{P^2 + Q^2} \qquad (5-10)$$

若三相电路为对称三相电路,则有

$$P_A = P_B = P_C$$
$$P = 3P_A = 3U_p I_p \cos \varphi \qquad (5-11)$$

式(5-11)为用相电压、相电流表示的三相电路的总有功功率,其中 U_p 为负载上相电压的有效值,I_p 为负载上相电流的有效值,φ 为相电压与相电流的相位差。

若对称三相电路为 Y 形联结,$U_1 = \sqrt{3}\, U_p$,$I_1 = I_p$,则有

$$P = 3P_A = 3U_p I_p \cos \varphi = 3 \frac{U_1}{\sqrt{3}} I_1 \cos\varphi = \sqrt{3}\, U_1 I_1 \cos \varphi$$

而若对称三相电路为 Δ 形联结,$U_1 = U_p$,$I_1 = \sqrt{3}\, I_p$,则有

$$P = 3P_A = 3U_p I_p \cos \varphi = 3 U_1 \frac{I_1}{\sqrt{3}} \cos\varphi = \sqrt{3}\, U_1 I_1 \cos \varphi$$

所以三相电路的总有功功率用线电压、线电流来表示时有

$$P = \sqrt{3}\, U_1 I_1 \cos \varphi \qquad (5-12)$$

同样注意,式(5-12)中的 φ 依然为相电压与相电流的相位差,而不是线电压与线电流的相位差。由此可见,三相电路消耗的总有功功率与负载的连接方式无关。

同样对称三相电路的无功功率有

$$Q_A = Q_B = Q_C$$
$$Q = 3Q_A = 3U_p I_p \sin \varphi \qquad (5-13)$$

同理,用线电压、线电流来表示时有

$$Q = \sqrt{3}\, U_1 I_1 \sin \varphi \qquad (5-14)$$

对称三相电路的视在功率

$$S = \sqrt{P^2 + Q^2} = 3U_p I_p = \sqrt{3}\, U_1 I_1 \qquad (5-15)$$

对称三相电路的复功率为

$$\overline{S}_A = \overline{S}_B = \overline{S}_C$$
$$\overline{S} = 3\overline{S}_A \qquad (5-16)$$

对于三相电路来说,依然有有功功率守恒、无功功率守恒、复功率守恒,但是视在功率仍然不守恒。

三相电路的瞬时功率为各相负载瞬时功率之和。如图 5-10(a)所示的对称三相电路,有

$$p_A = u_{AN} i_A = \sqrt{2}\, U_{AN} \cos(\omega t) \times \sqrt{2}\, I_A \cos(\omega t - \varphi)$$

$$= U_{AN}I_A\left[\cos\varphi+\cos(2\omega t-\varphi)\right]$$

$$p_B = u_{BN}i_B = \sqrt{2}\,U_{AN}\cos(\omega t-120°)\times\sqrt{2}\,I_A\cos(\omega t-\varphi-120°)$$

$$= U_{AN}I_A\left[\cos\varphi+\cos(2\omega t-\varphi-240°)\right]$$

$$p_C = u_{CN}i_C = \sqrt{2}\,U_{AN}\cos(\omega t+120°)\times\sqrt{2}\,I_A\cos(\omega t-\varphi+120°)$$

$$= U_{AN}I_A\left[\cos\varphi+\cos(2\omega t-\varphi+240°)\right]$$

可见,p_A、p_B、p_C中都含有一个交流分量,它们的幅值相等,相位上互差120°,显然这三个交流分量相加为零。故有

$$p = p_A+p_B+p_C = 3U_{AN}I_A\cos\varphi = 3P_A = P \tag{5-17}$$

式(5-17)表明,对称三相电路的总瞬时功率是一个与时间无关的常量,其值就等于对称三相电路总的平均功率。习惯上把这一性能称为瞬时功率平衡。若负载是三相电动机,那么由于瞬时功率是恒定的,对应的瞬时转矩也是恒定的,因此,其运行情况比单相电动机更平稳,无抖动,这也是对称三相电路比单相电路优越的一个方面。

【例5-5】　如图5-10(a)所示三相四线制对称电路,已知电源相电压为 $U_p = 100$ V,线路阻抗 $Z_L = (1+j1)$ Ω、负载阻抗 $Z = (5+j7)$ Ω,试计算负载及电源的有功功率 P、无功功率 Q、视在功率 S 及 $\cos\varphi$ 的大小。

解　因为为对称三相电路,所以可化为一相电路来计算。

设 $\dot{U}_A = 100\ \underline{/0°}$ V,则

$$\dot{I}_A = \frac{\dot{U}_A}{Z_L+Z} = \frac{100\ \underline{/0°}}{(1+j)+(5+j7)}\text{A} = 10\ \underline{/-53.1°}\ \text{A}$$

A 相电源提供的复功率为

$$\overline{S}_A = \dot{U}_A\dot{I}_A^* = (100\ \underline{/0°}\times10\ \underline{/53.1°})\text{V}\cdot\text{A} = 1000\ \underline{/53.1°}\text{V}\cdot\text{A} = (600+j800)\ \text{V}\cdot\text{A}$$

三相电源提供的总复功率为

$$\overline{S} = 3\overline{S}_A = (1800+j2400)\ \text{V}\cdot\text{A} = 3000\ \underline{/53.1°}\ \text{V}\cdot\text{A}$$

所以电源的 P、Q、S 及 $\cos\varphi$ 的大小为

$$P = 1800\ \text{W}, Q = 2400\ \text{var}, S = 3000\ \text{V}\cdot\text{A}, \cos\varphi = \frac{P}{S} = \frac{1800}{3000} = 0.6$$

对 A 相负载,相电压为 $\dot{U}_{A'} = Z\dot{I}_A$,A 相负载吸收的复功率为

$$\overline{S}_{A'} = \dot{U}_{A'}\dot{I}_A^* = Z\dot{I}_A\dot{I}_A^* = Z_A\ |\dot{I}_A|^2 = \left[(5+j7)\ |(6+j8)|^2\right]\text{V}\cdot\text{A} = (500+j700)\ \text{V}\cdot\text{A}$$

所以三相负载吸收的总复功率为

$$\overline{S}' = 3\overline{S}_{A'} = (1500+j2100)\ \text{V}\cdot\text{A} = 2580\ \underline{/54.5°}\ \text{V}\cdot\text{A}$$

三相负载的 P、Q、S 及 $\cos\varphi$ 的大小为

$$P' = 1500\ \text{W}, Q' = 2100\ \text{var}, S' = 2580\ \text{V}\cdot\text{A}, \cos\varphi' = \frac{P'}{S'} = \frac{1500}{2580} = 0.58$$

【例 5-6】　线电压为 380 V 的三相电源上,接有二组对称三相负载:一组是三角形联结电感性负载,每相阻抗 $Z_\Delta = 36.3 \underline{/36.9°}$ Ω,另一组是星形联结的电阻性负载,每相的阻抗为 $Z_Y = 10$ Ω,如图 5-20 所示。试求:(1)各组负载的相电流;(2)电路的线电流;(3)三相电路的总有功功率。

解　设线电压 $\dot{U}_{AB} = 380 \underline{/0°}$ V,则相电压 $\dot{U}_A = 220 \underline{/-30°}$ V。

(1)由于三相负载对称,所以计算一相即可,其他二相可由对称性得到。

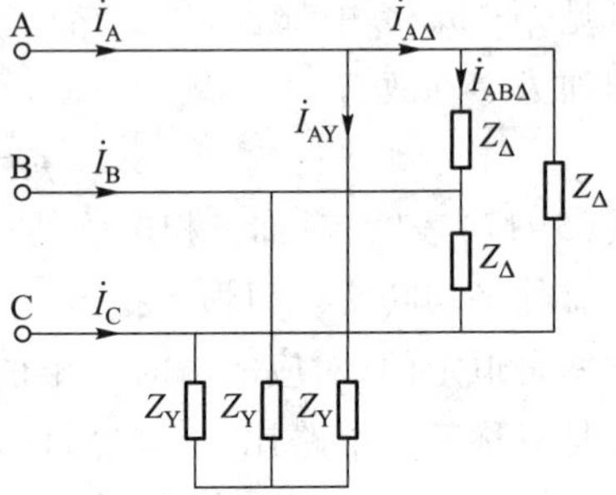

对于 Y 形联结的负载,其线电流等于相电流,所以

$$\dot{I}_{AY} = \frac{\dot{U}_A}{Z_Y} = \frac{220 \underline{/-30°}}{10} A = 22 \underline{/-30°} \ A$$

对于三角形联结的负载,其相电流为

$$\dot{I}_{AB\Delta} = \frac{\dot{U}_{AB}}{Z_\Delta} = \frac{380 \underline{/0°}}{36.3 \underline{/36.9°}} A = 10.47 \underline{/-36.9°} \ A$$

(2)三角形联结的电感性负载的线电流可由对称三相负载在三角形联结时,线电流与相电流的关系得到。

$$\dot{I}_{A\Delta} = \sqrt{3} \ \dot{I}_{AB\Delta} \underline{/-30°} A = \sqrt{3} \times 10.47 \underline{/-36.9°} \underline{/-30°} A = 18.13 \underline{/-66.9°} \ A$$

在这里,由于 $\dot{I}_{AY}$ 与 $\dot{I}_{A\Delta}$ 相位不同,所以不能直接相加得到线路电流,应用相量相加得到

$$\dot{I}_A = \dot{I}_{AY} + \dot{I}_{A\Delta} = (22 \underline{/-30°} + 18.13 \underline{/-66.9°}) A = 38 \underline{/-46.7°} \ A$$

电路线电流也是对称的,因此

$$\dot{I}_B = 38 \underline{/-166.7°} \ A, \dot{I}_C = 38 \underline{/73.3°} \ A$$

(3)三相电路的有功功率为

$$P = P_Y + P_\Delta = \sqrt{3} \ U_l I_{lY} + \sqrt{3} \ U_l I_{l\Delta} \cos\varphi_\Delta$$
$$= (\sqrt{3} \times 380 \times 22 + \sqrt{3} \times 380 \times 18.13 \times \cos 36.9°) W$$
$$= (14480 + 9546) W = 24026 \ W \approx 24 \ kW$$

图 5-20　例 5-6 图

5.4.2　三相电路功率的测量

单相功率表具有两个线圈,一个为电流线圈,另一个为电压线圈,所以共有四个引线端,两个电流端,两个电压端。在测量电路吸收的有功功率时,要注意把单相功率表的电流线圈与待测量有功功率的电路串联连接,把电压线圈与待测量有功功率的电路并联连接,无论是串联连接还是并联连接,电压线圈与电流线圈之间总有一个是公共端,通常在功率表(powermeter)上用打 ＊ 表示,这两个端子,在功率表连入电路时,必须用短路线连接起来。

对于三相四线制连接的三相电路,一般可用三只单相功率表进行测量,通常这种测量方法称为三表法(three-powermeter method),如图 5-21 所示,以 A 相为例,功率表的电流线圈流过的是

A 相的电流 $\dot{I}_A$，电压线圈测量的电压是 A 相的相电压 $\dot{U}_{AN}$，此时功率表指示的数值正好是 A 相负载所吸收的有功功率 P_A。

如果用 W_1、W_2、W_3 分别测量 A、B、C 三相的有功功率 P_A、P_B、P_C，则三相负载吸收的总有功功率

$$P = P_A + P_B + P_C$$

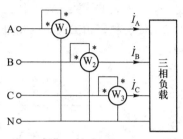

图 5-21　三相四线制三相电路的功率测量

此方法对于负载对称与负载不对称三相电路均有效，只要求是三相四线制三相电路；而当负载为对称三相负载时，由于各相功率相同，则只需要一只功率表，测出任一相的有功功率，再乘以 3 即可得到三相电路的总有功功率。这种方法称为一表法（single-powermeter method）。

上述测量方法不适宜三相三线制电路的有功功率测量，对于三相三线制电路，不论负载对称与否，都可以只使用两个功率表的方法测量出总的三相有功功率，此方法称为二瓦计法（two-powermeter method）。两个功率表的连接方式见如图 5-22 所示。使线电流从 * 端分别流入两个功率表的电流线圈（图示为 $\dot{I}_A$、$\dot{I}_B$），它们的电压线圈的非 * 端共同接到非电流线圈所在的第 3 条端线上（图示为 C 端线）。可以看出，这种测量方法中功率表的接线只触及端线，而与负载和电源的连接方式无关。

可以证明图中两个功率表读数的代数和为三相三线制中右侧电路吸收的有功功率。

设两个功率表的读数分别用 P_1 和 P_2 表示，根据功率表的工作原理，有

$$P_1 = \text{Re}[\dot{U}_{AC}\dot{I}_A^*] \qquad P_2 = \text{Re}[\dot{U}_{BC}\dot{I}_B^*]$$

故

$$P_1 + P_2 = \text{Re}[\dot{U}_{AC}\dot{I}_A^* + \dot{U}_{BC}\dot{I}_B^*] \qquad (5-18)$$

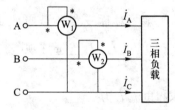

图 5-22　二瓦计法测量三相
电路的总有功功率

由于

$$\dot{U}_{AC} = \dot{U}_A - \dot{U}_C, \ \dot{U}_{BC} = \dot{U}_B - \dot{U}_C, \ \dot{I}_A^* + \dot{I}_B^* = -\dot{I}_C^*$$

代入式（5-18）有

$$P_1 + P_2 = \text{Re}[(\dot{U}_A - \dot{U}_C)\dot{I}_A^* + (\dot{U}_B - \dot{U}_C)\dot{I}_B^*] = \text{Re}[\dot{U}_A\dot{I}_A^* + \dot{U}_B\dot{I}_B^* - \dot{U}_C(\dot{I}_A^* + \dot{I}_B^*)]$$

$$= [\dot{U}_A\dot{I}_A^* + \dot{U}_B\dot{I}_B^* + \dot{U}_C\dot{I}_C^*] = \text{Re}[\bar{S}_A + \bar{S}_B + \bar{S}_C] = \text{Re}[\bar{S}]$$

而 $\text{Re}[\bar{S}]$ 则表示右侧三相负载的总有功功率。在对称三相制电路中令 $\dot{U}_A = U_A\angle 0°$，$\dot{I}_A = I_A\angle -\varphi$，则有

$$\begin{cases} P_1 = \text{Re}[\dot{U}_{AC}\dot{I}_A^*] = U_{AC}I_A\cos(\varphi - 30°) \\ P_2 = \text{Re}[\dot{U}_{BC}\dot{I}_B^*] = U_{BC}I_B\cos(\varphi + 30°) \end{cases} \qquad (5-19)$$

式中 φ 为负载的阻抗角。应当注意,在一定的条件下(例如$|\varphi|>60°$),两个功率表之一的读数可能为负,求代数和时该读数应取负值。一般来讲,在用二瓦计法测量三相电路的总有功功率时,单独一个功率表的读数是没有任何意义的。

二瓦计法测三相三线制三相电路的有功功率,另外两种功率表的连接方法见图 5-23(a)、(b)所示。

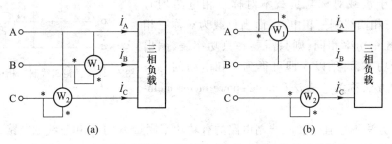

图 5-23 二瓦计法测量三相电路功率的功率表的另两种接法

不对称的三相四线制不能用二瓦计法测量三相功率,这是因为在一般情况下,$\dot{I}_A + \dot{I}_B + \dot{I}_C \neq 0$。

【**例 5-7**】 若图 5-22 所示电路为对称三相电路,已知对称三相负载吸收的有功功率为 2.5 kW,功率因数 $\lambda = \cos\varphi = 0.866$(感性),线电压为 380 V。求图中两个功率表的读数。

解 对称三相负载吸收的总有功功率是一相负载所吸收有功功率的 3 倍,令 $\dot{U}_A = U_A \underline{/0°}$ V,$\dot{I}_A = I_A \underline{/-\varphi}$ A,则

$$P = 3\mathrm{Re}[\dot{U}_A \dot{I}_A^*] = \sqrt{3}\, U_{AB} I_A \cos\varphi$$

求得电流 I_A 为

$$I_A = \frac{P}{\sqrt{3}\, U_{AB} \cos\varphi} = \frac{2.5 \times 10^3}{\sqrt{3} \times 380 \times 0.866}\text{A} = 4.386 \text{ A}$$

又

$$\varphi = \arccos\lambda = 30°(\text{感性})$$

则与图中功率表相关的电压、电流相量为

$$\dot{I}_A = 4.386 \underline{/-30°} \text{ A}, \quad \dot{U}_{AC} = 380 \underline{/-30°} \text{ V}$$

$$\dot{I}_B = 4.386 \underline{/-150°} \text{ A}, \quad \dot{U}_{BC} = 380 \underline{/-90°} \text{ V}$$

功率表的读数如下

$$P_1 = \mathrm{Re}[\dot{U}_{AC} \dot{I}_A^*] = \mathrm{Re}[380 \times 4.386 \underline{/0°}] \text{ W} = 1\,666.68 \text{ W}$$

$$P_2 = \mathrm{Re}[\dot{U}_{BC} \dot{I}_B^*] = \mathrm{Re}[380 \times 4.386 \underline{/60°}] \text{ W} = 833.34 \text{ W}$$

其实,只要求得两个功率表之一的读数,另一功率表的读数等于负载的功率减去该表的读数,例如,求得 P_1 后,$P_2=P-P_1$。

思考题

5-9 选择题

(1) 对称三相电路的总有功功率 $P=\sqrt{3}\,U_1I_1\cos\varphi$,式中的 φ 角是( )。

A. 线电压与线电流间的相位差

B. 相电压与相电流间的相位差

C. 线电压与相电压间的相位差

(2) 在三相电路中,以下哪一个功率不守恒( )。

A. 有功功率   B. 无功功率   C. 视在功率

(3) 功率表测量的功率是以下哪一个功率( )。

A. 有功功率   B. 无功功率   C. 复功率

(4) 在对称三相电路中,瞬时功率恒等于以下哪一个功率( )。

A. 有功功率   B. 无功功率   C. 复功率

5-10 某建筑物有三层楼,每一层楼的照明分别由三相电源的一相供电,有一次发生事故,使第二层正在使用的白炽灯全部损坏(灯丝烧毁),试分析事故的原因。

*5.5 应用性学习:相序测量与配电方式

5.5.1 三相电路的相序测量

三相电源的相序对于某些用电设备有直接影响,例如调换电源的相序,就会改变三相异步电动机的转向,所以在这种三相电路中相序的测定就变得非常重要。以下就介绍一种测定三相电源相序的实例。

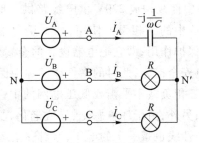

图 5-24 相序测量电路

测定三相电源相序的电路实质是一个不对称三相电路,见图 5-24 所示,在这个星形连接的不对称三相电路中,不接中性线,假设 A 相接入一个电容,B 相和 C 相分别接入同样功率的两个白炽灯。设 $C=1\ \mu\text{F}$,二只白炽灯的参数都是 220 V/40 W,电源线电压为 380 V,频率为 50 Hz,则各相导纳为

$$Y_\text{A}=\text{j}\omega C=\text{j}2\pi fC=(\text{j}2\times3.14\times50\times1\times10^{-6})\,\text{S}=\text{j}3.14\times10^{-4}\ \text{S}$$

$$Y_\text{B}=Y_\text{C}=\frac{1}{R}=\frac{1}{U^2/P}=\frac{40}{220^2}\text{S}=8.26\times10^{-4}\ \text{S}$$

令 $\dot{U}_\text{A}=220\ \underline{/0°}\,\text{V}$,则电源中性点与负载中性点之间的电压为

$$\dot{U}_{\text{N}'\text{N}}=\frac{\dot{U}_\text{A}Y_\text{A}+\dot{U}_\text{B}Y_\text{B}+\dot{U}_\text{C}Y_\text{C}}{Y_\text{A}+Y_\text{B}+Y_\text{C}}=\frac{220\text{j}\omega C+\dfrac{1}{R}(220\ \underline{/-120°}+220\ \underline{/120°})}{\text{j}\omega C+\dfrac{2}{R}}$$

$$=\frac{220\text{j}\omega C-\dfrac{1}{R}}{\text{j}\omega C+\dfrac{2}{R}}=\frac{220\times(\text{j}3.14-8.26)\times10^{-4}}{(\text{j}3.14+2\times8.26)\times10^{-4}}\text{V}=115.6\ \underline{/148.4°}\ \text{V}$$

所以 B 相上的白炽灯上的电压为

$$\dot{U}_{\text{BN}'}=\dot{U}_\text{BN}-\dot{U}_{\text{NN}'}=(220\ \underline{/-120°}-115.6\ \underline{/148.4°})\,\text{V}=251\ \underline{/-93°}\ \text{V}$$

C 相上的白炽灯上的电压为

$$\dot{U}_{\text{CN}'}=\dot{U}_\text{CN}-\dot{U}_{\text{NN}'}=(220\ \underline{/120°}-115.6\ \underline{/148.4°})\,\text{V}=130\ \underline{/95°}\ \text{V}$$

由计算结果可知,B 相上的电压远高于 C 相上的电压,因此白炽灯暗的一相为 C 相,它滞后白炽灯亮的一相 B 相,又滞后接电容的 A 相。

5.5.2 三相系统的配电方式

在三相供电系统中,高压输电网采用三相三线制,低压输电方式则采用三相四线制,用三根相线(俗称火线)和一根中性线(俗称零线)供电,中性线由变压器中性点引出并接地,电压为380V/220V,取任意一根相线与中性线构成 220V 供电线路供一般家庭用,三根相线间两两之间的电压为 380V,一般供工厂企业中的三相设备使用,如工厂中用的最多的三相异步电动机等。这里的中性线一般还起到一个保护作用,即它把电器设备的金属外壳和电网的中性线可靠连接,可以保护人身安全,是一种用电安全措施,此时的中性线又称为保护中性线(保护接零)。

在三相四线制供电中由于三相负载不平衡或低压电网的中性线过长且阻抗过大时,中性线对地也会产生一定的对地电压;另外,由于环境恶化、导线老化、受潮等因素,导线的漏电电流通过中性线形成闭合回路,致使中性线也带一定的电压,这对安全运行十分不利。在中性线断开的特殊情况下,断开中性线以后的单相用电设备和所有保护接零的设备会产生漏电压,这是不允许的。如何解决这个问题呢?在工程实际中采用三相五线制电路。

三相五线制电路比三相四线制电路多出一根地线,其中多出的一根地线作为保护接地线,它

与三相四线制电路相比较,将工作中性线 N 与保护地线 PE 分开,中性线和地线的根本差别在于中性线构成工作回路,地线起保护作用叫做保护接地,前者回电网,后者回大地。工作中性线上的电位不能传递到用电设备的外壳上,这样就能有效隔离了三相四线制供电方式所造成的危险电压,使用电设备外壳上电位始终处在"地"电位,从而消除了设备产生危险电压的隐患。具体接线如图 5-25 所示。

凡是采用保护接地的低压供电系统,均是三相五线制供电的应用范围。国家有关部门规定:凡是新建、扩建、企事业、商业、居民住宅、智能建筑、基建施工现场及临时线路,一律实行三相五线制供电方式,做到保护中性线和工作中性线单独接线。对现有企业应逐步将三相四线制改为三相五线制供电。

在三相五线制系统中,对单相负载而言,相当于单相三线制,即一根相线、一根工作中性线和一根保护接地线。规范单相三线制的插座如图 5-26 所示,形象地记作"左零右火地中间"。

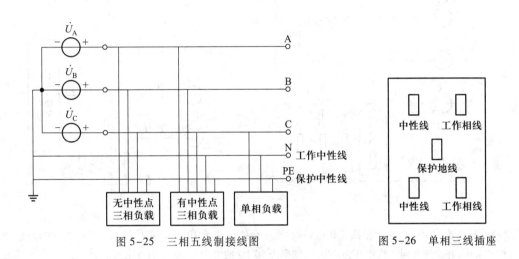

图 5-25　三相五线制接线图　　　　　　　图 5-26　单相三线插座

习 题 5

5-1　已知在对称三相四线制三相电路中,负载阻抗 $Z=(12+j16)$ Ω,中线阻抗为 $Z_N=(1+j2)$ Ω,线电压 U_l $=380$ V,求各相负载端的相电压、线电压、相电流和中性线电流。

5-2　若在上题中,线路阻抗 $Z_l=(3+j4)$ Ω,重新求各相负载端的相电压、线电压、相电流和中线电流。

5-3　已知在对称三相三线制三相电路中,负载为三角形联结,且线路阻抗 $Z_l=(3+j4)$ Ω,负载阻抗 $Z=(12+j16)$ Ω,线电压 $U_l=380V$,求各相负载端的相电压、相电流和线电流。

5-4　三相四线制三相电路中,已知相电压 $U_P=220$ V,不对称连接的负载分别为 $Z_A=(3+j5)$ Ω,$Z_B=(2+j4)$ Ω,$Z_C=(3+j4)$ Ω。求(1)忽略中性线阻抗时的各相相电流和中性线电流;(2)当中性线阻抗为 $Z_N=(1+j1)$ Ω 时的中性点电压 $\dot{U}_{N'N}$,并求各相负载端的相电压、相电流和中性线电流。

5-5 在题5-5图所示的三相四线制三相电路中，已知线电压$U_1 = 380$ V，接有三相对称星形负载，$R = 60$ Ω；此外，在C相还接有额定电压为220 V、功率为40 W、功率因数为0.5的日光灯一盏。试求电流$\dot{I}_A$、$\dot{I}_B$、$\dot{I}_C$、$\dot{I}_N$。

5-6 已知对称三相负载三角形联结，每相负载阻抗$Z_N = (16 + j24)$ Ω，接在相电压$U_p = 220$ V的对称三相电源上。(1)求每相负载相电流和线电流；(2)设负载中有一相开路(此时设为A相)，求此时每相负载的相电流和线电流；(3)设一条端线开路，再求每相负载的相电流和线电流。

5-7 如题5-7图所示对称三相电路中，电源电压$\dot{U}_{AB} = 380 \underline{/0°}$ V，其中一组对称三相感性负载的三相有功功率为5.7 kW，功率因数为0.866，另一组对称星形联结容性负载的每相阻抗$Z = 22\underline{/-30°}$ Ω，求电流$\dot{I}_A$、$\dot{I}_B$、$\dot{I}_C$。

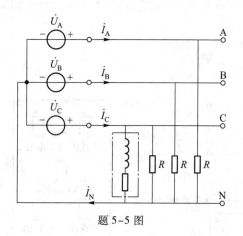 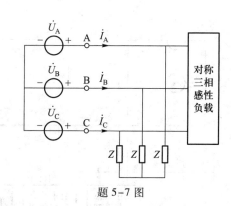

题5-5图   题5-7图

5-8 相电流为10A的星形接法三相电阻炉，与一台线电流为10 A、功率因数为0.866的三角形联结的异步三相电动机，并连接在同一线电压为380 V，频率为50 Hz的电源上，求总的线电流。

5-9 某建筑物有三层楼，每一层的照明分别由三相电源的各相供电，电源电压为380 V/220 V，每层楼装有220 V、100 W的白炽灯100盏。(1)画出电灯接入电源的电路图。(2)在该建筑物电灯全部点亮时的线电流和中线电流各为多少？(3)若第一层楼电灯全部关闭，第二层楼的电灯全部点亮，第三层开了十盏灯，而电源中性线因故断开，这时第二、三层楼电灯两端电压各为多少？第二、三层电灯能否正常工作？

5-10 已知在对称三相四线制三相电路中，负载阻抗$Z = (8 + j6)$ Ω，中线阻抗为$Z_N = (1 + j2)$ Ω，线电压$U_1 = 380$ V，求三相电路的总的有功功率、总的无功功率、总的视在功率和功率因数。若将上述的三相负载改为三角形联结，则计算结果有何不同？

5-11 把一个三相对称负载接入对称三相电源，负载的额定电压为220 V，每相负载的电阻为12 Ω，感抗为16 Ω，电源电压为380 V/220 V，问(1)负载应如何种连接？(2)相电压、相电流、线电压、线电流各是多少？(3)三相电路的P、Q、S及$\cos\varphi$各是多少？

5-12 在如题5-12图所示的对称三相电路中，两组负载分别接成星形和三角形，且$Z_1 = 30\underline{/30°}$ Ω，$Z_2 = (16 + j12)$ Ω，端线阻抗$Z_e = (0.1 + j0.2)$ Ω，若要使负载端电压有效值保持为380 V，试问电源端的线电压应为多大?

5-13 如题 5-13 图所示的三相电路中,已知 $U_{AB}=380$ V,$R=10\sqrt{3}$ Ω,$Z=10 \underline{/-60°}$ Ω,求电流 i 。

5-14 如题 5-14 图所示的电路为 380 V/220 V 的三相四线制供电系统,接有两个对称三相负载和一个单相负载,对称星形负载 $Z=(40+j30)$ Ω,单相负载 $R=100$ Ω,求(1)三个线电流各为多少?(2)中性线上有无电流,若有应为多少?

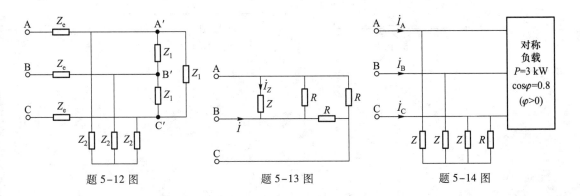

题 5-12 图 　　　　题 5-13 图 　　　　题 5-14 图

5-15 设计一个三相照明电路,某工地现场已有资源:三根相线,线电压为 380 V,灯泡若干个,灯泡额定电压为 220 V,功率有 60 W 和 100 W 两种,要求能给工地照明。

5-16 设计一个相序检测电路,说明原理,并用 EWB 仿真。

5-17 如题 5-17 图所示的对称三相电路中,已知线电压 $U_1=380$ V,线电流 $I_1=20$ A,三相感性负载的输入功率 $P=6581.8$ W,求(1)通过负载的相电流 I_P;(2)二个功率表的读数。

5-18 如题 5-18 图所示的三相四线制三相电路中,相电压为 220 V,第一组星形联结对称三相负载 $Z_1=(80+j30)$ Ω;第二组星形联结对称三相负载(Z_2)吸收的有功功率为 3000 W,其功率因数为 0.8(滞后);第三组为一单相负载 $R=100$ Ω,计算电流 i_A、i_{A1}、i_{A2}、i_{A3}。

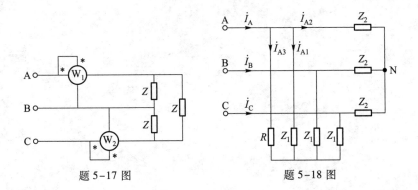

题 5-17 图 　　　　　题 5-18 图

5-19 如题 5-19 图所示的对称三相电路中,线电压为 380 V,$R=6$ Ω,$Z_1=10$ Ω,$Z=(1+j4)$ Ω。求三相电源供给电路总的有功功率。

5-20　如题 5-20 图所示的对称 Y-Δ 三相电路中,已知线电压为 380 V,$Z=(27.5+j47.64)$ Ω。求(1)图中功率表的读数及其代数和有没有意义?(2)若开关 S 打开呢?

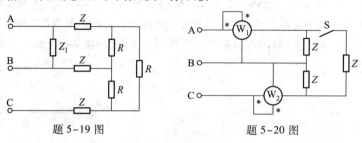

题 5-19 图　　　　　　　题 5-20 图

第6章 频率特性与谐振电路

第四章讨论了单一固定频率激励下的正弦稳态响应和功率问题。当正弦激励的频率不同时,由于电感元件和电容元件的阻抗均与频率有关,所以电路中的响应也会随频率发生变化。这种电路中的响应随激励频率变化而变化的特性称为电路的频率特性或频率响应。

本章首先根据线性时不变电路的比例性定义网络函数,并运用网络函数的概念讨论几个 *RC* 选频网络的频率特性,再介绍如何运用叠加的方法求解不同频率电源激励下的稳态响应、电流电压的有效值和平均功率,最后讨论电路中的谐振问题。

6.1 网络函数与频率特性

6.1.1 网络函数的定义

当电路中包含储能元件时,由于容抗和感抗都是频率的函数,因此不同频率的正弦信号作用于电路时,即使其振幅和初相相同,响应的振幅和初相都将随之变化。电路响应随激励频率变化的特性称为电路的频率特性(frequency characteristic)或频率响应(frequency response)。

电路的频率特性用正弦稳态电路的网络函数来描述。对于单一激励的正弦稳态电路,定义响应相量(支路电压或电流)与激励相量(电压源的电压或电流源的电流)之比为网络函数(network function),用 $H(j\omega)$ 表示,即

$$H(j\omega) = \frac{响应相量}{激励相量} \tag{6-1}$$

网络函数 $H(j\omega)$ 由电路的拓扑结构和电路元件参数决定,可以反映电路本身的特性。一般情况下,正弦稳态电路的网络函数是一个复数,它描述了在不同频率电源激励下,响应相量与激励相量之间的大小关系及相位关系。对于时不变线性电阻电路,网络函数是一实数。

将网络函数写成极坐标形式,即

$$H(j\omega) = |H(j\omega)| \underline{/\varphi(\omega)} \tag{6-2}$$

其中,$|H(j\omega)|$ 为网络函数的模,它反映响应和激励的有效值(或振幅)之比与频率的关系,称为电路的幅频特性(magnitude-frequency characteristic);$\varphi(\omega)$ 为网络函数的辐角,它反映响应和激励的相位差(或相移角)与频率的关系,称为电路的相频特性(phase-frequency characteristic)。幅频特性和相频特性总称为频率特性。习惯上常把 $|H(j\omega)|$ 和 $\varphi(\omega)$ 随 ω 变化的情况用曲线来

表示,分别称为幅频特性曲线和相频特性曲线。

　　通常将激励所在的端口称为策动点,如果激励和响应都在同一端口,对应的网络函数实际上就是等效阻抗或等效导纳,可称为策动点函数;如果激励和响应不在同一端口上,则称为转移函数或传递函数。

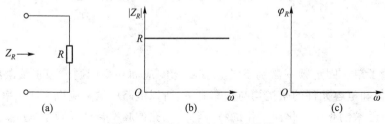

图 6-1　电阻 R 的频率特性曲线

　　对于由单个电阻构成的单口网络,如图 6-1(a)所示,其输入阻抗即策动点函数为

$$Z_R = R = R\underline{/0^\circ}$$

即 $|Z_R| = R, \varphi_R = 0^\circ$,意味着幅值(模)和相位(辐角)是常数且与频率无关。Z_R 的幅频特性和相频特性曲线如图 6-1(b)和 6-1(c)所示。

　　对于图 6-2(a)中由单个电感构成的单口网络,它的输入阻抗即策动点函数为

$$Z_L = \mathrm{j}\omega L = \omega L\underline{/90^\circ}$$

即 $|Z_L| = \omega L, \varphi_L = 90^\circ$。相位是等于 90° 的常数,但 Z_L 的幅值与频率成正比例。图 6-2(b)和 6-2(c)给出了 Z_L 的幅频特性和相频特性曲线。

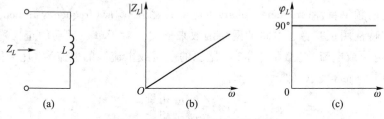

图 6-2　电感 L 的频率特性曲线

　　对于如图 6-3(a)所示的由单个电容构成的单口网络,其输入阻抗即策动点函数为

$$Z_C = \frac{1}{\mathrm{j}\omega C} = \frac{1}{\omega C}\underline{/-90^\circ}$$

即 $|Z_C| = 1/\omega C, \varphi_C = -90^\circ$。阻抗的相位是常数,但 Z_C 的幅值与频率成反比例,如图 6-3(b)和图6-3(c)。注意,当 ω 趋近于零时,阻抗趋近于无穷大;而当 ω 趋近于无穷大时,则阻抗趋近于零。

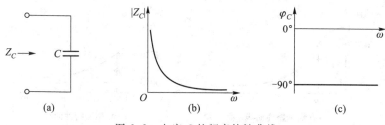

图 6-3 电容 C 的频率特性曲线

6.1.2 网络函数的频率特性

根据网络的幅频特性,可将网络分为低通(LP)、高通(HP)、带通(BP)、带阻(band-stop)等网络;根据网络的相频特性,又可以将网络分为超前网络和滞后网络等。电子和通信工程中利用不同网络的频率特性,可以实现滤波、选频和移相等功能。

1. RC 低通电路

如图 6-4 所示为一阶 RC 串联电路,若以 $\dot{U}_1$ 为激励相量,$\dot{U}_2$ 为响应相量,则网络函数为一转移电压比,即

$$H(\mathrm{j}\omega) = \frac{\dot{U}_2}{\dot{U}_1} = \frac{\dfrac{1}{\mathrm{j}\omega C}}{R + \dfrac{1}{\mathrm{j}\omega C}} = \frac{1}{1 + \mathrm{j}\dfrac{\omega}{\omega_0}} \qquad (6-3)$$

图 6-4 RC 低通电路

式中,$\omega_0 = \dfrac{1}{RC}$,为电路的固有频率。

由式(6-3)得到描述 RC 串联电路的频率特性,即幅频特性

$$|H(\mathrm{j}\omega)| = \frac{1}{\sqrt{1 + \dfrac{\omega^2}{\omega_0^2}}}$$

相频特性

$$\varphi(\omega) = -\arctan\frac{\omega}{\omega_0}$$

由上面两式可以绘制出频率特性曲线,如图 6-5 所示。

从图 6-5 中可以看出,当 $\omega = \omega_0$ 时,$|H(\mathrm{j}\omega)| = 0.707$,即 $U_2/U_1 = 0.707$,且 $|H(\mathrm{j}\omega)|$ 随着 ω 增长而下降。这说明以电容上电压作为输出的 RC 串联电路传输正弦电压时,输入电压的频率越高,输出电压振幅的衰减就越大,电路具有阻止高频率输入电压通过和保证低频率输入电压通过的性能。这种保证低频输入通过的电路称为低通电路(low-pass circuit)。

通常将网络函数的模等于其最大值的 $1/\sqrt{2}$ 所对应的频率称为截止频率或半功率点频率,记为 ω_c。由图 6-5 所示的频率特性可知,RC 低通电路的截止频率为

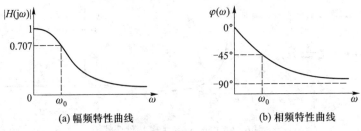

(a) 幅频特性曲线　　　　　(b) 相频特性曲线

图 6-5　RC 低通电路的频率特性曲线

$$\omega_c = \omega_0 = \frac{1}{RC}$$

对低通电路,当频率低于截止频率时,输出的幅度大于输入幅度的 0.707 倍,因而频率为 $0 \sim \omega_c$ 这一范围称为通带 BW。而频率高于截止频率时,输出的幅度小于输入幅度的 0.707 倍,因而频率为 $\omega_c \sim \infty$ 这一范围称为阻带。

2. RC 高通电路

图 6-6 所示为简单的 RC 高通电路。由分压公式可以得到网络函数

$$H(j\omega) = \frac{\dot{U}_2}{\dot{U}_1} = \frac{R}{R + \frac{1}{j\omega C}} = \frac{j\frac{\omega}{\omega_0}}{1 + j\frac{\omega}{\omega_0}} \qquad (6-4)$$

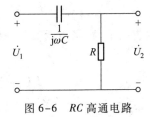

图 6-6　RC 高通电路

式中,$\omega_0 = \frac{1}{RC}$,为电路的固有频率。其幅频特性

$$|H(j\omega)| = \frac{1}{\sqrt{1 + \frac{\omega_0^2}{\omega^2}}}$$

相频特性

$$\varphi(\omega) = 90° - \arctan\frac{\omega}{\omega_0}$$

由此可以画出幅频特性曲线和相频特性曲线,如图 6-7 所示。

从 RC 高通电路及其幅频特性可见,当 $\omega = 0$(直流)时,电容元件相当于开路,$\dot{U}_2 = 0$,$|H(j0)| = 0$;而 $\omega \to \infty$ 时,电容元件相当于短路,$\dot{U}_2 = \dot{U}_1$,$|H(j\infty)| = 1$。这表示,随着输入正弦信号频率的增加,$|H(j\omega)|$ 由 0 单调上升并趋于 1,即高频的正弦信号比低频的正弦信号更容易通过这个电路,因此称图 6-6 所示为 RC 高通电路(high pass circuit)。

同样,将网络函数的模等于其最大值的 $1/\sqrt{2}$ 所对应的频率称为截止频率或半功率点频率。由图 6-7 所示的频率特性可知,RC 高通电路的截止频率为

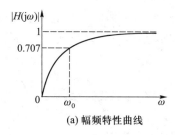 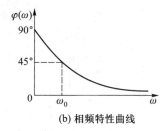

(a) 幅频特性曲线　　　　　　　　　　(b) 相频特性曲线

图 6-7　*RC* 低通电路的频率特性曲线

$$\omega_c = \omega_0 = \frac{1}{RC}$$

通常把 $\omega_c \sim \infty$ 的频率范围定义为 *RC* 高通电路通频带宽度 *BW*。

思考题

6-1　填空题

（1）网络函数 $H(j\omega)$ 由电路的_____和_____决定。

（2）画出 *RC* 串联电路实现高通滤波或低通滤波的电路拓扑结构为_____或_____。

（3）如图 6-4 所示 *RC* 低通电路，为使输出电压 $\dot{U}_2$ 与输入电压 $\dot{U}_1$ 在相位差上相差45°，电路的参数应满足_____，并且只能做到输出电压 $\dot{U}_2$ 比输入电压 $\dot{U}_1$ _____45°。

6.2　多频率激励电路

6.2.1　多频率正弦激励的电路响应

单一频率正弦激励下的电路稳态响应和功率、能量问题可以运用相量法解决。当正弦激励的频率不同时，同一电路的响应也会有所不同，这是动态电路与电阻电路的区别所在。多频率正弦激励电路，就是多个不同频率正弦激励下的稳态电路，如何计算这类电路的响应？解决这一问题先要研究不同频率正弦激励信号形成的机理及其电路响应的工程应用背景。

法国数学家傅里叶发现，任何一个给定的非正弦周期函数 $f(t) = f(t+kT)$，式中 T 为周期函数 $f(t)$ 的周期，$k = 0,1,2,3,\cdots$。如果 $f(t)$ 满足狄利克雷条件，它便能展开为一个收敛的级数，这个级数可以用多个振幅不同、频率不同的正弦函数或余弦函数表示，称为傅里叶级数，即

$$f(t) = a_0 + [a_1\cos(\omega_1 t) + b_1\sin(\omega_1 t)] + [a_2\cos(\omega_2 t) + b_2\sin(\omega_2 t)] + \cdots$$

$$= a_0 + \sum_{k=1}^{\infty}[a_k\cos(\omega_k t) + b_k\sin(\omega_k t)]$$

其中，$a_0 = \dfrac{1}{T}\displaystyle\int_0^T f(t)\,\mathrm{d}t$、$a_k = \dfrac{1}{\pi}\displaystyle\int_0^{2\pi} f(t)\cos(k\omega_1 t)\,\mathrm{d}(\omega_1 t)$、$b_k = \dfrac{1}{\pi}\displaystyle\int_0^{2\pi} f(t)\sin(k\omega_1 t)\,\mathrm{d}(\omega_1 t)$。

更为重要的是在电气、电子、通信、控制等不同领域,常见的电压或电流矩形波、三角波、锯齿波、全波整流波形等非正弦周期波,如图 6-8 所示,均满足傅里叶级数展开的条件。

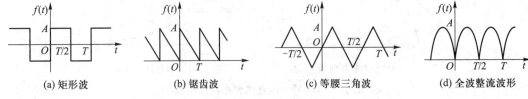

(a) 矩形波　　　　(b) 锯齿波　　　　(c) 等腰三角波　　　　(d) 全波整流波形

图 6-8　非正弦周期信号

例如,求图 6-8(a) 所示周期性矩形信号 $f(t)$ 的傅里叶级数展开式。先将 $f(t)$ 在第一个周期内的表达式用分段函数给出为

$$\begin{cases} f(t) = A & 0 \leqslant t \leqslant T/2 \\ f(t) = -A & T/2 \leqslant t \leqslant T \end{cases}$$

根据上述傅里叶级数的通式,求得所需要的系数为

$$a_0 = \frac{1}{T} \int_0^T f(t) \, \mathrm{d}t = 0$$

$$a_k = \frac{1}{\pi} \int_0^{2\pi} f(t) \cos(k\omega_1 t) \, \mathrm{d}(\omega_1 t) = 0$$

$$b_k = \frac{1}{\pi} \int_0^{2\pi} f(t) \sin(k\omega_1 t) \, \mathrm{d}(\omega_1 t) = \frac{2A}{\pi} \left[1 - \cos(k\pi) \right]$$

当 k 为偶数时,有 $\cos(k\pi) = 1$、$b_k = 0$;当 k 为奇数时,有 $\cos(k\pi) = -1$、$b_k = \frac{4A}{k\pi}$。由此求得

$$f(t) = \frac{4A}{\pi} \left[\sin(\omega_1 t) + \frac{1}{3} \sin(3\omega_1 t) + \frac{1}{5} \sin(5\omega_1 t) + \cdots \right] \tag{6-5}$$

用上述的方法,亦可求得图 6-8(b)、8(c)、8(d) 所示非正弦周期信号的傅里叶级数表达式如下。

图 6-8(b) 锯齿波

$$f(t) = \frac{A}{2} + \frac{A}{\pi} \left[\sin(\omega_1 t) + \frac{1}{2} \sin(2\omega_1 t) + \frac{1}{3} \sin(3\omega_1 t) + \cdots \right] \tag{6-6}$$

图 6-8(c) 等腰三角波

$$f(t) = \frac{8A}{\pi^2} \left[\sin(\omega_1 t) - \frac{1}{9} \sin(3\omega_1 t) + \frac{1}{25} \sin(5\omega_1 t) - \cdots \right] \tag{6-7}$$

图 6-8(d) 全波整流波形

$$f(t) = \frac{4A}{\pi} \left[\frac{1}{2} - \frac{1}{3} \cos(2\omega_1 t) - \frac{1}{15} \sin(4\omega_1 t) - \frac{1}{35} \sin(6\omega_1 t) - \cdots \right] \tag{6-8}$$

当图 6-8 所示的 $f(t)$ 为电路的激励电压或电流信号时,由于 $f(t)$ 展开成傅里叶级数显示其含有多个不同频率的正弦或余弦信号成分,这样的电路称为多频率正弦激励的电路。当电路中的电源电压或电流按 $f(t)$ 变化时,引起电路中其他支路的电压或电流随之变化称为多频率正弦激励的电路响应。

6.2.2 非正弦周期信号激励的电路响应

当电路中的激励电压、电流波形为非正弦周期波形时,该电路又称为非正弦周期信号激励的稳态电路。对线性时不变非正弦周期稳态电路的分析仍可以采用相量法。常见的非正弦周期稳态电路可分为两类:一类为电路中存在多个频率不同的稳态激励。因此电路的响应为非周期正弦波形,对这类电路采用叠加定理和相量法进行分析,即用相量法求出每一个频率的正弦激励单独作用时的电路响应,再运用叠加定理求出所有频率正弦激励共同作用时的电路总响应。另一类,为电路中仅存在一个非正弦周期电压或电流激励,对这类电路的分析应首先将非正弦周期激励按傅里叶级数展开成多个不同幅度、频率的正弦分量,再用叠加定理和相量法分析计算电路在非正弦周期电源(即多个不同幅度、频率的正弦分量)激励下的电路响应。对包含多个非正弦周期激励的电路,则可以综合运用上述方法进行综合分析。

在应用叠加定理和相量法分析非正弦周期信号激励的电路响应时,须注意以下两点:

(1) 对于直流成分的激励,电路中的电容视为开路,电感视为短路;在其他频率成分作用时,每一频率成分单独建立电路相量模型,不同频率成分的电路相量模型主要是电容、电感的电抗值不同。

(2) 用相量法求出不同频率激励的电路稳态响应分量,由于不同频率的电路稳态响应分量不能直接相加,应先将每一响应分量变换到时域形式再相加得出总的电路响应的时域表达式。

【例 6-1】 图 6-9(a)所示为幅度 1 V、周期 T 为 1 ms 的锯齿波信号,作用于图 6-9(b)所示的 RL 电路。已知锯齿波信号的傅里叶级数为

$$u_S(t) = \frac{1}{2} + \frac{1}{\pi}\left[\sin(\omega t) + \frac{1}{2}\sin(2\omega t) + \frac{1}{3}\sin(3\omega t) + \cdots\right]$$

式中,$\omega = \dfrac{2\pi}{T} = 2\pi \times 10^3 \text{ rad/s}$,又 $R = 10\ \Omega$,$L = 1$ mH,试求稳态时的电感电压的前 4 项频率分量。

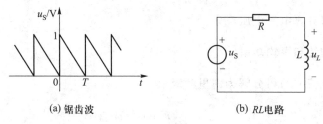

(a) 锯齿波   (b) RL 电路

图 6-9　例 6-1 图

解 激励电压的前四项分量的相量为:直流分量 $U_0 = 0.5$ V,基波分量 $\dot{U}_{Sm}(j\omega) = \frac{1}{\pi}\underline{/0°}$,二次谐波分量 $\dot{U}_{Sm}(j2\omega) = \frac{1}{2\pi}\underline{/0°}$,三次谐波分量 $\dot{U}_{Sm}(j3\omega) = \frac{1}{3\pi}\underline{/0°}$。

激励电压频率为 ω 的网络函数即电压转移函数为

$$H(j\omega) = \frac{\dot{U}_{Lm}}{\dot{U}_{Sm}} = \frac{j\omega L}{R+j\omega L}$$

输入电压 u_S 的前 4 项频率为 0、ω、2ω、3ω,根据上式依次计算各频率分量的电压转移比。

(1) 频率为 0,即直流分量,$H(j0) = 0$,输出电压 $U_0 = 0$。

(2) 频率为 ω,即基波分量,$H(j\omega) = \frac{j\omega L}{R+j\omega L} = \frac{j2\pi}{10+j2\pi} = \frac{6.28\underline{/90°}}{12.11\underline{/32.1°}} = 0.52\underline{/57.9°}$,基波电压分量 $\dot{U}_{Lm}(j\omega) = H(j\omega)\times\dot{U}_{Sm}(j\omega) = 0.16\underline{/57.9°}$。

(3) 频率为 2ω,即二次谐波分量,$H(j2\omega) = \frac{j2\omega L}{R+j2\omega L} = \frac{j4\pi}{10+j4\pi} = 0.78\underline{/38.5°}$,二次谐波电压分量 $\dot{U}_{Lm}(j2\omega) = H(j2\omega)\times\dot{U}_{Sm}(j2\omega) = 0.12\underline{/38.5°}$。

(4) 频率为 3ω,即三次谐波分量,$H(j3\omega) = \frac{j3\omega L}{R+j3\omega L} = \frac{j6\pi}{10+j6\pi} = 0.88\underline{/27.9°}$,三次谐波电压分量 $\dot{U}_{Lm}(j3\omega) = H(j3\omega)\times\dot{U}_{Sm}(j3\omega) = 0.09\underline{/27.9°}$。

由叠加定理得锯齿波激励的 RL 电路电感电压的前 4 项频率分量的时域表达式为

$u_L(t) = [0.16\sin(\omega t+57.9°) + 0.12\sin(2\omega t+38.5°) + 0.09\sin(3\omega t+27.9°)]$ V

特别指出:直流激励电感的稳态电压为 0,激励电压的其他频率分量在电感上引起的电压响应,因频率不同,不能用相量法直接相加,故求出各响应分量后,写成时域表达式,再相加求出总响应。

如将本例中的激励电压改变为 $u_S(t) = \frac{8}{\pi^2}\left[\sin(\omega_1 t) - \frac{1}{9}\sin(3\omega_1 t) + \frac{1}{25}\sin(5\omega_1 t) - \cdots\right]$,读者可以根据上述方法练习计算电感电压。

6.2.3 有效值、平均值和平均功率

设非正弦周期电流 $i(t)$ 可分解为傅里叶级数

$$i(t) = I_0 + \sum_{k=1}^{\infty} I_{mk}\cos(k\omega t + \varphi_k) \tag{6-9}$$

根据有效值定义,非正弦周期电流 $i(t)$ 的有效值为

$$I = \sqrt{\frac{1}{T}\int_0^T i^2(t)\,dt} = \sqrt{\frac{1}{T}\int_0^T \left[I_0 + \sum_{k=1}^{\infty} I_{mk}\cos(k\omega t + \varphi_k)\right]^2 dt}$$

$$= \sqrt{I_0^2 + \frac{I_{m1}^2}{2} + \frac{I_{m2}^2}{2} + \cdots} = \sqrt{I_0^2 + I_1^2 + I_2^2 + \cdots} \qquad (6-10)$$

上式中的 I_0 为直流分量，$I_{m1}, I_{m2} \cdots$ 为各次谐波分量的振幅。$I_1, I_2 \cdots$ 为各次谐波分量的有效值。

同理，非正弦周期电压 $u(t)$ 的有效值

$$U = \sqrt{U_0^2 + \frac{U_{m1}^2}{2} + \frac{U_{m2}^2}{2} + \cdots} = \sqrt{U_0^2 + U_1^2 + U_2^2 + \ldots} \qquad (6-11)$$

上述表明，非正弦周期电流、电压的有效值实为其直流分量和各次谐波分量有效值的平方之和的平方根。

在实际工程应用中还用到电压、电流平均值的概念，以电流 $i(t)$ 为例，其定义如下式表示

$$I_{av} = \frac{1}{T} \int_0^T |i(t)| \, \mathrm{d}t$$

即非正弦周期电流的平均值等于其绝对值的平均值。按上式可求得

$$I_{av} = \frac{1}{T} \int_0^T |I_m \sin(\omega t)| \, \mathrm{d}t = \frac{4I_m}{T} \int_0^{\frac{T}{4}} |\sin(\omega t)| \, \mathrm{d}t$$

$$= \frac{2I_m}{\pi} = 0.637 I_m = 0.898 I \approx 0.9 I$$

它相当于正弦电流经全波整流后的平均值，这是因为取电流的绝对值相当于把负半周的值变为对应的正值。工程测量中磁电系仪表的偏转角 $\theta \propto \frac{1}{T} \int_0^T |i(t)| \, \mathrm{d}t$，全波整流磁电系仪表的偏转角 $\theta \propto \frac{1}{T} \int_0^T |i(t)| \, \mathrm{d}t$，故可分别用来测量直流分量和绝对值的平均值。

设线性单口网络的端口电流为 $i(t)$，端口电压为 $u(t)$，且参考方向关联，则此单口网络吸收的有功功率为

$$P = \frac{1}{T} \int_0^T u(t) \times i(t) \, \mathrm{d}t$$

$$= \frac{1}{T} \int_0^T \left[U_0 + \sum_{k=1}^{\infty} U_{mk} \cos(k\omega t + \varphi_k) \right] \times \left[I_0 + \sum_{k=1}^{\infty} I_{mk} \cos(k\omega t + \varphi_k) \right] \mathrm{d}t$$

$$= U_0 I_0 + U_1 I_1 \cos(\varphi_{u1} - \varphi_{i1}) + U_2 I_2 \cos(\varphi_{u2} - \varphi_{i2}) + \cdots \qquad (6-12)$$

即单口网络的平均功率，等于直流分量构成的功率与各次谐波构成的平均功率之和。值得注意的是，由于三角函数的正交性，不同频率的电流和电压只能构成瞬时功率，而不能构成平均功率，或者说平均功率为零。所以电路的平均功率可用电动式仪表测出。

【例 6-2】 单口网络的端口电压、电流分别为

$$u(t) = 1 + 5\sin(\omega t - 30°) + 3\sin(2\omega t + 45°) + 1\sin(3\omega t - 75°)$$

$$i(t) = 2 + 3\sin(\omega t + 15°) + 2\sin(3\omega t - 30°) + 1\sin(5\omega t + 60°)$$

其中 $u(t)$、$i(t)$ 为关联参考方向，求：(1) 单口网络的端口电压、电流的有效值；(2) 单口网络吸收的平均功率。

解　（1）根据电压有效值的计算公式（6-16）得

$$U = \sqrt{U_0^2 + \frac{U_{m1}^2}{2} + \frac{U_{m2}^2}{2} + \frac{U_{m3}^2}{2}} = \sqrt{1 + \frac{5^2}{2} + \frac{3^2}{2} + \frac{1}{2}}\ \text{V} = 4.3\ \text{V}$$

根据电流有效值的计算公式（6-15）得

$$I = \sqrt{I_0^2 + \frac{I_{m1}^2}{2} + \frac{I_{m2}^2}{2} + \frac{I_{m3}^2}{2}} = \sqrt{2^2 + \frac{3^2}{2} + \frac{2^2}{2} + \frac{1}{2}}\ \text{A} = 3.3\ \text{A}$$

（2）单口网络吸收的平均功率由计算公式（6-12）得

$$P = U_0 I_0 + U_1 I_1 \cos(\varphi_{u1} - \varphi_{i1}) + U_2 I_2 \cos(\varphi_{u2} - \varphi_{i2}) + \cdots$$

$$= \left[1 \times 2 + \frac{5}{\sqrt{2}} \times \frac{3}{\sqrt{2}} \cos(-30° - 15°) + \frac{1}{\sqrt{2}} \times \frac{2}{\sqrt{2}} \cos(-75° - (-30°)) \right]\ \text{W}$$

$$= 9.9\ \text{W}$$

思考题

6-2　图 6-8 均为电压信号的波形，根据平均功率的定义计算各信号电压的有效值。

6-3　填空题

无源二端网络的端口电压 $u(t) = 10 + 100\cos t + 10\cos(2t) + \cos(3t)$ 和电流 $i(t) = 1 + 2\cos(t - 60°) + \cos(3t - 75°)$ 在关联参考方向条件下，其电压有效值为_____，电流有效值为_____，网络吸收的有功功率为_____。

6.3　*RLC* 串联谐振电路

含有两种不同储能性质元件的电路，在某一频率的正弦激励下，可以产生一种重要的现象——谐振。能发生谐振的电路，称为谐振电路（resonance circuit）。谐振是电路中发生的特殊现象，在无线电、通信工程中有着广泛的应用，但在电力电子系统中，谐振通常会对系统造成危害，应设法加以避免。

6.3.1　谐振条件和特征

RLC 串联电路是一种最基本的谐振电路，如图 6-10 所示。设电路中的电源是角频率为 ω 的正弦电压源，其相量为 $\dot{U}_s$，初相角为零。

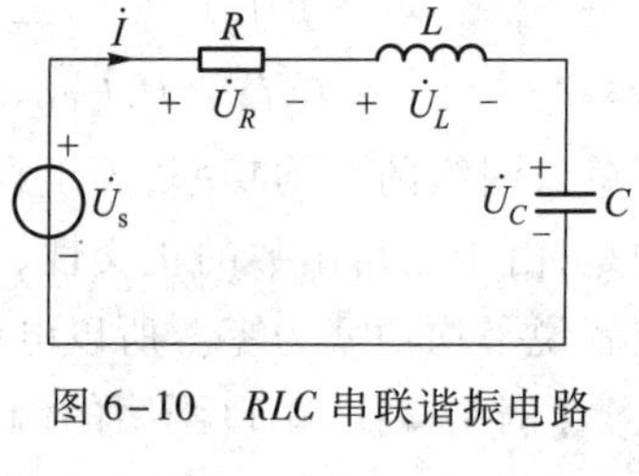

图 6-10　*RLC* 串联谐振电路

由图 6-10 所示的 *RLC* 串联电路的输入阻抗

$$Z(\text{j}\omega) = R + \text{j}\left(\omega L - \frac{1}{\omega C} \right) \tag{6-13}$$

可知，若

$$\omega L = \frac{1}{\omega C}$$

则输入阻抗的虚部为零。满足(6-13)式的 ω 值记为 ω_0,即 *RLC* 串联电路产生谐振的条件为

$$\omega_0 = \frac{1}{\sqrt{LC}} \text{或} f_0 = \frac{1}{2\pi\sqrt{LC}} \tag{6-14}$$

式中 ω_0 和 f_0 为电路的谐振角频率或谐振频率。

由式(6-14)可见,谐振频率由电路的结构和参数决定,与外加激励无关。当外加激励的频率等于谐振频率时,电路发生谐振。

RLC 串联电路发生谐振时的感抗和容抗在数值上相等,其值称为 *RLC* 串联谐振电路的特性阻抗,记为 ρ,即

$$\rho = \omega_0 L = \frac{1}{\omega_0 C} = \sqrt{\frac{L}{C}} \tag{6-15}$$

ρ 的单位为欧姆(Ω),它仅由电路参数 L 和 C 决定,与外加激励无关。

工程上常用特性阻抗 ρ 与电阻的比值来表征谐振电路的性能,并称此比值为 *RLC* 串联电路的品质因数(quality factor),记为 Q,即

$$Q = \frac{\rho}{R} = \frac{\omega_0 L}{R} = \frac{1}{\omega_0 RC} = \frac{1}{R}\sqrt{\frac{L}{C}} \tag{6-16}$$

品质因数 Q 由电路参数 R、L、C 共同决定,是个量纲为 1 的物理量,由于实际电路中 R 值很小,因此 Q 值一般很大,可以在几十到几百之间。

当 *RLC* 串联电路发生谐振时,表现出如下特征:

(1) 阻抗模为最小值,电感、电容串联环节的阻抗为零,相当于短路。

由(6-13)式可知

$$|Z(\mathrm{j}\omega)| = \sqrt{R^2 + \left(\omega L - \frac{1}{\omega C}\right)^2} \tag{6-17}$$

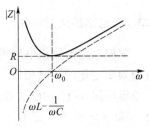

图 6-11 *RLC* 串联电路输入阻抗幅频特性曲线

由此可绘出输入阻抗的幅频特性如图 6-11 所示,$\omega L - \frac{1}{\omega C}$ 随 ω 变化的情况则用虚线绘在同一图中。由图中可见,当 $\omega = \omega_0$ 时,$|Z| = R$ 达到最小值,而在 ω 大于或小于 ω_0 时,$|Z|$ 均呈增大趋势,但 $\omega < \omega_0$ 时,容抗占优势,电路将呈现电容性;$\omega > \omega_0$ 时,感抗占优势,电路将呈现电感性。

(2) 电感与电容串联电路两端电压为零,电阻两端电压等于电源电压。

当 $|Z(\mathrm{j}\omega)|$ 达到最小值 $|Z(\mathrm{j}\omega_0)| = R$ 时,在端口电压有效值 U_s 不变的情况下,电路中的电流在谐振时达到最大值,且与端口电压 $\dot{U}_s$ 同相位,即

$$\dot{I}_0 = \frac{\dot{U}_s}{R}$$

实验时可根据此特点判别串联电路是否发生了谐振。此时，R、L、C 元件上的电压分别为

$$\dot{U}_{R0} = R\dot{I}_0 = \dot{U}_s$$

$$\dot{U}_{L0} = j\omega_0 L\dot{I}_0 = jQ\dot{U}_s$$

$$\dot{U}_{C0} = \frac{1}{j\omega_0 C}\dot{I}_0 = -jQ\dot{U}_s$$

可见，RLC 串联电路发生谐振时，电阻上的电压等于端口电源的电压，达到最大值，电感和电容上的电压等于端口电压的 Q 倍，相位相反，对外而言，这两个电压互相抵消，LC 串联电路相当于短路。由于 Q 值一般较大，从而使电感和电容上产生高电压，因此串联谐振也称为电压谐振。在无线电通信工程中，经常用串联谐振时电感或电容上的电压为输入电压几十到几百倍的特点，来提高微弱信号的幅值。

（3）电路的无功功率为零，有功功率与视在功率相等。

RLC 串联电路发生谐振时，无功功率、有功功率和视在功率分别如下：

$$Q = U_s I_0 \sin\varphi = Q_L + Q_C = \omega_0 L I_0^2 - \frac{1}{\omega_0 C}I_0^2 = 0$$

$$P = U_s I_0 \cos\varphi = U_s I_0 = R I_0^2 = \frac{U_s^2}{R}$$

$$S = U_s I_0 = P$$

这表示，谐振时，电路与电源之间没有能量交换，电源提供的能量全部消耗在电阻上。电感与电容之间周期性地进行磁场能量与电场能量的交换，且这一能量的总和为一常量。

6.3.2 电路的选频特性

谐振电路的输出电压可以取自电阻、电容或电感。取自电阻时，电压随频率变化的情况与电流随频率变化的情况相似。以图 6-10 所示电路为例并结合图 6-11 所示的输入阻抗幅频特性，不难得出图 6-12 的电流幅频特性，即谐振曲线（resonance curve），图中显示了 $R = 2\ \Omega$ 即 $Q = 25$ 时和 $R = 0.5\ \Omega$ 即 $Q = 100$ 时的两条曲线，其中 $L = 25$ mH、$C = 10\ \mu$F。两相比较，Q 较大时，曲线较为尖锐。这是由于当 L、C 为定值而 R 较小时，R 在阻抗中居弱势，电流随频率变化就较为明显。这样就能较好地选择某一频率而排除其他频率成分，这种性质称为电路的选择性（selectivity）。Q 值越高，选择性越强。收音机就是利用这一性质选择需要收听的电台。但选择性并非越高越好，还需要考虑通频带 BW 这一技术指标。RLC 电路具有带通的性质，其通频带是由半功率点频率规定的，半功率点频率为电流下降至谐振电流 I_0 的 $1/\sqrt{2}$ 时的频率，如图 6-13 所示。显然，存在两个半功率点频率 ω_1 和 ω_2，可分别称为上、下半功率点频率，而通频带

$$BW = \omega_2 - \omega_1 \tag{6-18}$$

　　电容两端的最高电压出现在谐振频率之前,而电感两端的最高电压则出现在谐振频率之后。图 6-12 例中 $R = 2\,\Omega$ 的 RLC 串联电路的各响应随 ω 变化的曲线图 6-14 所示。以 U_L 为例来说,谐振频率时电流达到最大,频率增加电流虽然下降,但感抗 ωL 却是增长的,因而 U_L 的最大值是可以发生在谐振频率之后的。类似地,也可理解何以 U_C 的最大值发生在谐振频率之前。实际工程应用中常忽略这一差别,认为谐振时电容和电感的电压达到最大值。

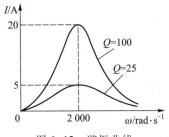

图 6-12　谐振曲线

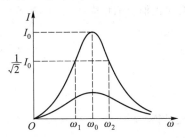

图 6-13　RLC 电路的通频带

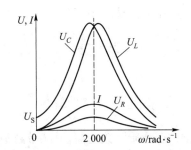

图 6-14　RLC 串联电路各电流、电压的幅频曲线

　　谐振时电流为

$$I_0 = \frac{U_s}{R}$$

　　其他情况时电流为

$$I = \frac{U_s}{\sqrt{R^2 + \left(\omega L - \dfrac{1}{\omega C}\right)^2}}$$

　　根据半功率频率的定义,由以上两式可得到频率为 ω_1、ω_2 时的关系式,即

$$\frac{I}{I_0} = \frac{R}{\sqrt{R^2 + \left(\omega L - \dfrac{1}{\omega C}\right)^2}} = \frac{1}{\sqrt{2}} \tag{6-19}$$

　　由此可得

$$\omega L - \frac{1}{\omega C} = \pm R$$

$$\omega^2 \mp \frac{R}{L}\omega - \frac{1}{LC} = 0$$

解得

$$\omega = \pm\frac{R}{2L} \pm \sqrt{\left(\frac{R}{2L}\right)^2 + \frac{1}{LC}}$$

由于 ω 必须为正值,因此得上、下半功率点频率

$$\omega_2 = \frac{R}{2L} + \sqrt{\left(\frac{R}{2L}\right)^2 + \frac{1}{LC}} \tag{6-20a}$$

$$\omega_1 = -\frac{R}{2L} + \sqrt{\left(\frac{R}{2L}\right)^2 + \frac{1}{LC}} \tag{6-20b}$$

由(6-18)式可得

$$BW = \omega_2 - \omega_1 = \frac{R}{L} \tag{6-21}$$

亦即通频带的宽度与电路参数 R、L 有关。根据(6-21)式可得品质因数 Q 与通频带的关系为

$$Q = \frac{\omega_0}{BW} \tag{6-22}$$

综合有关公式可得

$$BW = \omega_2 - \omega_1 = \frac{\omega_0}{Q} = \frac{R}{L} \tag{6-23}$$

这一重要公式表明:对一定的 ω_0 来说,品质因数越高,通频带越窄。

若把(6-20a)、(6-20b)两式相乘,由(6-14)式可得

$$\omega_0 = \sqrt{\omega_1\omega_2} \tag{6-24}$$

【**例 6-3**】　设计一 RLC 串联电路,谐振频率为 10^4 Hz,通频带为 100 Hz,串联电阻及负载电阻为 10 Ω 及 15 Ω。通频带起止频率是多少?

解　电路总电阻为$(10 + 15)$ Ω = 25 Ω。

$$Q = \frac{\omega_0}{\omega_2 - \omega_1} = \frac{f_0}{f_2 - f_1} = \frac{10^4}{100} = 100$$

所需电感

$$L = \frac{QR}{\omega_0} = 39.8 \text{ mH}$$

所需电容

$$C = \frac{1}{\omega_0 RQ} = 6.36 \text{ nF}$$

由(6-32a)、(6-32b)两式可得以频率 f 和品质因数 Q 表示的上、下半功率点频率(以 Hz 计)的公式为

$$f_1 = f_0\left(-\frac{1}{2Q} + \sqrt{\frac{1}{4Q^2}+1}\right)$$

$$f_2 = f_0\left(\frac{1}{2Q} + \sqrt{\frac{1}{4Q^2}+1}\right)$$

当 Q 值较高时，$\frac{1}{4Q^2} \ll 1$，故得

$$f_1 \approx f_0\left(-\frac{1}{2Q}+1\right) = 9\ 950\ \text{Hz}$$

$$f_2 \approx f_0\left(\frac{1}{2Q}+1\right) = 10\ 050\ \text{Hz}$$

通频带为 9 950 Hz 至 10 050 Hz。

思考题

6-4　在保证谐振频率 ω_0 不变的条件下，如何提高谐振电路的品质因数 Q？

6-5　填空题

（1）*RLC* 串联谐振电路的带宽 *BW* 与品质因数 Q 成_____关系。

（2）某串联谐振电路的频带宽为 100 kHz，品质因数 $Q = 20$，电容 $C = 50$ pF。则电路的谐振频率 f_0 为_____Hz；电感 L 为_____H。

6-6　选择题

若要使 *RLC* 并联谐振电路的通频带增大至原来的二倍，则与回路并联的电阻 R 应如何变化？（　　）

A. 减小至原值的 $\frac{1}{2}$ 　　　B. 增至原值的二倍 　　　C. 增至原值的 $\sqrt{2}$ 倍

6.4　*GLC* 并联谐振电路

串联谐振电路仅适用于信号源内阻较小的情况，如果信号源内阻较大，将使电路 Q 值过低，电路的频率选择性变差。这种情况下，可采用并联谐振电路。

6.4.1　谐振条件和特征

GLC 并联电路如图 6-15 所示。外施正弦电流源 $\dot{I}_s$，其角频率为 ω，初相角为零。

GLC 并联电路的输入导纳为

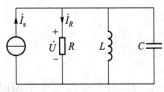

图 6-15　*GLC* 并联谐振电路

$$Y(j\omega) = G + j\left(\omega C - \frac{1}{\omega L}\right) \tag{6-25}$$

当输入导纳虚部 $B = \omega C - \frac{1}{\omega L} = 0$ 时，$Y(j\omega) = G$，电路呈电阻性，端口电压 $\dot{U}$ 与电流 $\dot{I}_s$ 同相位。

因此得出 GLC 并联电路产生谐振的条件为

$$\omega_0 = \frac{1}{\sqrt{LC}} \text{或} f_0 = \frac{1}{2\pi\sqrt{LC}} \tag{6-26}$$

式中 ω_0 和 f_0 为电路的谐振角频率或谐振频率。

因此，谐振频率由电路的结构和参数决定，与外加激励无关。当外加激励的频率等于谐振频率时，电路发生谐振。

GLC 并联电路的品质因数定义为

$$Q = \frac{\omega_0 C}{G} = \frac{1}{\omega_0 GL} = \frac{1}{G}\sqrt{\frac{C}{L}} \tag{6-27}$$

GLC 并联电路谐振时，电路表现的特征如下：

（1）导纳模为最小值，电感与电容并联环节的导纳为零，相当于开路。

由（6-25）式可得

$$|Y(j\omega)| = \sqrt{G^2 + \left(\omega C - \frac{1}{\omega L}\right)^2} \tag{6-28}$$

谐振时

$$|Y(j\omega_0)| = \sqrt{G^2 + \left(\omega_0 C - \frac{1}{\omega_0 L}\right)^2} = G$$

上式说明，$|Y(j\omega_0)| = G$ 为 $|Y(j\omega)|$ 的最小值。

（2）电感与电容并联电路的总电流为零，电阻电流等于电源电流。

当 $|Y(j\omega)|$ 达到最小值 $|Y(j\omega_0)| = G$ 时，在电源电流有效值 I_s 不变的情况下，电路中的电压在谐振时达到最大值，且与电源电流 $\dot{I}_s$ 同相位，即

$$U = |Z(j\omega_0)|I_s = \frac{1}{|Y(j\omega_0)|}I_s = \frac{1}{G}I_s = RI_s$$

实验时可根据此特点判别并联电路是否发生了谐振。此时，R、L、C 元件流过的电流分别为

$$\dot{I}_{R0} = G\dot{U}_0 = \dot{I}_s$$

$$\dot{I}_{L0} = \frac{1}{j\omega_0 L}\dot{U}_0 = -jQ\dot{I}_s$$

$$\dot{I}_{C0} = j\omega_0 C\dot{U}_0 = jQ\dot{I}_s$$

可见，GLC 并联电路发生谐振时，电阻上的电流等于端口电源的电流，电感和电容上的电流均为电源电流的 Q 倍，相位相反，对外而言，这两个电流互相抵消，LC 并联电路相当于开路。如果 Q 值很大时，将在电感和电容上产生过电流，因此并联谐振也称为电流谐振。在无线电工程和电子

技术中,常用并联谐振时阻抗最大(导纳最小)的特点来选择信号或消除干扰。

（3）电路的无功功率为零,有功功率与视在功率相等。

GLC 并联电路发生谐振时,无功功率、有功功率和视在功率分别如下:

$$Q = U_0 I_s \sin\varphi = Q_L + Q_C = \frac{1}{\omega_0 L} U_0^2 - \omega_0 C U_0^2 = 0$$

$$P = U_0 I_s \cos\varphi = U_0 I_s = G U_0^2 = R I_s^2$$

$$S = U_0 I_s = P$$

说明电路与电源之间没有能量交换,电源所提供的能量全部由电阻消耗掉。电感与电容之间周期性地进行磁场能量与电场能量的交换,且这一能量的总和为常量。

6.4.2　电路的选频特性

由于如图 6-15 所示的电流源激励 *GLC* 并联电路与如图 6-10 所示电压源激励 *RLC* 串联电路是对偶电路,它们的频率特性也存在对偶关系,可以推得通频带为

$$BW = \frac{\omega_0}{Q} = \frac{G}{C} \tag{6-29}$$

因而对一定的 ω_0 来说,电导越小或者品质因数越大,通频带越窄。

半功率点频率的计算公式仍如(6-20a)、(6-20b)两式所示。

由对偶关系也可知:当频率低于 ω_0 时,电路呈现电感性,$\dot{I}_s$ 滞后 $\dot{I}_R$,即 $\dot{I}_s$ 滞后 $\dot{U}$;当频率高于 ω_0 时,电路呈现电容性。

【例 6-4】　*GLC* 并联电路如图 6-15 所示,$G = 0.1$ S,$L = 25$ μH,$C = 100$ μF,已知外施电流源电流有效值为 10 A,若电路处于谐振,试求各支路电流和电压的有效值。

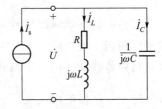

解　谐振时外施电流全部流经电阻,产生电压(10×10) V = 100 V,此即所求电路电压。

电感电流、电容电流均为外施电流的 Q 倍,而

$$Q = \omega_0 RC = \frac{RC}{\sqrt{LC}} = R\sqrt{\frac{C}{L}} = 20$$

图 6-16　实际并联谐振电路模型

故得这两支路电流均为(20×10) A = 200 A。

【例 6-5】　图 6-16 所示为实际电感线圈和电容并联的谐振电路模型,求电路的谐振频率及谐振时的阻抗。

解　图 6-16 所示电路的输入导纳为

$$Y(j\omega) = \frac{1}{R + j\omega L} + j\omega C = \frac{R}{R^2 + (\omega L)^2} + j\left[\omega C - \frac{\omega L}{R^2 + (\omega L)^2}\right]$$

电路发生谐振时,端口电压与电流同相位,输入导纳的虚部为零,即

$$\omega C = \frac{\omega L}{R^2 + (\omega L)^2}$$

解得谐振频率为

$$\omega_0 = \sqrt{\frac{1}{LC} - \frac{R^2}{L^2}}$$

谐振时的导纳为

$$Y(j\omega_0) = \frac{R}{R^2 + (\omega_0 L)^2} = \frac{RC}{L}$$

谐振时的阻抗为

$$Z(j\omega_0) = \frac{1}{Y(j\omega_0)} = \frac{L}{RC}$$

实际电感线圈中的电阻很小，当 $R \ll \sqrt{\dfrac{L}{C}}$ 时，$\omega_0 \approx \dfrac{1}{\sqrt{LC}}$，$Z(j\omega_0) \to \infty$，端口处相当于开路。

思考题

6-7　为什么把串联谐振称为电压谐振而把并联谐振称为电流谐振？

6-8　串联谐振电路特性与并联谐振电路特性的区别是什么？

*6.5　应用性学习: RC 移相电路的频率特性

有些电路要求输出信号 u_0 的相位超前或滞后输入信号 u_i 一个角度，这可以通过移相电路来实现。利用下面介绍的 RC 串联电路，可实现 $90°$ 范围内的相位超前或滞后，相应的幅频特性曲线和相频特性曲线可以用 Multisim 电路仿真软件给出。

6.5.1　RC 移相电路

图 6-17(a)所示是超前移相电路，设电流 $\dot I$ 为参考相量，则电阻上的电压 $\dot U_R$ 与 $\dot I$ 同相，电容上的电压 $\dot U_C$ 滞后电流 $\dot I$ $90°$，输出电压 $\dot U_o = \dot U_R$ 超前输入电压 $\dot U_i$。

由分压公式可以得到输出电压 $\dot U_o$ 对输入电压 $\dot U_i$ 的传递函数 $H_1(j\omega)$ 为

$$H_1(j\omega) = \frac{\dot U_o}{\dot U_i} = \frac{R}{R + \dfrac{1}{j\omega C}} = \frac{j\omega RC}{1 + j\omega RC} \tag{6-30}$$

其幅频特性

$$|H_1(j\omega)| = \frac{\omega RC}{\sqrt{1 + (\omega RC)^2}}$$

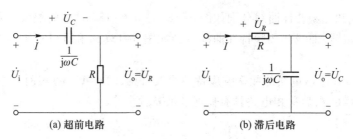

图 6-17 RC 移相电路

相频特性

$$\varphi_1(\omega) = 90° - \arctan(\omega RC)$$

当选取不同的 R、C 值时,便能获得 90° 范围内所需的相位超前量。例如,当 $R = \dfrac{1}{\omega C}$ 时

$$\dot{U}_o = H_1(j\omega)\dot{U}_i = \frac{j}{1+j}\dot{U}_i = \frac{\sqrt{2}}{2}\dot{U}_i \underline{/45°}$$

即输出电压 $\dot{U}_o$ 超前输入电压 $\dot{U}_i$ 45°。

图 6-17(b)所示是滞后移相电路,设电流 $\dot{I}$ 为参考相量,则电阻上的电压 $\dot{U}_R$ 与 $\dot{I}$ 同相,电容上的电压 $\dot{U}_C$ 滞后 $\dot{I}$ 90°,输出电压 $\dot{U}_o = \dot{U}_C$ 滞后输入电压 $\dot{U}_i$。

由分压公式可以得到输出电压 $\dot{U}_o$ 对输入电压 $\dot{U}_i$ 的传递函数 $H_2(j\omega)$ 为

$$H_2(j\omega) = \frac{\dot{U}_o}{\dot{U}_i} = \frac{\dfrac{1}{j\omega C}}{R + \dfrac{1}{j\omega C}} = \frac{1}{1+j\omega RC} \tag{6-31}$$

其幅频特性

$$|H_2(j\omega)| = \frac{1}{\sqrt{1+(\omega RC)^2}}$$

相频特性

$$\varphi_2(\omega) = -\arctan(\omega RC)$$

当选取不同的 R、C 值时,便能获得 90° 范围内所需的相位滞后量。例如,当 $R = \dfrac{1}{\omega C}$ 时

$$\dot{U}_o = H_2(j\omega)\dot{U}_i = \frac{1}{1+j}\dot{U}_i = \frac{\sqrt{2}}{2}\dot{U}_i \underline{/-45°}$$

即输出电压 $\dot{U}_o$ 滞后输入电压 $\dot{U}_i$ 45°。

6.5.2 频率特性的 Multisim 仿真

选择 RC 串联电路的电路参数为电阻 $R = 1\ \text{k}\Omega$ 和电容 $C = 10\ \mu\text{F}$。图 6-17(a)中电阻输出

端的幅频特性曲线和相频特性曲线分别如图 6-18(a)和 6-18(b)中的黑线所示,图 6-17(b)中电容输出端的幅频特性曲线和相频特性曲线分别如图 6-18(a)和 6-18(b)中的灰线所示,图中有关系式 $\omega = 2\pi f$。

从图 6-18 中 RC 串联电路的频率响应特性曲线可见,图 6-17(a)超前移相电路具有高通滤波特性,而图 6-17(b)滞后移相电路具有低通滤波特性。令

$$|H_1(j\omega)| = \frac{\omega RC}{\sqrt{1+(\omega RC)^2}} = \frac{1}{\sqrt{2}}$$

或

$$|H_2(j\omega)| = \frac{1}{\sqrt{1+(\omega RC)^2}} = \frac{1}{\sqrt{2}}$$

得到截止角频率或截止频率

$$\omega_c = \frac{1}{RC} \text{或} f_c = \frac{1}{2\pi RC}$$

对于上述已知电路参数,可计算得到 f_c = 15.92 Hz,意味着超前移相电路的通频带宽度是 15.92 Hz ~ ∞,而滞后移相电路的通频带宽度是 0 ~ 15.92 Hz。

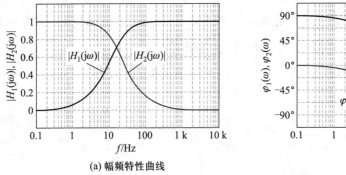

(a) 幅频特性曲线

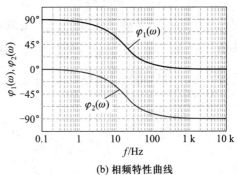

(b) 相频特性曲线

图 6-18 RC 串联电路的频率特性仿真结果

习 题 6

6-1 求题 6-1 图所示电路的转移电压比 $\dfrac{\dot{U}_2}{\dot{U}_1}$ 和策动点导纳 $\dfrac{\dot{I}_1}{\dot{U}_1}$。

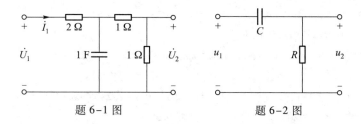

题 6-1 图　　　　　　　　　　题 6-2 图

6-2　试求题 6-2 图所示 RC 电路的 H_u。绘出电路的频率响应特性曲线,并说明该电路是低通网络还是高通网络,计算截止频率 ω_c。

6-3　试求题 6-3 图所示网络的转移电压比 H_u。绘出幅频特性和相频特性曲线,并确定它们是低通网络还是高通网络,通频带宽是多少?

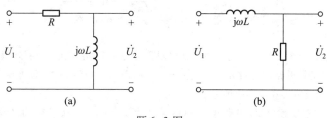

(a)　　　　　　　　　　　(b)

题 6-3 图

6-4　电路如题 6-4 图所示,已知 $u_S(t) = [5+3\cos(2t+60°) + \cos(4t - 30°)]$V,试求电流 $i(t)$。

6-5　求如题 6-5 图所示电路中的电压 $u(t)$。

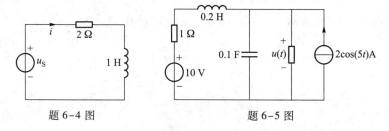

题 6-4 图　　　　　　　　　题 6-5 图

6-6　电路如题 6-6 图所示,已知 $i_S(t) = \sin(100t)$ A,$u_S(t) = \sin(200t)$ V,试求电流 i。

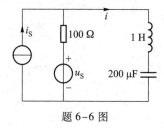

题 6-6 图

6-7　求下列电流的有效值:

(1) $i(t) = [10\sin(100\pi t)+20\cos(200\pi t +10°)]$ A;

（2）$i(t) = [\,15+ 15\cos(314t)\,]$ A。

6-8　如题 6-8 图所示二端网络 N 的

$$u(t) = [\,16+25\sqrt{2}\sin(\omega t) +4\sqrt{2}\sin(3\omega t+30°) +\sqrt{6}\sin(5\omega t+50°)\,]\ \text{V}$$

$$i(t) = [\,3+10\sqrt{2}\sin(\omega t-60°) +4\sin(2\omega t+20°) +2\sqrt{2}\sin(4\omega t+40°)\,]\ \text{A}。$$

试求：（1）端口电压、电流的有效值；（2）网络吸收的平均功率。

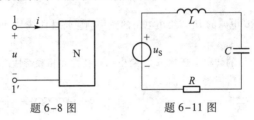

　　　题 6-8 图　　　　　　　　　题 6-11 图

6-9　续习题 6-4,如题 6-4 图所示电路中 2 Ω 电阻消耗的功率,并求出 i 的有效值。

6-10　已知一串联谐振电路的参数 $R = 2\ \Omega$、$L = 0.13$ mH、$C = 558$ pF,外加电压 $U = 5$ mV。试求电路在谐振时的电流、品质因数及电感和电容上的电压。

6-11　如题 6-11 图所示 RLC 串联电路的谐振频率为 875 Hz,通频带为 750 Hz 到 1 000 Hz,已知 $L=0.32$ H。

（1）求 R、C 以及 Q；

（2）若 $U_S = 23.2$ V,求在 $\omega = \omega_0$ 时电感及电容电压的有效值、电路的平均功率；

（3）求当 $\omega = 750$ Hz 时电路的平均功率。

6-12　GLC 并联电路的谐振频率为 $\dfrac{1\,000}{2\pi}$ Hz,谐振时阻抗为 $10^5\ \Omega$,通频带为 $\dfrac{100}{2\pi}$ Hz。求 R、C 和 L。

第7章　耦合电感、理想变压器及双口网络

本章学习的耦合电感元件和理想变压器元件，与前面学习的受控源类似，它们属于多端元件，可以构成双口网络电路。实际电路中，如收音机、电视机中使用的中周、振荡线圈，整流电路中使用的变压器等都是耦合电感元件与变压器元件。它们在实际工程中有着广泛的应用。

本章首先讲述耦合电感的基本概念，然后介绍耦合电感的去耦等效和理想变压器的特性，最后讨论双口网络的参数方程及等效电路，从而形成对变压器和双口网络的初步认识。

7.1　耦　合　电　感

"耦合"这一概念，指的是两个或多个物体或体系之间通过某种中介相互影响、相互作用。耦合电感（coupling inductance）是指两个或多个可通过磁场相互影响的线圈（电感）。

7.1.1　自感与互感、耦合系数

在第 1 章讨论的电感元件中的磁通链和感应电压都是由本电感线圈电流产生的。当在载流线圈的近侧，放置另一线圈时，载流线圈中电流所产生的磁通（自感磁通）将有一部分穿过另一个线圈。对另一个线圈来说，这部分磁通不是由它本身电流引起的，而是由其他线圈中电流产生的，故称为互感磁通。与它对应的磁通链称为互感磁通链。在这种情况下，我们说这两个线圈间有磁耦合。

图 7-1 所示即为两个有耦合的线圈 1 和线圈 2，设两个线圈的匝数分别为 N_1 和 N_2。当线圈周围无铁磁物质（空心线圈）时，依右手螺旋定则可知线圈 1 中的电流 i_1 在线圈 1 中产生的磁通 Φ_{11}（第一个下标表示物理量所在的线圈，第二个下标表示产生该物理量的电流所在的线圈，后面磁链 Ψ 和电压 u 的双下标均是此意）称为自感磁通。Φ_{11} 在自身线圈

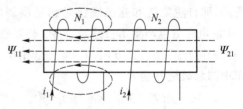

图 7-1　耦合电感线圈（磁通相互增强）

（线圈 1）的磁链为 $\Psi_{11}=N_1\Phi_{11}$，Ψ_{11} 称为自感磁链；Φ_{11} 的一部分穿过了线圈 2，在线圈 2 中产生的磁链设为 Ψ_{21}，Ψ_{21} 称为互感磁链。同样，线圈 2 中的电流 i_2 也产生了自感磁链 Ψ_{22} 和互感磁链 Ψ_{12}（在图中未画出），其方向与 Ψ_{11}、Ψ_{21} 一致。以上就是两个线圈（电感）通过磁场相互耦合的情况，这一对线圈（电感）就称为耦合线圈（电感）。

对于图 7-1 所示的耦合电感,两个线圈中的自感磁链分别为

$$\begin{cases} \Psi_{11} = L_1 i_1 \\ \Psi_{22} = L_2 i_2 \end{cases}$$

式中 L_1 和 L_2 为常数,称为线圈的自感系数,简称自感(self inductance)或电感。两个线圈互感磁链分别为

$$\begin{cases} \Psi_{12} = M_{12} i_2 \\ \Psi_{21} = M_{21} i_1 \end{cases} \tag{7-1}$$

式中 M_{12} 和 M_{21} 为常数,称为耦合电感的互感系数,简称互感(mutual inductance),单位和电感的单位相同,为亨利(H)。

可以证明,$M_{12} = M_{21}$,所以当两线圈之间有耦合时,可略去互感的下标,即令 $M = M_{12} = M_{21}$,故式(7-1)又可写为

$$\begin{cases} \Psi_{12} = M i_2 \\ \Psi_{21} = M i_1 \end{cases} \tag{7-2}$$

互感系数只和两耦合线圈的结构、相对位置和磁介质有关,与线圈上的电压和电流无关。互感系数可以通过实验测得,其大小反映了两线圈之间耦合的疏紧程度。

当两个耦合线圈都通以电流时,每个线圈中的总磁链是自感磁链和互感磁链的叠加,所以在计算磁链时就要考虑自感磁链和互感磁链的方向。对于图 7-1 所示的耦合线圈,当通以图示电流时,根据右手螺旋定则可知,线圈中的自感磁链和互感磁链的方向是一致的,即自感磁链和互感磁链是相互增强的。设两线圈中的总磁链分别为 Ψ_1 和 Ψ_2(今后若无特殊说明,Ψ_1、Ψ_2 默认与其自感磁链 Ψ_{11}、Ψ_{22} 同向),则有

$$\begin{cases} \Psi_1 = \Psi_{11} + \Psi_{12} = L_1 i_1 + M i_2 \\ \Psi_2 = \Psi_{22} + \Psi_{21} = L_2 i_2 + M i_1 \end{cases} \tag{7-3}$$

而对于图 7-2 所示的耦合线圈,当通以图示电流时,线圈中的自感磁链和互感磁链的方向是相反的,即自感磁链和互感磁链是相互削弱的。线圈 1 中的电流 i_1 也产生了自感磁链 Ψ_{11} 和互感磁链 Ψ_{21}(在图中未画出),其方向与 Ψ_{22}、Ψ_{12} 相反。则两线圈中的总磁链分别为

$$\begin{cases} \Psi_1 = \Psi_{11} - \Psi_{12} = L_1 i_1 - M i_2 \\ \Psi_2 = \Psi_{22} - \Psi_{21} = L_2 i_2 - M i_1 \end{cases} \tag{7-4}$$

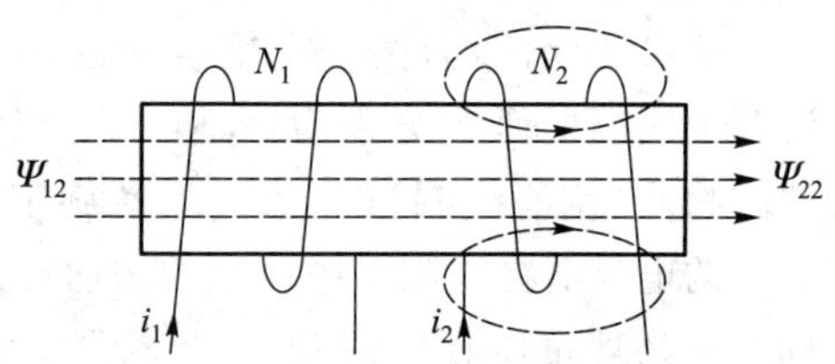

图 7-2 耦合电感线圈(磁通相互削弱)

在工程上,还使用耦合系数的概念来反映耦合电感耦合的紧密程度,耦合系数(coupling coefficient)的定义为

$$k = \sqrt{\frac{\Psi_{12} \Psi_{21}}{\Psi_{11} \Psi_{22}}} = \frac{M}{\sqrt{L_1 L_2}} \tag{7-5}$$

由于 $\Phi_{21} \leqslant \Phi_{11}$、$\Phi_{12} \leqslant \Phi_{22}$,因此 $k \leqslant 1$。k 值越大,表示两个线圈之间耦合越紧密,漏磁通越小。当 $k=1$ 时,表示两线圈全耦合,无磁漏;当 $k=0$ 时,表示两线圈无耦合。耦合系数 k 的大小与两个线圈的结构、相互几何位置以及空间磁介质有关。

7.1.2　耦合电感的同名端

如果每次计算耦合线圈中的磁链时都要使用右手螺旋定则来判断表达式中 M 前面是取"+"还是取"－"是很麻烦的,而且在实际中,线圈往往是密封的,看不到其绕向,因此,工程上定义了同名端的概念。

同名端(dotted terminals)的定义为:当电流(i_1、i_2)从两个线圈的某一对端子流入时,若线圈中的自感磁链和互感磁链是相互增强的,则这对端子就称为同名端,用"●"或"＊"加以标记。在图 7-3(a)中,当 i_1 从线圈 1 的"1"端流入、i_2 从线圈 2 的"2"端流入时,产生的自感磁链和互感磁链是相互增强的,所以"1"和"2"这一对端子就称为该耦合电感的同名端。请注意,未标记的一对端子"1'"和"2'"也是同名端。在图 7-3(b)中,当 i_1 从线圈 1 的"1"端流入、i_2 从线圈 2 的"2"端流入时,产生的自感磁链和互感磁链是相互削弱的,所以"1"和"2'"这一对端子就称为该耦合电感的同名端。注意:线圈的同名端必须两两确定。

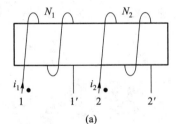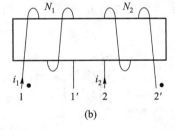

图 7-3　耦合电感的同名端

需要指出的是,同名端是由线圈的绕向决定的,与线圈中的电流的方向是无关的。同名端也可以通过实验的方法测得。

【例 7-1】　已知线圈结构如图 7-4 所示,试标出各对耦合电感的同名端。

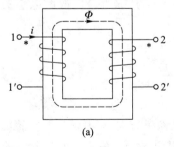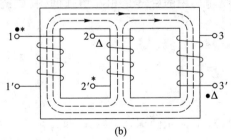

图 7-4　例 7-1 图

解　在图 7-4(a)所示电路中,设有电流 i 从"1"端流入,产生磁通 Φ,若要各线圈的磁通是相互增强的,可由右手螺旋定则判断另一个线圈的电流应从"2"端流入,所以"1"和"2"是该对耦合电感的同名端。

同理,在图 7-4(b)所示电路中,设有电流从"1"端流入,产生相应磁通,若要各对线圈的磁通是相互增强的,可由右手螺旋定则判断另两个线圈的电流应从"2′"、"3′"端流入,所以"1"和"2′"、"1"和"3′"分别是该对耦合电感的同名端。另外,设有电流从"2"端流入,可由右手螺旋定则判断另一个线圈的电流应从"3′"端流入方能使产生的相应磁通相互增强,所以"2"和"3′"是该对耦合电感的同名端。

7.1.3　耦合电感的 VCR

引入了同名端的概念后,由于在计算时不用考虑线圈的绕向,所以可以用带有互感 M 和同名端标记的电感 L_1 和 L_2 表示耦合电感,它是从实际耦合线圈抽象出来的理想化电路模型,其电路符号如图 7-5 所示。

当耦合电感 L_1 和 L_2 中的电流随时间变化时,耦合电感中的磁链也将随时间变化。根据电磁感应定律,耦合电感的两个端口处将产生感应电压 u_1、u_2。下面分两种情况来讨论 u_1、u_2 的表达式。设备电压、电流的参考方向如图 7-5 所示,并且电流与磁链的方向符合右手螺旋定则,互感为 M。

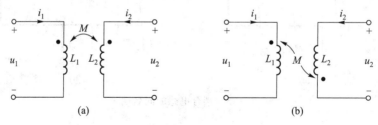

图 7-5　耦合电感的电路符号

如图 7-5(a)所示的耦合电感,u_1 和 i_1、u_2 和 i_2 为关联参考方向,i_1、i_2 是从两电感的同名端流入的,所以两电感中的磁链是相互增强的,其磁链的表达式为式(7-3),故两电感的端电压分别为

$$
\begin{cases}
u_1 = \dfrac{\mathrm{d}\Psi_1}{\mathrm{d}t} = L_1 \dfrac{\mathrm{d}i_1}{\mathrm{d}t} + M \dfrac{\mathrm{d}i_2}{\mathrm{d}t} \\[2mm]
u_2 = \dfrac{\mathrm{d}\Psi_2}{\mathrm{d}t} = L_2 \dfrac{\mathrm{d}i_2}{\mathrm{d}t} + M \dfrac{\mathrm{d}i_1}{\mathrm{d}t}
\end{cases}
\tag{7-6}
$$

如图 7-5(b)所示的耦合电感,u_1 和 i_1、u_2 和 i_2 为关联参考方向,i_1、i_2 是从两电感的异名端流入的,所以两电感中的磁链是相互削弱的,其磁链的表达式为式(7-4),故两电感的端电压分别为

$$\begin{cases} u_1 = \dfrac{\mathrm{d}\varPsi_1}{\mathrm{d}t} = L_1\dfrac{\mathrm{d}i_1}{\mathrm{d}t} - M\dfrac{\mathrm{d}i_2}{\mathrm{d}t} \\[3mm] u_2 = \dfrac{\mathrm{d}\varPsi_2}{\mathrm{d}t} = L_2\dfrac{\mathrm{d}i_2}{\mathrm{d}t} - M\dfrac{\mathrm{d}i_1}{\mathrm{d}t} \end{cases} \tag{7-7}$$

式(7-6)和式(7-7)就是耦合元件的端口特性,即端口处的电压电流关系。令

$$\begin{cases} u_{11} = L_1\dfrac{\mathrm{d}i_1}{\mathrm{d}t} \\[3mm] u_{22} = L_2\dfrac{\mathrm{d}i_2}{\mathrm{d}t} \end{cases} \tag{7-8}$$

式中 u_{11} 和 u_{22} 分别称为电感 L_1 和电感 L_2 的自感电压。令

$$\begin{cases} u_{12} = \pm M\dfrac{\mathrm{d}i_2}{\mathrm{d}t} \\[3mm] u_{21} = \pm M\dfrac{\mathrm{d}i_1}{\mathrm{d}t} \end{cases} \tag{7-9}$$

式中 u_{12} 和 u_{21} 分别称为电感 L_1 和电感 L_2 的互感电压。请注意,一个线圈上的互感电压是另一个线圈上的电流产生的。正确取舍互感电压前的"±"的方法为:当互感电压的正极与产生它的电流的流入端为同名端时,互感电压取"+",反之取"−"。

耦合电感在给出同名端之后,其伏安关系就可以由其电压、电流的参考方向唯一确定。在正弦稳态电路中,当耦合元件中的电流、电压都是同频率的正弦量时,其电压、电流的关系可用其相量形式表示。以图 7-5(a)所示电路为例,由式(7-6)可得

$$\begin{cases} \dot U_1 = \mathrm{j}\omega L_1\dot I_1 + \mathrm{j}\omega M\dot I_2 \\[2mm] \dot U_2 = \mathrm{j}\omega L_2\dot I_2 + \mathrm{j}\omega M\dot I_1 \end{cases} \tag{7-10}$$

若令 $Z_M = \mathrm{j}\omega M$,ωM 称为互感抗,其相应的正弦稳态下耦合电感的相量模型如图 7-6 所示。

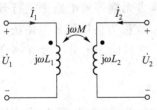

图 7-6　耦合电感的相量模型

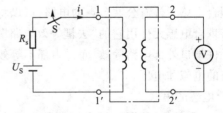

图 7-7　同名端的实验测定电路

【**例 7-2**】　同名端的实验测定电路如图 7-7 所示,已知开关 S 闭合瞬间,电压表指针正向偏转,试判断耦合线圈的同名端。

解　当随时间增大的时变电流从一个线圈的一端流入时,将会引起另一个线圈相应同名端的电位升高。当闭合开关 S 时,左侧线圈端钮 1 流入的电流 i_1 增加,即 $\dfrac{\mathrm{d}i_1}{\mathrm{d}t} > 0$,如果此时电压表指

针正向偏转,这就表明连接电压表正极的端钮 2 为实际高电位端,即 $u_{22'} = M \dfrac{\mathrm{d}i_1}{\mathrm{d}t} > 0$。因此,端钮 1 和端钮 2 是同名端。

思考题

7-1 填空题

(1) 当流过一个线圈中的电流发生变化时,在线圈本身所引起的电磁感应现象称为 _____现象,若本线圈电流变化在相邻线圈中引起感应电压,则称为_____现象。

(2) 当端口电压、电流为_____参考方向时,自感电压取正;若端口电压、电流的参考方向为_____时,则自感电压为负。

(3) 互感电压的正负与电流的_____及_____端有关。

(4) 线圈几何尺寸确定后,其互感电压的大小正比于相邻线圈中电流的_____。

7-2 选择题

(1) 两个自感系数为 L_1 和 L_2 的耦合电感,其互感系数 M 的最大值为(   )。

A. $L_1 L_2$ B. $0.5 L_1 L_2$ C. $\sqrt{L_1 L_2}$

(2) 电路如图 7-5(b)所示,已知 $L_1 = 5$ mH, $L_2 = 3$ mH, $M = 1$ mH, $i_1(t) = 10 \sin(100t)$ A, $i_2(t) = 0$ A,则 $u_2(t)$ 为(   )。

A. $-\cos(100t)$ B. $-\sin(100t)$ C. $\cos(100t)$

7.2 耦合电感电路分析

7.2.1 耦合电感的去耦等效

对于耦合电感元件有公共节点的电路,可以将其变换为无耦等效电路来进行分析计算。这种方法是将耦合电感元件用它的"去耦等效电路"来代替,故称为去耦等效电路法。去耦等效电路只是对元件端口外部电路等效,而对内部不等效,因此,它只能用来分析计算耦合电感元件端口外部电路的电流和电压。

1. 耦合电感的串联

图 7-8(a)和 7-9(a)即为耦合电感的串联电路。图 7-8(a)中 L_1 和 L_2 的异名端连接在一起,该连接方式称为顺接串联;图 7-9(a)中 L_1 和 L_2 的同名端连接在一起,该连接方式称为反接串联。

顺接时,支路的伏安关系为

$$u = \left(L_1 \frac{\mathrm{d}i}{\mathrm{d}t} + M \frac{\mathrm{d}i}{\mathrm{d}t} \right) + \left(L_2 \frac{\mathrm{d}i}{\mathrm{d}t} + M \frac{\mathrm{d}i}{\mathrm{d}t} \right) = (L_1 + L_2 + 2M) \frac{\mathrm{d}i}{\mathrm{d}t}$$

根据等效变换的概念,可得等效电感为

$$L = (L_1 + L_2 + 2M) \tag{7-11}$$

故该顺接耦合电感可用一个(L_1+L_2+2M)的等效电感 L 替代,如图 7-8(b)所示。

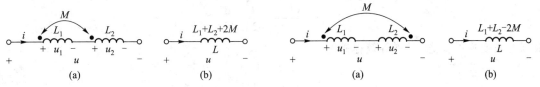

图 7-8　耦合电感的顺接串联　　　　图 7-9　耦合电感的反接串联

反接时,支路的伏安关系为

$$u = \left(L_1 \frac{\mathrm{d}i}{\mathrm{d}t} - M\frac{\mathrm{d}i}{\mathrm{d}t}\right) + \left(L_2\frac{\mathrm{d}i}{\mathrm{d}t} - M\frac{\mathrm{d}i}{\mathrm{d}t}\right) = (L_1+L_2-2M)\frac{\mathrm{d}i}{\mathrm{d}t}$$

根据等效变换的定义,可得等效电感为

$$L = (L_1 + L_2 - 2M) \tag{7-12}$$

故该反接耦合电感可用一个(L_1+L_2-2M)的等效电感 L 替代,如图 7-9(b)所示。

由于耦合电感串联等效后整个电路仍呈感性,因此,互感不大于两个自感的算术平均值,即满足关系: $M \leqslant \frac{1}{2}(L_1+L_2)$。另外,根据上述讨论可以给出测量互感系数的方法,即将两线圈顺接一次,反接一次,可得互感系数为: $M = \dfrac{L_{顺}-L_{反}}{4}$。

2. 耦合电感的并联

图 7-10(a)和 7-11(a)即为耦合电感的并联电路。图 7-10(a)中 L_1 和 L_2 的同名端连接在同一个节点上,该连接方式称为同侧并联;图 7-11(a)中 L_1 和 L_2 的异名端连接在同一个节点上,称为异侧并联。

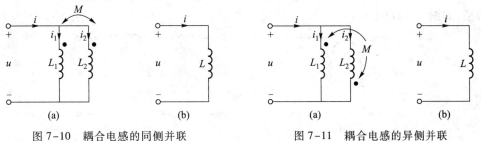

图 7-10　耦合电感的同侧并联　　　　图 7-11　耦合电感的异侧并联

同侧并联时,端口的伏安关系为

$$u = L_1 \frac{\mathrm{d}i_1}{\mathrm{d}t} + M\frac{\mathrm{d}i_2}{\mathrm{d}t}$$

$$u = L_2 \frac{\mathrm{d}i_2}{\mathrm{d}t} + M\frac{\mathrm{d}i_1}{\mathrm{d}t}$$

$$i = i_1 + i_2$$

解得 u 和 i 的关系为

$$u = \frac{(L_1 L_2 - M^2)}{L_1 + L_2 - 2M} \frac{\mathrm{d}i}{\mathrm{d}t}$$

根据等效变换的概念,可得等效电感为

$$L = \frac{(L_1 L_2 - M^2)}{L_1 + L_2 - 2M} \geqslant 0 \qquad\qquad (7-13)$$

故 $M \leqslant \sqrt{L_1 L_2}$,互感小于两元件自感的几何平均值。该等效电路如图 7-10(b)所示。

异侧并联时,端口的伏安关系为

$$u = L_1 \frac{\mathrm{d}i_1}{\mathrm{d}t} - M \frac{\mathrm{d}i_2}{\mathrm{d}t}$$

$$u = L_2 \frac{\mathrm{d}i_2}{\mathrm{d}t} - M \frac{\mathrm{d}i_1}{\mathrm{d}t}$$

$$i = i_1 + i_2$$

解得 u 和 i 的关系为

$$u = \frac{(L_1 L_2 - M^2)}{L_1 + L_2 + 2M} \frac{\mathrm{d}i}{\mathrm{d}t}$$

根据等效变换的概念,可得等效电感为

$$L = \frac{(L_1 L_2 - M^2)}{L_1 + L_2 + 2M} \geqslant 0 \qquad\qquad (7-14)$$

该等效电路如图 7-11(b)所示。

3. 耦合电感的 T 型去耦等效

图 7-12(a)是同名端为公共端的耦合电感,可以用三个无耦合的电感组成的 T 形网络来做等效替换,如图 7-12(b)。

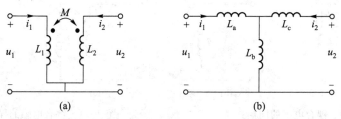

(a)   (b)

图 7-12   同名端为公共端的耦合电感及其 T 形等效电路

图 7-12(a)所示耦合电感的端口伏安关系为

$$u_1 = L_1 \frac{\mathrm{d}i_1}{\mathrm{d}t} + M \frac{\mathrm{d}i_2}{\mathrm{d}t}$$

$$u_2 = M \frac{\mathrm{d}i_1}{\mathrm{d}t} + L_2 \frac{\mathrm{d}i_2}{\mathrm{d}t}$$

图 7-12(b)所示 T 形等效电路的端口伏安关系为

$$u_1 = L_\mathrm{a} \frac{\mathrm{d}i_1}{\mathrm{d}t} + L_\mathrm{b} \frac{\mathrm{d}(i_1+i_2)}{\mathrm{d}t} = (L_\mathrm{a}+L_\mathrm{b}) \frac{\mathrm{d}i_1}{\mathrm{d}t} + L_\mathrm{b} \frac{\mathrm{d}i_2}{\mathrm{d}t}$$

$$u_2 = L_\mathrm{b} \frac{\mathrm{d}i_1}{\mathrm{d}t} + (L_\mathrm{b}+L_\mathrm{c}) \frac{\mathrm{d}i_2}{\mathrm{d}t}$$

根据等效电路的概念可知,应使两式中的相应系数分别相等,可得

$$\begin{cases} L_\mathrm{a} = L_1 - M \\ L_\mathrm{b} = M \\ L_\mathrm{c} = L_2 - M \end{cases} \tag{7-15}$$

如果公共端为异名端,如图 7-13(a)所示,则其去耦等效电路如图 7-13(b),式(7-15)中 M 前的符号也应改变。

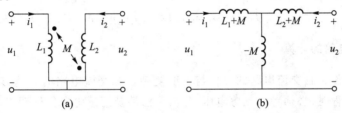

图 7-13 异名端为公共端的耦合电感及其 T 形等效电路

【**例 7-3**】 电路相量模型如图 7-14(a)所示,已知 $R_1 = 3\ \Omega$、$R_2 = 5\ \Omega$、$\omega L_1 = 7.5\ \Omega$、$\omega L_2 = 12.5\ \Omega$、$\omega M = 6\ \Omega$、$\dot{U} = 50\ \underline{/0°}$ V,分别求开关 S 打开和闭合时的电流 $\dot{I}$ 。

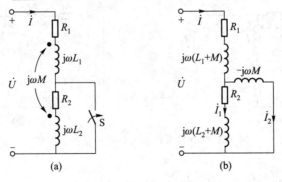

图 7-14 例 7-3 图

解 (1)当开关 S 打开时,两线圈为顺接串联,则等效阻抗为

$$Z = (R_1+R_2) + \mathrm{j}\omega(L_1+L_2+2M) = (8+\mathrm{j}32)\ \Omega$$

由相量模型可得

$$\dot{I} = \frac{\dot{U}}{Z} = \frac{50\ \underline{/0°}}{8+j32}\ A = 1.52\ \underline{/-75.96°}\ A$$

（2）当开关 S 闭合时，两线圈为异侧连接，其去耦电路相量模型如图 7-14（b）所示，则等效阻抗为

$$Z = R_1 + j\omega(L_1+M) + \frac{-j\omega M \times [R_2+j\omega(L_2+M)]}{-j\omega M + [R_2+j\omega(L_2+M)]} = (3.99+j5.02)\ \Omega$$

由相量模型可得

$$\dot{I} = \frac{\dot{U}}{Z} = \frac{50\ \underline{/0°}}{3.99+j5.02}\ A = 7.8\ \underline{/-51.52°}\ A$$

再由分流公式得

$$\dot{I}_1 = \frac{-j\omega M}{R_2+j\omega L_2} \times \dot{I} = 3.48\ \underline{/150.49°}\ A$$

$$\dot{I}_2 = \dot{I} - \dot{I}_1 = 11.12\ \underline{/315.34°}\ A$$

7.2.2　耦合电感电路的计算

含耦合电感元件正弦交流电路的分析与一般复杂正弦交流电路的分析方法相同。不过，特点是在列写电路方程时，必须考虑互感电压，分析方法涉及互感电压的处理。一般采用支路法和网孔法计算。

图 7-15（a）所示为一个含耦合电感元件的正弦稳态电路，若各电路参数已知，首先使用支路法列写各电流求解方程。

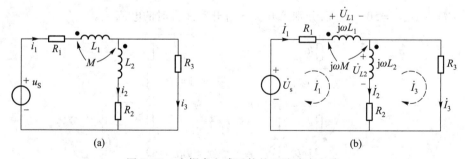

(a)　　　　　　　　　　　　　(b)

图 7-15　含耦合电感元件的正弦稳态电路

由图 7-15（b）所示相量模型可得

$$
\begin{cases}
R_1 \dot{I}_1 + \dot{U}_{L1} + \dot{U}_{L2} + R_2 \dot{I}_2 = \dot{U}_S \\
R_3 \dot{I}_3 - R_2 \dot{I}_2 - \dot{U}_{L2} = 0 \\
\dot{I}_1 = \dot{I}_2 + \dot{I}_3
\end{cases}
$$

将 $\dot{U}_{L1} = j\omega L_1 \dot{I}_1 + j\omega M \dot{I}_2$ 和 $\dot{U}_{L2} = j\omega L_2 \dot{I}_2 + j\omega M \dot{I}_1$ 代入,经整理得

$$
\begin{cases}
[R_1 + j\omega(L_1 + M)] \dot{I}_1 + [R_2 + j\omega(L_2 + M)] \dot{I}_2 = \dot{U}_S \\
-j\omega M \dot{I}_1 - (R_2 + j\omega L_2) \dot{I}_2 + R_3 \dot{I}_3 = 0 \\
\dot{I}_1 = \dot{I}_2 + \dot{I}_3
\end{cases}
$$

可解出电流 $\dot{I}_1$、$\dot{I}_2$ 和 $\dot{I}_3$。

也可使用网孔法进行计算,设网孔电流 $\dot{I}_1$ 和 $\dot{I}_3$ 参考方向如图 7-15(b)所示,由相量模型可得

$$
\begin{cases}
[(R_1 + R_2) + j\omega(L_1 + L_2 + 2M)] \dot{I}_1 - [R_2 + j\omega(L_2 + M)] \dot{I}_3 = \dot{U}_S \\
-[R_2 + j\omega(L_2 + M)] \dot{I}_1 + [(R_2 + R_3) + j\omega L_2] \dot{I}_3 = 0
\end{cases}
$$

先求解出网孔电流 $\dot{I}_1$ 和 $\dot{I}_3$,再求解 $\dot{I}_2$。

此题也可使用去耦等效替换来进行计算。

【例 7-4】 电路相量模型如图 7-16(a)所示,试求电流 $\dot{I}_1$、$\dot{I}_2$ 和 $\dot{I}_3$。

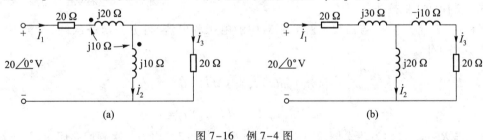

图 7-16 例 7-4 图

解 对原电路进行去耦等效变换,其等效电路如图 7-16(b)所示。

(1) T 型等效电路的输入端等效阻抗为

$$
Z = \left(20 + j30 + \frac{(20 - j10) \times j20}{20 + j10}\right) \Omega = (20 + j30 + 16 + j12)\ \Omega = 55.3\ \underline{/49.4°}\ \Omega
$$

(2) 利用欧姆定律及其分流公式可得电路中的电流为

$$
\dot{I}_1 = \frac{20\ \underline{/0°}}{55.3\ \underline{/49.4°}}\ A \approx 0.362\ \underline{/-49.4°}\ A
$$

$$\dot{I}_2 = \left(0.362\,\underline{/-49.4°} \times \frac{20-\mathrm{j}10}{20+\mathrm{j}10}\right)\,\mathrm{A} = \left(0.362\,\underline{/-49.4°} \times \frac{22.4\,\underline{/-26.6°}}{22.4\,\underline{/26.6°}}\right)\,\mathrm{A} = 0.362\,\underline{/-102.6°}\,\mathrm{A}$$

$$\dot{I}_3 = \left(0.362\,\underline{/-49.4°} \times \frac{\mathrm{j}20}{20+\mathrm{j}10}\right)\,\mathrm{A} = \left(0.362\,\underline{/-49.4°} \times \frac{20\,\underline{/90°}}{22.4\,\underline{/26.6°}}\right)\,\mathrm{A} = 0.323\,\underline{/14°}\,\mathrm{A}$$

7.2.3 空心变压器电路

变压器(transformer)是工程中常用的电气设备,是耦合电路在实际中的典型应用。变压器是由两个线圈绕在一个芯子上制成,其中一个线圈和电源相连接构成一个回路,称为一次侧(primary side);另一个线圈和负载相连接构成一个回路,称为二次侧(secondary side)。变压器的一次侧线圈和二次侧线圈之间没有直接的电路连接,电源提供的能量是通过两个线圈的耦合作用从一次侧传递到二次侧的。常用的变压器有空心变压器(air-core transforer)和铁芯变压器(iron cord transformer)两种模型。空心变压器是由两个绕在非铁磁材料制成的芯子上并具有互感的线圈组成。它没有铁芯变压器产生的各种损耗,常用于高频电路。特点是耦合系数较小,属于松耦合(loose coupling)。铁芯变压器近似于全耦合(unity coupling)变压器,通常应用于电力系统或电子设备中。

空心变压器的电路相量模型如图 7-17 所示,其中 R_1 和 R_2 分别是一次侧、二次侧线圈的电阻,$\dot{U}_s$ 为一次侧连接的电源,Z_L 是接入二次侧的负载。变压器电路的分析方法和一般的耦合电路的分析方法是相同的,如支路法、网孔法;当两线圈"完全隔离时",可加一根电流为"0"的线,再用去耦等效法;另外,还有反映阻抗法。

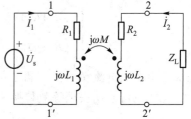

图 7-17 空心变压器电路相量模型

对图 7-17 所示电路,若需要求解变压器中的电压和电流,可分别对一次侧、二次侧回路建立 KVL 方程如下

$$\begin{cases}(R_1+\mathrm{j}\omega L_1)\,\dot{I}_1+\mathrm{j}\omega\,M\,\dot{I}_2=\dot{U}_s \\ \mathrm{j}\omega\,M\,\dot{I}_1+(R_2+\mathrm{j}\omega L_2+Z_L)\,\dot{I}_2=0\end{cases}$$

令 $Z_{11}=R_1+\mathrm{j}\omega L_1$,称为一次侧回路阻抗,$Z_{22}=R_2+\mathrm{j}\omega L_2+Z_L$,称为二次侧回路阻抗,$Z_M=\mathrm{j}\omega M$ 为互感抗,则上述方程式又可写为

$$\begin{cases}Z_{11}\,\dot{I}_1+Z_M\,\dot{I}_2=\dot{U}_s \\ Z_M\,\dot{I}_1+Z_{22}\,\dot{I}_2=0\end{cases}$$

解方程可得

$$\begin{cases} \dot{I}_1 = \dfrac{\dot{U}_s}{Z_{11}+(\omega M)^2 Y_{22}} \\[3mm] \dot{I}_2 = -\dfrac{Z_M}{Z_{22}}\dot{I}_1 \end{cases} \qquad (7\text{-}16)$$

其中,$Y_{22}=\dfrac{1}{Z_{22}}$。

变压器 1-1′端口右侧的电路为无源网络,故可用一个等效阻抗来替代。由式(7-16)可求得从 1-1′端口看进去的输入阻抗为

$$Z_i = \frac{\dot{U}_s}{\dot{I}_1} = Z_{11}+(\omega M)^2 Y_{22} \qquad (7\text{-}17)$$

等效电路如图 7-18 所示,其中$(\omega M)^2 Y_{22}$称为反映阻抗(Reflection impedance)。反映阻抗$(\omega M)^2 Y_{22}$的性质和二次侧回路阻抗 Z_{22} 相反,即当 Z_{22} 是感性(容性)时,反映阻抗为容性(感性)。

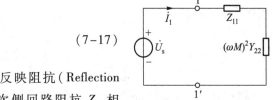

图 7-18 一次侧的等效电路

【**例 7-5**】 电路相量模型如图 7-17 所示,已知 $R_1 = 2\ \Omega$、$R_2 = 2\ \Omega$、$\omega L_1 = 4\ \Omega$、$\omega L_2 = 4\ \Omega$、$\omega M = 2\ \Omega$、$Z_L = -j2\ \Omega$、$\dot{U}_s = 12\ \underline{/0°}$ V,试求电源端的输入阻抗、电流 $\dot{I}_1$ 和 $\dot{I}_2$。

解 用反映阻抗的概念求解本题。

$$Z_{11} = R_1+j\omega L_1 = (2+j4)\ \Omega$$

$$Z_{22} = R_2+j\omega L_2+Z_L = (2+j4-j2)\ \Omega = (2+j2)\ \Omega$$

反映阻抗

$$(\omega M)^2 Y_{22} = \left(2^2 \times \frac{1}{2+j2}\right)\ \Omega = (1-j)\ \Omega$$

请注意二次侧回路中的电感性阻抗反映到一次侧回路为电容性阻抗。

输入阻抗为

$$Z_i = Z_{11}+(\omega M)^2 Y_{22} = (2+j4+1-j)\ \Omega = (3+j3)\ \Omega$$

图 7-18 等效电路可得一次侧电流

$$\dot{I}_1 = \frac{\dot{U}_s}{Z_{11}+(\omega M)^2 Y_{22}} = \frac{12\ \underline{/0°}}{3+j3}\ A = (2-j2)\ A$$

可得

$$\dot{I}_2 = -\frac{Z_M}{Z_{22}}\dot{I}_1 = \left[-\frac{j2}{2+j2} \times (2-j2)\right]\ A = -2\ A$$

思考题

7-3 如果误把顺接串联的两互感线圈反接串联,会发生什么现象?为什么?

7–4　同侧并联和异侧并联哪一种并联方式获得的等效电感量大？

7–5　耦合电感 $L_1 = 6$ H, $L_2 = 4$ H, $M = 3$ H, 试计算耦合电感作串联、并联时的各等效电感值。

7–6　选择题

电路如图 7–12(a)所示, 已知 $L_1 = 4$ mH, $L_2 = 9$ mH, $M = 3$ mH, 若右侧端口短接, 则左侧端口的等效电感为(　　)。

A. 3 mH　　　　　　B. 4 mH　　　　　　C. 7 mH

7–7　耦合电感 $L_1 = 6$ H, $L_2 = 4$ H, $M = 3$ H。若 L_2 短路, 求 L_1 端的等效电感值; 若 L_1 短路, 求 L_2 端的等效电感值。

7.3　理想变压器

理想变压器(ideal transformer)是从实际变压器抽象出来的理想化模型。因为变压器最主要的作用是实现电压的升降, 所以希望变压器仅仅作为一个能量传递的元件, 其自身既不消耗能量也不储存能量, 即希望变压器能将一次侧吸收的能量全部传输到二次侧的负载上, 这样的变压器就称为理想变压器。铁芯变压器是理想变压器的最佳近似, 由铁芯变压器的极限情况可以推导出理想变压器的伏安关系。

7.3.1　理想变压器的 VCR

要求变压器不消耗有功功率(无损耗), 则变压器一次侧、二次侧线圈的电阻应为零。无损耗变压器的电路模型如图 7–19 所示。

根据图示参考方向, 磁链方程为

$$\begin{cases} \Psi_1 = L_1 i_1 + M i_2 \\ \Psi_2 = M i_1 + L_2 i_2 \end{cases}$$

在无损耗的情况下, 变压器的电压电流关系为

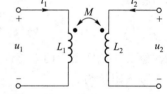

图 7–19　无损耗变压器的电路模型

$$\begin{cases} u_1 = \dfrac{\mathrm{d}\Psi_1}{\mathrm{d}t} = L_1 \dfrac{\mathrm{d}i_1}{\mathrm{d}t} + M \dfrac{\mathrm{d}i_2}{\mathrm{d}t} \\ u_2 = \dfrac{\mathrm{d}\Psi_2}{\mathrm{d}t} = M \dfrac{\mathrm{d}i_1}{\mathrm{d}t} + L_2 \dfrac{\mathrm{d}i_2}{\mathrm{d}t} \end{cases}$$

变压器的一次侧、二次侧之间是通过磁场的形式传输能量的, 理想变压器要求能量传输无损耗, 则一次侧、二次侧之间实现全耦合就是一个必要条件, 即要求 $k = \dfrac{M}{\sqrt{L_1 L_2}} = 1$。当 $k = 1$ 时, $M = \sqrt{L_1 L_2}$, 代入以上两式不难得出

$$\frac{u_1}{u_2}=\frac{\Psi_1}{\Psi_2}=\frac{\sqrt{L_1}}{\sqrt{L_2}}$$

设一次侧、二次侧线圈的匝数分别为 N_1、N_2，全耦合时一次侧、二次侧中的磁通是相同的，设为 Φ，将 $\Psi_1=N_1\Phi$、$\Psi_2=N_2\Phi$ 代入上式中，有

$$\frac{u_1}{u_2}=\frac{\Psi_1}{\Psi_2}=\frac{N_1\Phi}{N_2\Phi}=\frac{N_1}{N_2} \tag{7-18}$$

由式（7-18）可见，当变压器的一次侧、二次侧实现全耦合时，一次侧、二次侧的电压比只和一次侧、二次侧的匝数比有关，和端电流及外电路无关。

再结合理想变压器不储存功率这一特点可知理想变压器一次侧吸收的瞬时功率应等于二次侧供出的瞬时功率。若按图 7-19 所示端电压和端电流的参考方向，就要求变压器的两个端口的瞬时功率满足

$$u_1 i_1 + u_2 i_2 = 0$$

结合式（7-18）有

$$\frac{i_1}{i_2}=-\frac{N_2}{N_1} \tag{7-19}$$

综合以上三点，实际变压器必须同时满足三个理想化条件后才能成为理想变压器，这三个条件可概括为无损耗、全耦合、电感和互感趋向于无穷大。虽然理想变压器不能在物理上实现，但当要求不是很严格时，多数铁心的紧耦合的变压器均可视为理想变压器来进行概略的分析和计算，故掌握理想变压器的特性是很有必要的。

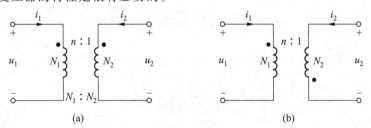

图 7-20　理想变压器的电路模型

如图 7-20(a) 所示，理想变压器的电路模型仍使用带同名端的耦合电感来加以表示，同时在电路图中标注一次侧、二次侧的匝数比 N_1：N_2。若令

$$n=\frac{N_1}{N_2}$$

n 称为理想变压器的变比，则一次侧、二次侧的匝数比也可以写成 n：1。

按照图 7-20(a) 中的参考方向，理想变压器的电压比方程和电流比方程为

$$\begin{cases} \dfrac{u_1}{u_2} = n \\[3mm] \dfrac{i_1}{i_2} = -\dfrac{1}{n} \end{cases} \tag{7-20}$$

按照图 7-20(b)中的参考方向,理想变压器的电压比方程和电流比方程为

$$\begin{cases} \dfrac{u_1}{u_2} = -n \\[3mm] \dfrac{i_1}{i_2} = \dfrac{1}{n} \end{cases} \tag{7-21}$$

7.3.2　理想变压器的阻抗变换

对于含有理想变压器的电路,可使用一次侧、二次侧阻抗相互折合的方法得到等效电路,来求解电路中的电压和电流。

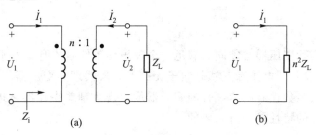

图 7-21　理想变压器的阻抗变换作用

对于图 7-21(a)所示电路,从一次侧的端口看进去的输入阻抗

$$Z_i = \frac{\dot{U}_1}{\dot{I}_1} = \frac{n\,\dot{U}_2}{-\dfrac{1}{n}\dot{I}_2} = n^2 Z_L \tag{7-22}$$

Z_i 称为从二次侧折合到一次侧的阻抗。

【**例 7-6**】　电路如图 7-22 所示,若 $n=4$,则接多大的负载电阻可获得最大功率?

解　由于 R_L 对一次侧的折合阻抗为

$$R_i = n^2 R_L$$

根据最大功率传递定理,R_i 获得最大功率的条件为

$$R_i = n^2 R_L = 40 \ \Omega$$

因此,可得

$$R_L = \frac{40}{n^2} \ \Omega = \frac{40}{4^2} \ \Omega = 2.5 \ \Omega$$

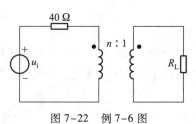

图 7-22　例 7-6 图

【**例7-7**】 求图7-23(a)所示电路负载电阻上的电压 $\dot{U}_2$。

解法一 列出 KVL 方程

一次侧回路 $\qquad\qquad\qquad 1\times\dot{I}_1+\dot{U}_1=10\underline{/0°}$

二次侧回路 $\qquad\qquad\qquad 50\dot{I}_2+\dot{U}_2=0$

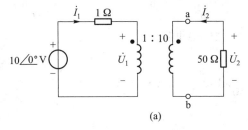 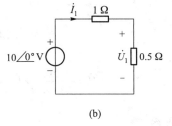

(a) $\qquad\qquad\qquad\qquad$ (b)

图 7-23 例 7-7 图

代入理想变压器的特性方程

$$\dot{U}_1=\frac{1}{10}\dot{U}_2$$

$$\dot{I}_1=-10\dot{I}_2$$

解得

$$\dot{U}_2=33.3\underline{/0°}\ \text{V}$$

解法二 应用阻抗变换得一次侧等效电路如图7-23(b)所示,其中对一次侧的折合阻抗为

$$n^2\times 50\ \Omega=\left(\frac{1}{10}\right)^2\times 50\ \Omega=0.5\ \Omega$$

由此可得

$$\dot{U}_1=\frac{0.5}{1+0.5}\times 10\underline{/0°}\ \text{V}=3.33\underline{/0°}\ \text{V}$$

$$\dot{U}_2=\frac{1}{n}\dot{U}_1=10\dot{U}_1=33.3\underline{/0°}\ \text{V}$$

解法三 应用戴维宁定理求解

将图7-23(a)中50 Ω电阻所在支路开路,得到有源二端网络如图7-24(a)所示。

由于 $\dot{I}_2=0$,必然有 $\dot{I}_1=0$,因此 $\dot{U}_1=10\underline{/0°}$ V,故开路电压

$$\dot{U}_{\text{oc}}=10\ \dot{U}_1=100\underline{/0°}\ \text{V}$$

再将有源二端网络内部电源去除,得到无源二端网络如图7-24(b)所示,其等效电阻就是将一次侧的电阻折合到二次侧,即

$$R_0=(10)^2\times 1\ \Omega=100\ \Omega$$

于是得到二次侧的等效电路,如图7-24(c)所示,由此可得

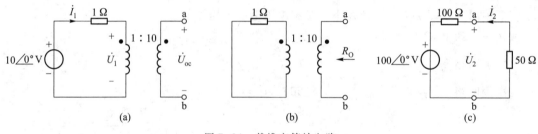

图 7-24 戴维宁等效电路

$$\dot{U}_2 = \frac{50}{100+50} \times \dot{U}_{oc} = \left(\frac{50}{100+50} \times 100 \ \underline{/0°} \right) \ V = 33.3 \ \underline{/0°} \ V$$

思考题

7-8 选择题

(1) 符合无损耗、$K=1$ 和自感量、互感量均为无穷大条件的变压器是( )。

A. 理想变压器 B. 全耦合变压器 C. 空芯变压器

(2) 电路如图 7-20(b) 所示,若 u_1 参考方向取为下"+"上"-",则此理想变压器端口上电压、电流参考方向的伏安特性为( )。

A. $u_1 = nu_2$, $i_2 = -ni_1$ B. $u_1 = nu_2$, $i_2 = ni_1$ C. $u_1 = -nu_2$, $i_2 = -ni_1$

(3) 额定电压为 220 V/110 V 的变压器,一次侧绕组接至 220 V 直流电源时,( )。

A. 二次侧将输出 110 V 直流电压

B. 一次侧绕组将产生极大电流而烧毁,二次侧无输出电压

C. 铁心中将不产生磁通

7.4 双 口 网 络

双口网络(two port network)可以实现对信号的放大、变换和匹配等功能,是一种非常重要的电路形式,在实际工程中有着广泛的应用。本节主要讨论双口网络的 Z、Y、T、H 等参数方程,各种参数的计算以及具有端接的双口网络的电路等效。

7.4.1 双口网络的概念

第 3 章介绍了单口网络,如图 7-25 所示,它是二端网络,只有两个端钮和外电路连接,在任一时刻,流入其中一个端钮的电流总是等于另一个端钮流出的电流。学习了如何用戴维宁和诺顿等效电路方法分析单口网络的端口特性。此外,还学习过受控源、耦合电感和理想变压器等二端口元件以及由这些元件组成的电路分析。

双口网络如图 7-26 所示,它是四端网络,两对端钮 1-1′ 和 2-2′ 是双口网络与外电路相连接

的两个端口,分别简称为端口 1 和端口 2。端口 1 一般连接激励源,常称为输入端口;端口 2 一般连接负载,常称为输出端口。使用图 7-26 所示的双口网络一般有以下限制条件:第一,方框图电路内无储能;第二,电路中不含独立源,可以有受控源;第三,输入、输出同一端口的电流必须相等;第四,所有外部连接必须是和输入端或输出端连接。本节所讨论的问题限制在双口网络范围内。

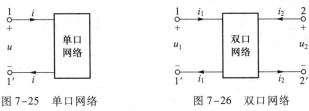

图 7-25 单口网络　　　　　　图 7-26 双口网络

与单口网络类似,双口网络的端口特性也是由端口电压、端口电流来表达的。双口网络的两个端口上共有四个变量,即 u_1、u_2、i_1 和 i_2,如图 7-26 所示。因此,双口网络的端口特性就是由这四个变量构成的约束关系来描述的,其代数方程可表达为

$$\begin{cases} f_1(u_1,u_2,i_1,i_2)=0 \\ f_2(u_1,u_2,i_1,i_2)=0 \end{cases}$$

其中,f_1 表示端口 1 的函数关系,f_2 表示端口 2 的函数关系。

如果只用线性元件组成双口网络,则称该网络为线性双口网络。本节在正弦稳态的条件下,利用相量法研究不含独立源的线性双口网络的外部特性,着重于通过端口电压、电流的伏安关系来创建双口网络的参数模型,然后用此模型来确定该网络连接电源和负载的特性,即双口网络的外特性。

7.4.2　双口网络的方程与参数

对于一个不含独立源的线性双口网络,在正弦稳态时的相量模型如图 7-27 所示,在端口上 $\dot{U}_1$、$\dot{U}_2$、$\dot{I}_1$ 和 $\dot{I}_2$ 四个变量之间的关系方程式,称为双口网络方程,方程中的系数称为双口网络的参数。如任取其中两个为自变量,另外两个为因变量,经组合可得到六种表征此双口网络的方程和参数。双口网络内部的结构、元件值和工作频率只会影响端口网络方程的网络参数,与外部电路无关。

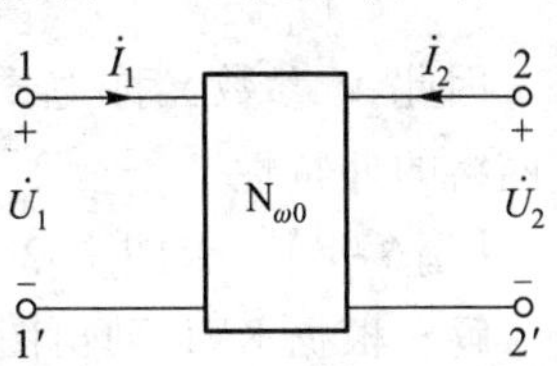

图 7-27 双口网络的相量模型

对于一个具体的双口网络,不是每一种参数都存在,不同的参数有不同的实际应用,参数的确定可以由定义式求出,亦可以直接列写网络方程,用对应系数相等的方法求出。这里只介绍其中常用的四种组合 Z、Y、T、H 的网络方程及其网络参数。

1. 双口网络的阻抗参数

在如图 7-27 所示双口网络电压电流的参考方向下,取 $\dot{I}_1$ 和 $\dot{I}_2$ 为自变量,取 $\dot{U}_1$ 和 $\dot{U}_2$ 为因

变量,得到双口网络的阻抗参数方程为

$$\dot{U}_1 = z_{11}\dot{I}_1 + z_{12}\dot{I}_2$$
$$\dot{U}_2 = z_{21}\dot{I}_1 + z_{22}\dot{I}_2 \tag{7-23}$$

把阻抗参数方程写成矩阵形式为

$$\begin{bmatrix} \dot{U}_1 \\ \dot{U}_2 \end{bmatrix} = \begin{bmatrix} z_{11} & z_{12} \\ z_{21} & z_{22} \end{bmatrix} \begin{bmatrix} \dot{I}_1 \\ \dot{I}_2 \end{bmatrix} \tag{7-24}$$

式(7-24)的系数矩阵为

$$Z = \begin{bmatrix} z_{11} & z_{12} \\ z_{21} & z_{22} \end{bmatrix} \tag{7-25}$$

称为双口网络阻抗参数矩阵(简称 Z 参数矩阵),把 z_{11}、z_{12}、z_{21}、z_{22} 称为双口网络阻抗参数,简称为 Z 参数,其单位为欧姆(Ω)。

双口网络的 Z 参数可根据式(7-23),通过端口 1 与端口 2 开路来测量或计算确定。

$z_{11} = \dfrac{\dot{U}_1}{\dot{I}_1}\bigg|_{i_2=0}$ 是端口 2 开路时,端口 1 的输入阻抗;

$z_{21} = \dfrac{\dot{U}_2}{\dot{I}_1}\bigg|_{i_2=0}$ 是端口 2 开路时,端口 2 对端口 1 的转移阻抗;

$z_{12} = \dfrac{\dot{U}_1}{\dot{I}_2}\bigg|_{i_1=0}$ 是端口 1 开路时,端口 1 对端口 2 的转移阻抗;

$z_{22} = \dfrac{\dot{U}_2}{\dot{I}_2}\bigg|_{i_1=0}$ 是端口 1 开路时,端口 2 的输入阻抗。

因此,Z 参数又称为开路阻抗参数。可以用 Z 参数描述二端口网络电压和电流的关系,即双口网络的外特性。

【例 7-8】 求图 7-28 所示二端口网络的 Z 参数矩阵。

解 根据 KVL 列出图 7-28 所示双口网络端口 1 和端口 2 的方程,得

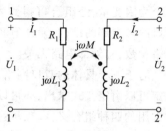

$$\dot{U}_1 = (R_1 + j\omega L_1)\dot{I}_1 + j\omega M \dot{I}_2$$

$$\dot{U}_2 = j\omega M \dot{I}_1 + (R_2 + j\omega L_2)\dot{I}_2$$

上式的矩阵形式为

图 7-28　例 7-8 图

$$\begin{bmatrix} \dot{U}_1 \\ \dot{U}_2 \end{bmatrix} = \begin{bmatrix} R_1 + j\omega L_1 & j\omega M \\ j\omega M & R_2 + j\omega L_2 \end{bmatrix} \begin{bmatrix} \dot{I}_1 \\ \dot{I}_2 \end{bmatrix}$$

由此可知 Z 参数矩阵为

$$Z = \begin{bmatrix} R_1 + j\omega L_1 & j\omega M \\ j\omega M & R_2 + j\omega L_2 \end{bmatrix}$$

由上述方法,可以得到双口网络的导纳参数 Y、传输参数 T 和混合参数 H 矩阵。

2. 双口网络的导纳参数

在如图 7-27 所示双口网络中,取 $\dot{U}_1$ 和 $\dot{U}_2$ 为自变量,取 $\dot{I}_1$ 和 $\dot{I}_2$ 为因变量。同样的,可得到双口网络的 Y 参数方程和 Y 参数矩阵为

Y 参数方程

$$\dot{I}_1 = y_{11}\dot{U}_1 + y_{12}\dot{U}_2$$

$$\dot{I}_2 = y_{21}\dot{U}_1 + y_{22}\dot{U}_2$$

Y 参数矩阵

$$Y = \begin{bmatrix} y_{11} & y_{12} \\ y_{21} & y_{22} \end{bmatrix}$$

其中, $y_{11} = \left.\dfrac{\dot{I}_1}{\dot{U}_1}\right|_{\dot{U}_2=0}$ 、 $y_{21} = \left.\dfrac{\dot{I}_2}{\dot{U}_1}\right|_{\dot{U}_2=0}$ 、 $y_{12} = \left.\dfrac{\dot{I}_1}{\dot{U}_2}\right|_{\dot{U}_1=0}$ 和 $y_{22} = \left.\dfrac{\dot{I}_2}{\dot{U}_2}\right|_{\dot{U}_1=0}$,分别称之为端口 1 的输入导纳、端口 2 对端口 1 的转移导纳、端口 1 对端口 2 的转移导纳和端口 2 的输入导纳。

【例 7-9】 求图 7-29 所示二端口网络的 Y 参数矩阵。

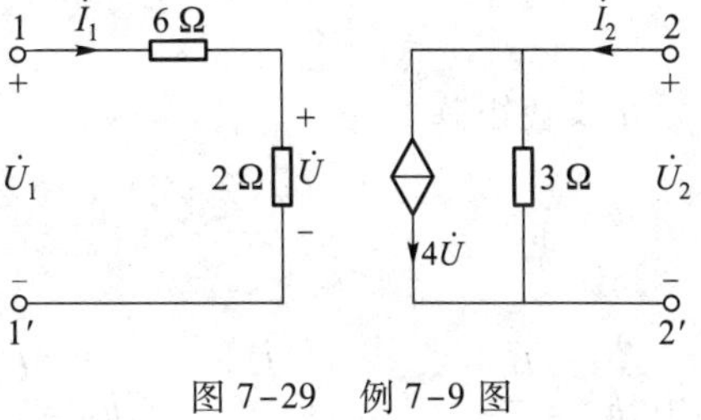

解 根据 KVL 列出端口 1 和端口 2 的方程

图 7-29 例 7-9 图

$$\dot{I}_1 = \frac{1}{8}\dot{U}_1$$

$$\dot{I}_2 = 4\dot{U} + \frac{\dot{U}_2}{3} = 4 \times 2 \times \frac{\dot{U}_1}{8} + \frac{\dot{U}_2}{3} = \dot{U}_1 + \frac{\dot{U}_2}{3}$$

与 Y 参数方程比较可得

$$y_{11} = \frac{1}{8}\ \text{s},\ y_{12} = 0\ \text{s},\ y_{21} = 1\ \text{s},\ y_{22} = \frac{1}{3}\ \text{s}$$

因此 Y 参数矩阵为

$$Y = \begin{bmatrix} \dfrac{1}{8} & 0 \\ 1 & \dfrac{1}{3} \end{bmatrix} \text{S}$$

3. 双口网络的其他参数

双口网络除了阻抗参数和导纳参数外,还常用到 T 转移参数和 H 混合参数。双口网络的 T 参数方程和 T 参数矩阵为

T 参数方程

$$\dot{U}_1 = t_{11}\dot{U}_2 - t_{12}\dot{I}_2$$

$$\dot{I}_1 = t_{21}\dot{U}_2 - t_{22}\dot{I}_2$$

T 参数矩阵

$$T = \begin{bmatrix} t_{11} & t_{12} \\ t_{21} & t_{22} \end{bmatrix}$$

其中,$t_{11} = \dfrac{\dot{U}_1}{\dot{U}_2}\bigg|_{\dot{I}_2=0}$、$t_{21} = \dfrac{\dot{I}_1}{\dot{U}_2}\bigg|_{\dot{I}_2=0}$、$t_{12} = -\dfrac{\dot{U}_1}{\dot{I}_2}\bigg|_{\dot{U}_2=0}$ 和 $t_{22} = -\dfrac{\dot{I}_1}{\dot{I}_2}\bigg|_{\dot{U}_2=0}$。

双口网络的 H 参数方程和 H 参数矩阵为

H 参数方程

$$\dot{U}_1 = h_{11}\dot{I}_1 + h_{12}\dot{U}_2$$

$$\dot{I}_2 = h_{21}\dot{I}_1 + h_{22}\dot{U}_2$$

H 参数矩阵

$$H = \begin{bmatrix} h_{11} & h_{12} \\ h_{21} & h_{22} \end{bmatrix}$$

其中,$h_{11} = \dfrac{\dot{U}_1}{\dot{I}_1}\bigg|_{\dot{U}_2=0}$、$h_{21} = \dfrac{\dot{I}_2}{\dot{I}_1}\bigg|_{\dot{U}_2=0}$、$h_{12} = \dfrac{\dot{U}_1}{\dot{U}_2}\bigg|_{\dot{I}_1=0}$ 和 $h_{22} = \dfrac{\dot{I}_2}{\dot{U}_2}\bigg|_{\dot{I}_1=0}$。

对于上述双口网络,无论用哪种参数都可以描述其端口的外特性。但也可以根据实际问题的需要,选择一种更合适的参数。如在电子管电路中常用 Z 参数,在高频电路中常用 Y 参数,在研究网络传输问题时常用 T 参数,在晶体管电路中常用 H 参数。

7.4.3　双口网络的等效电路

任一给定的线性无源双口网络如图 7-30 所示。

如果给定双口的 Z 参数,通常用 T 型等效电路确定 T 型电路的 Z_1、Z_2、Z_3 的值。若已知

图 7-30(a)双口网络的 Z 参数,则等效电路参数 Z_1、Z_2、Z_3 的值为

$$Z_1 = z_{11} - z_{12}$$

$$Z_2 = z_{12} = z_{21}$$

$$Z_3 = z_{22} - z_{12}$$

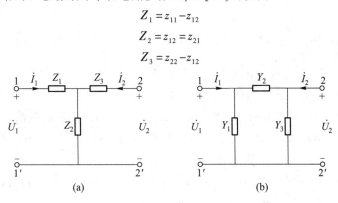

图 7-30   T 型双口网络和 Π 型双口网络

如果给定双口的 Y 参数,通常用 Π 型等效电路确定 Π 型电路的 Y_1、Y_2、Y_3 的值。若已知图 7-30(b)双口网络的 Y 参数,则等效电路参数 Y_1、Y_2、Y_3 的值为

$$Y_1 = y_{11} + y_{12}$$

$$Y_2 = -y_{12} = -y_{21}$$

$$Y_3 = y_{22} + y_{12}$$

如果给定双口网络的其他参数,可把其他参数变换成 Z 参数或 Y 参数,再求其等效电路参数。

任何双口网络均可以用一个简单的双口网络来表征它的两个端口特性,这个简单的双口网络就是原双口网络的等效电路,即两个双口网络应具有相同的端口特性,或对应参数必须相等。

7.4.4　具有端接的双口网络

在双口网络的典型应用中,一般端口 1 接电源而端口 2 接负载。如图 7-31 所示,通常称之为双口网络的端口连接,简称端接。

由双口网络的输入端口看进去的阻抗称为输入阻抗或策动点阻抗,用 Z_{in} 表示,即

$$Z_{in} = \frac{\dot{U}_1}{\dot{I}_1} \qquad (7-26)$$

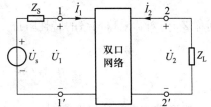

图 7-31   双口网络的端接

由如图 7-31 所示的双口网络可以得到该网络的传输参数方程

$$\dot{U}_1 = t_{11} \dot{U}_2 - t_{12} \dot{I}_2$$

$$\dot{I}_1 = t_{21} \dot{U}_2 - t_{22} \dot{I}_2$$

$$(7-27)$$

负载特性方程为

$$\dot{U}_2 = -Z_L \dot{I}_2 \tag{7-28}$$

根据输入阻抗的定义式(7-26),代入式(7-27)和式(7-28)并整理得到

$$Z_{in} = \frac{\dot{U}_1}{\dot{I}_1} = \frac{t_{11}\dot{U}_2 - t_{12}\dot{I}_2}{t_{21}\dot{U}_2 - t_{22}\dot{I}_2} = \frac{t_{11}(-Z_L\dot{I}_2) - t_{12}\dot{I}_2}{t_{21}(-Z_L\dot{I}_2) - t_{22}\dot{I}_2} = \frac{t_{11}Z_L + t_{12}}{t_{21}Z_L + t_{22}}$$

上式表明,输入阻抗不仅与双口网络的参数有关,而且还与端接的负载阻抗 Z_L 有关。

对于不同的双口网络,端接同一个负载 Z_L,一般情况下输入阻抗是不相等的;对于同一个双口网络,端接不同的负载 Z_L,输入阻抗也是不相等的。因此,双口网络具有变换阻抗的作用。

如果把如图 7-31 所示的端接电压源与负载同时移去,保留电压源内阻抗 Z_S,这时输出端口电压 $\dot{U}_2$ 和电流 $\dot{I}_2$ 之比称为双口网络的输出阻抗 Z_{out},即

$$Z_{out} = \frac{\dot{U}_2}{\dot{I}_2} \tag{7-29}$$

考虑到移去输入端的电压源以后,令负载开路($Z_L = \infty$),有 $\dot{U}_1 = -Z_S\dot{I}_1$,与式(7-27)整理后代入式(7-29),得到

$$Z_{out} = \frac{\dot{U}_2}{\dot{I}_2} = \frac{t_{22}Z_S + t_{12}}{t_{21}Z_S + t_{11}}$$

上式表明,输出阻抗 Z_{out} 不仅与双口网络的参数有关,而且还与端接的电源内阻抗 Z_S 有关。对于不同的双口网络,端接同一个内阻抗 Z_S,一般情况下输出阻抗 Z_{out} 是不相等的;对于同一个双口网络,端接不同的内阻抗 Z_S,输出阻抗 Z_{out} 也是不相等的。因此,双口网络具有变换阻抗的作用。

一般情况下,具有端接的双口网络的输出阻抗 Z_{out} 与电源的内阻抗 Z_S 是不相等的。如果端口对称(即 $t_{11} = t_{22}$),选择适当的电源内阻抗 Z_S 与负载 Z_L,使它们满足

$$Z_{in} = Z_{out} = Z_S = Z_L = Z_C \tag{7-30}$$

则称 Z_C 为对称双口网络的特性阻抗。

*7.5　应用性学习:钳形电流表

钳形电流表简称钳形表,是一种不需断开电路就可直接测电路交流电流的携带式仪表,在电气检修中使用非常方便。其工作部分主要由一只电磁式电流表和穿心式电流互感器组成。穿心式电流互感器铁心制成活动开口,且成钳形,故名钳形电流表,其外形如图 7-32 所示。

钳形电流表的工作原理和变压器一样,其结构示意图如图 7-33 所示。初级线圈就是穿过钳形铁心的导线,相当于 1 匝的变压器的一次侧线圈,这是一个升压变压器。二次侧线圈和测量用的电流表构成二次侧回路。当导线有交流电流通过时,就是这一匝线圈产生了交变磁场,在二

次侧回路中产生了感应电流,感应电流的大小和一次侧电流的比,相当于一次侧和二次侧线圈的匝数的反比。钳形电流表用于测量大电流,如果电流不够大,可以将一次导线在通过钳形表时增加圈数,同时将测得的电流数除以圈数。

图 7-32 钳形电流表实物图

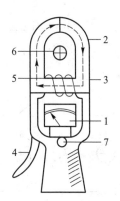

图 7-33 钳形电流表结构示意图
(1—电流表;2—电流互感器;3—铁心;4—手柄;
5—二次绕组;6—被测导线;7—量程开关)

钳形电流表可以通过转换开关的拨挡,改换不同的量程。但拨挡时不允许带电进行操作。钳形表一般准确度不高,通常为 2.5 ~ 5 级。钳形电流表是电机运行和维修工作中最常用的测量仪表之一,特别是增加了测量交、直流电压和直流电阻以及电源频率等功能后,其用途则更为广泛。

习 题 7

7-1 试标出题 7-1 图所示耦合电感的同名端。

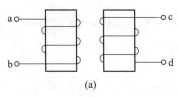
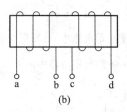

(a)   (b)

题 7-1 图

7-2 试列写题 7-2 图中各耦合电感的伏安关系。

7-3 在题 7-3(a)图所示电路中,已知两线圈的互感 $M = 1$ H,电流源 $i_1(t)$ 的波形如题 7-3(b)图所示,试画出开路电压 u_{CD} 的波形。

7-4 具有互感的两个线圈顺接串联时总电感为 0.6 H,反接串联时总电感为 0.2 H,若此两线圈的电感量相同,试求互感和各线圈的电感。

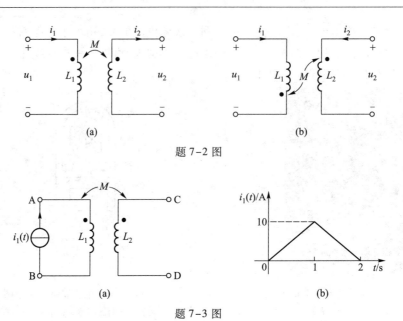

题 7-2 图

题 7-3 图

7-5 在题 7-5 图所示电路中,已知 $L_1 = 0.01$ H,$L_2 = 0.02$ H,$C = 20$ μF,$R = 10$ Ω,$M = 0.01$ H。试求两个线圈在顺接串联和反接串联时的谐振角频率 ω_0。

7-6 试求在题 7-6 图所示电路中 ab 端的等效电感。

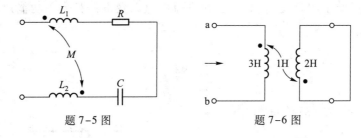

题 7-5 图　　　　　题 7-6 图

7-7 在题 7-7 图所示电路中,已知耦合系数是 0.5,试求:电路的等效输入阻抗和流过两线圈的电流。

7-8 试求在题 7-8 图所示电路中的电流 $\dot{I}_1$ 和电压 $\dot{U}_2$。

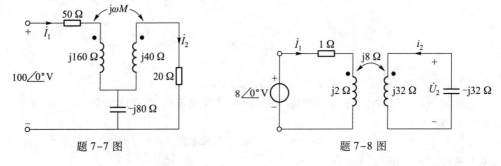

题 7-7 图　　　　　　题 7-8 图

7-9　题 7-9 图所示电路由理想变压器组成,已知 $\dot{U}_s = 16 \angle 0°$ V,求: $\dot{I}_1$、$\dot{U}_2$ 和 R_L 吸收的功率。

7-10　在题 7-10 图所示理想变压器电路中,已知 $\dot{U}_s = 10 \angle 0°$ V,求电压 $\dot{U}_C$。

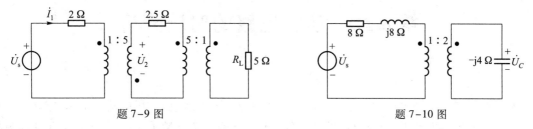

题 7-9 图　　　　　　　　　　　　　　　题 7-10 图

7-11　在题 7-11 图所示电路中,试选择合适的匝数比使传输到负载上的功率达到最大;求 1 Ω 负载上获得的最大功率。

7-12　试求题 7-12 图所示电路中电流相量 $\dot{I}$。

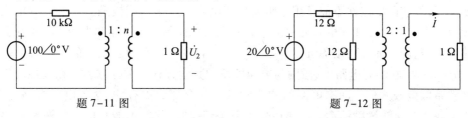

题 7-11 图　　　　　　　　　　　　　　题 7-12 图

7-13　双口网络如题 7-13 图所示,求:(1) 阻抗参数矩阵 Z,(2) 导纳参数矩阵 Y,(3) 传输参数矩阵 T,(4) 混合参数矩阵 H。

7-14　如题 7-14 图所示双口网络的 Z 参数矩阵为

$$Z = \begin{bmatrix} 10 & 8 \\ 5 & 10 \end{bmatrix} \ \Omega$$

求 R_1、R_2、R_3 和 r 的值。

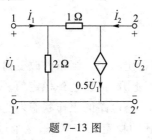 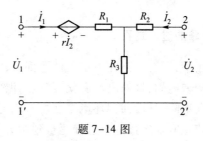

题 7-13 图　　　　　　　　　　　　　　题 7-14 图

第8章　动态电路的时域分析

本书前三章讨论的主要内容是以电阻电路为基础,介绍了电路分析的基本定律、定理和一般分析方法。在电阻电路中,组成电路的各元件的伏安关系均为代数关系,通常把这类元件称为静态元件。描述电路激励与响应关系的数学方程为代数方程,通常把这类电路称为静态电路。静态电路的响应仅是由外加激励引起的。当电阻电路从一种工作状态转到另一种工作状态时,电路中的响应也将立即从一种状态转到另一种状态。

事实上,大量实际电路并不能只用电阻元件和电源元件来构成模型。电路中的电磁现象不可避免地要包含有电感元件和电容元件。电容和电感元件的端口电压和电流关系要用到微分方程来描述,故称这两种元件为动态元件(dynamic element)。含有动态元件的电路称为动态电路(dynamic circuit)。在动态电路中,激励与响应关系的数学方程是微分方程。在线性时不变条件下为线性常系数微分方程。动态电路的响应和激励的全部历史有关,这与电阻电路完全不同。特别是直流或正弦交流激励的动态电路中发生开关切换时,往往不能立即进入激励所要求的工作状态,即直流稳态或交流稳态。进入稳态之前的工作状态称为瞬态或过渡过程。

本章的重点是学习一阶动态电路及其电路方程的经典方法、一阶电路(first order circuit)的三要素求解方法和二阶电路(second order circuit)的分析与计算。

8.1　动态电路的过渡过程

8.1.1　动态电路的过渡过程

在实际应用中,所有电路在一定条件下都有一定的稳定状态。当条件改变时,就要过渡到新的稳定状态。例如电炉,接通电源后就会发热,温度逐渐上升,最后达到稳定值。当切断电源后,电路的温度逐渐下降,最后回到环境温度。由此可见当动态电路的工作状态发生突然变化时,电路原有的工作状态需要经过一个过程逐步到达另一个新的稳定工作状态,这个过程称为电路的暂态过程,在工程上也称为过渡过程。暂态分析或称动态电路分析,是指电路从原有工作状态到电路结构或参数突然变化后新的工作状态全过程的研究。

过渡过程时间短暂,比如只有几秒、几微秒或者几纳秒,但在很多实际电路中会产生重要的影响。例如,利用电容器的充放电过渡过程来实现积分、微分电路等。而在电力系统中,过渡过程引起的过电压或者过电流,可能会造成电气设备损坏或者导致整个系统崩溃。

由于动态元件是储能元件,其 VCR 是对时间变量 t 的微分和积分关系,响应与电源接入的方式以及电路的历史状况都有关,所以这类电路中往往有开关元件,并需要注意开关的动作时刻。在电路理论中,把电路的接通、断开、电路结构或状态发生变化、元件和电路参数变化等都称为换路(switching)。动态电路的特点是:当电路状态发生改变时(换路)需要经历一个变化过程才能达到新的稳定状态。由于储能元件 L、C 在换路时能量发生变化,而能量的储存和释放需要一定的时间来完成,即

$$p = \frac{\Delta w}{\Delta t}$$

若 $\Delta t \to 0$,则 $p \to \infty$。实际电路中功率 $p \to \infty$ 是不可思议的!因此换路需要一定的时间 Δt。

8.1.2 初始值的确定

分析动态电路,首先要建立描述电路的方程。动态电路方程的建立包括两部分内容:一是应用基尔霍夫电压电流定律(KCL 和 KVL);二是应用电感和电容的微分或积分的基本特性关系式(VCR)。下面通过对图 8-1 中 RC 电路和 RLC 电路的分析给出说明。

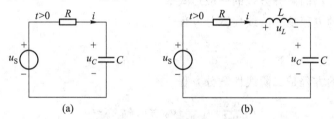

图 8-1 RC 电路和 RLC 电路

图 8-1(a)所示电路是 RC 电路,根据 KVL 列出回路方程

$$Ri + u_C = u_S$$

电容元件的 VCR 为

$$i = C\frac{\mathrm{d}u_C}{\mathrm{d}t}$$

以上两式联立得到以电容电压为变量的电路方程

$$RC\frac{\mathrm{d}u_C}{\mathrm{d}t} + u_C = u_S \qquad (8-1)$$

若以电流为变量,则有

$$Ri + \frac{1}{C}\int i\mathrm{d}t = u_S$$

对以上方程求导得

$$R\frac{\mathrm{d}i}{\mathrm{d}t} + \frac{i}{C} = \frac{\mathrm{d}u_S}{\mathrm{d}t}$$

图 8–1(b)所示电路是 RLC 电路,根据 KVL 和电容、电感的 VCR 可得方程

$$Ri + u_L + u_c = u_s$$

$$i = C\frac{\mathrm{d}u_c}{\mathrm{d}t}$$

$$u_L = L\frac{\mathrm{d}i}{\mathrm{d}t} = LC\frac{\mathrm{d}^2 u_c}{\mathrm{d}t^2}$$

整理以上各式得以电容电压为变量的二阶微分方程

$$LC\frac{\mathrm{d}^2 u_c}{\mathrm{d}t^2} + RC\frac{\mathrm{d}u_c}{\mathrm{d}t} + u_c = u_s \tag{8-2}$$

观察式(8–1)和式(8–2)可得出以下结论:

(1) 描述动态电路的电路方程为微分方程。

(2) 动态电路方程的阶数等于电路中动态元件的个数,一般而言,若电路中含有 n 个独立的动态元件,那么描述该电路的微分方程是 n 阶的,称为 n 阶电路。

(3) 描述动态电路的微分方程的一般形式如下。

描述一阶电路的方程是一阶线性微分方程

$$a_1\frac{\mathrm{d}x}{\mathrm{d}t} + a_0 x = e(t) \quad t \geq 0 \tag{8-3}$$

描述二阶电路的方程是二阶线性微分方程

$$a_2\frac{\mathrm{d}^2 x}{\mathrm{d}t^2} + a_1\frac{\mathrm{d}x}{\mathrm{d}t} + a_0 x = e(t) \quad t \geq 0 \tag{8-4}$$

描述高阶电路的方程是高阶微分方程

$$a_n\frac{\mathrm{d}^n x}{\mathrm{d}t^n} + a_{n-1}\frac{\mathrm{d}^{n-1}x}{\mathrm{d}t^{n-1}} + \cdots + a_1\frac{\mathrm{d}x}{\mathrm{d}t} + a_0 x = e(t) \quad t \geq 0 \tag{8-5}$$

方程中的系数与动态电路的结构和元件参数有关。一般在求解微分方程时,解答中的常数需要根据初始条件来确定。由于电路中常以电容电压或电感电流作为变量,因此,相应的微分方程的初始条件为电容电压或电感电流的初始值。

如果把电路发生换路的时刻记为 $t = 0$ 时刻,则换路前一瞬间可以记为 0_-,换路后一瞬间记为 0_+,则初始条件为 $t = 0_+$ 时 u、i 及其各阶导数的值。

由于电容电压和电感电流是时间的连续函数,从而有

$$u_c(0_+) = u_c(0_-) \tag{8-6}$$

$$i_L(0_+) = i_L(0_-) \tag{8-7}$$

对应于

$$q(0_+) = q(0_-) \tag{8-8}$$

$$\Psi(0_+) = \Psi(0_-) \tag{8-9}$$

式(8–6)和式(8–7)称为换路定则,它说明:

（1）换路瞬间,若电容电流保持为有限值,则电容电压（电荷）在换路前后保持不变。这是电荷守恒的体现。

（2）换路瞬间,若电感电压保持为有限值,则电感电流（磁链）在换路前后保持不变。这是磁链守恒的体现。

需要注意的是：

（1）电容电流和电感电压为有限值是换路定则成立的条件。

（2）换路定则反映了能量不能跃变的事实。

根据换路定则可以由电路的 $u_C(0_-)$ 和 $i_L(0_-)$ 确定 $u_C(0_+)$ 和 $i_L(0_+)$ 的值,电路中其他电流和电压在 $t=0_+$ 时刻的值可以通过 0_+ 时刻的等效电路求得。求初始值的具体步骤是：

（1）画出换路前 $t=0_-$ 时刻的等效电路,确定 $u_C(0_-)$ 和 $i_L(0_-)$ 的值。

（2）根据换路定则得到 $u_C(0_+)$ 和 $i_L(0_+)$ 的值。

（3）画出 $t=0_+$ 时刻的等效电路图,电容用电压源替代,电压源的电压值取 0_+ 时刻 $u_C(0_+)$ 的值；电感用电流源替代,电流源的电流值取 0_+ 时刻 $i_L(0_+)$ 值,方向均与原电容电压、电感电流参考方向相同。

（4）由 0_+ 时刻的电路求出所需的各变量初始值。

【例 8-1】 图 8-2（a）所示电路在 $t<0$ 时开关 S 闭合,电路处于稳态,求开关打开瞬间电容电流 $i_C(0_+)$ 。

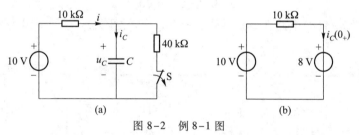

图 8-2　例 8-1 图

解 （1）由图 8-2（a）可知,在 $t=0_-$ 时刻,电容处于开路状态,开关 S 闭合,求得
$$u_C(0_-) = 8 \text{ V}$$

（2）由换路定则得
$$u_C(0_+) = u_C(0_-) = 8 \text{ V}$$

（3）画出 $t=0_+$ 时刻的等效电路,如图 8-2（b）所示,此时电容用 8 V 电压源替代,解得
$$i_C(0_+) = \frac{10-8}{10} \text{ mA} = 0.2 \text{ mA}$$

注意：电容电流在换路瞬间发生了跃变,即
$$i_C(0_-) = 0 \neq i_C(0_+)$$

【例 8-2】 图 8-3（a）所示电路在 $t<0$ 时电路处于稳态, $t=0$ 时开关 S 闭合,求电感电压 $u_L(0_+)$ 。

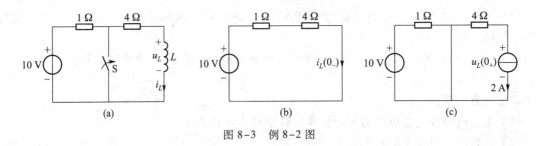

图 8-3 例 8-2 图

解 （1）由图 8-3（a）可知，在 $t=0_-$ 时刻，开关 S 断开，电感处于短路状态，其等效电路如图 8-3（b）所示，求得

$$i_L(0_-) = \frac{10}{1+4} \text{ A} = 2 \text{ A}$$

（2）由换路定则得

$$i_L(0_+) = i_L(0_-) = 2 \text{ A}$$

（3）画出 $t=0_+$ 时刻的等效电路如图 8-3（c）所示，电感用 2 A 电流源替代，解得

$$u_L(0_+) = -2 \times 4 \text{ V} = -8 \text{ V}$$

注意：电感电压在换路瞬间发生了跃变，即

$$u_L(0_-) = 0 \neq u_L(0_+)$$

【例 8-3】 图 8-4（a）电路在 $t<0$ 时处于稳态，$t=0$ 时开关 S 闭合，求电感电压 $u_L(0_+)$ 和电容电流 $i_C(0_+)$。

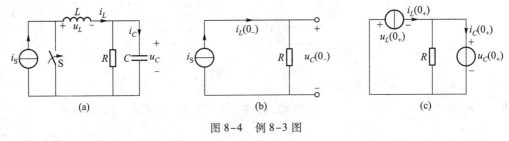

图 8-4 例 8-3 图

解 （1）在 $t=0_-$ 时刻，开关 S 断开，电感处于短路状态，电容处于开路状态，其等效电路如图 8-4（b）所示。由换路定则得

$$i_L(0_+) = i_L(0_-) = i_s$$
$$u_C(0_+) = u_C(0_-) = i_s R$$

（2）画出 $t=0_+$ 时刻等效电路如图 8-4（c）所示，电感用电流源替代，电容用电压源替代，解得

$$i_C(0_+) = i_L(0_+) - \frac{u_C(0_+)}{R} = i_s - \frac{i_s R}{R} = 0$$

$$u_L(0_+) = -u_C(0_+) = -i_S R$$

注意:直流稳态时电感相当于短路,电容相当于断路。

8.1.3 稳态值的确定

电路中的稳态值是指动态电路经历过渡过程后,达到新的稳定状态时所对应的电压、电流值,常用$u(\infty)$、$i(\infty)$表示。稳态值的确定可以利用$t=\infty$时刻的等效电路图。在直流激励的电路中,$t=\infty$时的电路处于直流状态,所以等效电路中的储能元件如果储能,则电容元件相当于开路,电感元件相当于短路。如果储能元件未储能,则电容元件相当于短路,电感元件相当于开路。

【例 8-4】 试求图 8-2(a)所示电路中开关断开后电路中的电容电压的稳态值$u_C(\infty)$。

解 当电路中开关 S 断开后,一段时间后电路呈现新的稳定状态,电路中的储能元件是储能的,因此,电容元件相当于开路。等效电路如图 8-5 所示。容易得到

$$u_C(\infty) = 10 \text{ V}$$

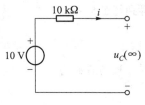

图 8-5 例 8-4 图

此结果说明,开关 S 断开后,电容电压的稳态值要高于初始值,电容存在一个充电过程。

思考题

8-1 电路中出现暂态过程的原因是什么?

8-2 什么叫换路?为什么在换路瞬间电容上的电压u_C和电感上的电流i_L不能跃变?而电容上的电流和电感上的电压却可以跃变?在特殊情况下u_C和i_L是否可以跃变?

8-3 如果一个电感线圈两端的电压为零,那么这个电感线圈是否有可能储能?

8.2 一阶电路的零输入响应

在电路理论中,把网络的输出变量称为响应,把能够产生响应的变量称为激励。就响应而言,它可以是由独立电源引起的,也可以是动态电路元件上的初始条件(电感上的初始电流和电容上的初始电压)引起的,或者由两者共同引起的。

若动态电路没有外加激励,由电路中的动态元件初始储能所产生的响应(电压和电流),就称作零输入响应(zero-input response)。

8.2.1 RC 电路的零输入响应

如图 8-6 所示的 RC 电路在开关闭合前已充电,电容电压$u_C(0_-) = U_0$,开关闭合后,根据 KVL 可得

$$-u_R + u_C = 0$$

由于

$$i = -C \frac{\mathrm{d}u_C}{\mathrm{d}t}$$

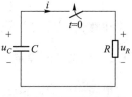

图 8-6 RC 零输入电路

代入上式得微分方程

$$RC \frac{\mathrm{d}u_C}{\mathrm{d}t} + u_C = 0$$

$$u_C(0_+) = U_0$$

特征方程为

$$RCs + 1 = 0$$

得到特征根为

$$s = -\frac{1}{RC}$$

则方程的通解为

$$u_C = A\mathrm{e}^{st} = A\mathrm{e}^{-\frac{1}{RC}t}$$

代入初始值得

$$A = u_C(0_+) = U_0$$

$$u_C = u_C(0_+) \mathrm{e}^{-\frac{1}{RC}t} = U_0 \mathrm{e}^{-\frac{1}{RC}t} \quad t \geqslant 0_+ \tag{8-10}$$

放电电流为

$$i = \frac{u_C}{R} = \frac{U_0}{R} \mathrm{e}^{-\frac{1}{RC}t} \quad t \geqslant 0_+ \tag{8-11}$$

或根据电容的 VCR 计算,也可得到放电电流值

$$i = -C \frac{\mathrm{d}u_C}{\mathrm{d}t} = -CU_0 \mathrm{e}^{-\frac{1}{RC}t} \left(-\frac{1}{RC}\right) = \frac{U_0}{R} \mathrm{e}^{-\frac{1}{RC}t} \quad t \geqslant 0_+ \tag{8-12}$$

以上通过列写电路微分方程并计算齐次解和特解的方法,在电路的分析中称作经典法。经典法通常以 t 为自变量,取动态元件电容上的电压 u_C 或电感上的电流 i_L 为因变量,并根据基尔霍夫定律和支路电压和电流的关系,对给定的电路建立电路微分方程。通过求取齐次解和特解等步骤,求出微分方程的解,然后再求电路中其他电压电流值。从式(8-11)和式(8-12)可以得出结论:

(1)电压、电流是随时间按同一指数规律衰减的函数,如图 8-7 所示。

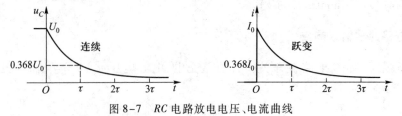

图 8-7 RC 电路放电电压、电流曲线

（2）响应与初始状态呈线性关系，其衰减快慢与 RC 有关。令 $\tau = RC$，τ 的量纲为

$$[\tau] = [RC] = [\Omega][F] = [\Omega]\left[\frac{C}{V}\right] = [\Omega]\left[\frac{A \cdot s}{V}\right] = [s]$$

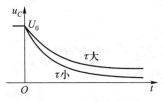

图 8-8　RC 电路放电快慢与 τ 的关系

一般称 τ 为一阶电路的时间常数。τ 的大小反映了电路过渡过程时间的长短，即：τ 大，过渡过程时间长；τ 小，过渡过程时间短，如图 8-8 所示。表 8-1 给出了电容电压 u_C 在 $t=\tau$、$t=2\tau$、$t=3\tau \cdots$ 时刻的 u_C 值。

表 8-1　不同时刻 $u_C = U_0 e^{-\frac{1}{RC}t}$ 的值

t	0	τ	2τ	3τ	5τ	∞
u_C	U_0	$0.368U_0$	$0.135U_0$	$0.05U_0$	$0.0067U_0$	0

表中的数据表明经过一个时间常数 τ，电容电压衰减到原来电压的 36.8%。工程上一般认为经过 $3\tau \sim 5\tau$，电路响应接近于零，过渡过程结束。

（3）在放电过程中，电容释放的能量全部被电阻所消耗，即

$$W_R = \int_0^\infty i^2 R \, dt = \int_0^\infty \left(\frac{U_0}{R} e^{-\frac{1}{RC}t}\right)^2 R \, dt = \frac{U_0^2}{R} \int_0^\infty e^{-\frac{2t}{RC}} dt = \frac{1}{2}CU_0^2 \tag{8-13}$$

8.2.2　RL 电路的零输入响应

图 8-9（a）所示的电路为 RL 电路，在开关动作前电压和电流已恒定不变，因此电感电流的初值为

$$i_L(0_+) = i_L(0_-) = \frac{U_S}{R_1 + R} = I_0$$

（a）　　　　　　　（b）

图 8-9　RL 电路

开关闭合后的电路如图 8-9（b）所示，即 RL 零输入电路。由 KVL 可得

$$u_R + u_L = 0$$

把

$$u_L = L\frac{\mathrm{d}i}{\mathrm{d}t}, \ u_R = Ri$$

代入上式得微分方程

$$L\frac{\mathrm{d}i}{\mathrm{d}t} + Ri = 0 \quad t \geqslant 0$$

特征方程为

$$Ls + R = 0$$

特征根

$$s = -\frac{R}{L}$$

则方程的通解为

$$i(t) = Ae^{st}$$

代入初值得

$$A = i(0_+) = I_0$$

$$i(t) = I_0 e^{pt} = \frac{U_S}{R_1 + R} e^{-\frac{t}{L/R}} \quad t \geqslant 0_+ \tag{8-14}$$

电感电压为

$$u_L(t) = L\frac{\mathrm{d}i_L}{\mathrm{d}t} = -RI_0 e^{-\frac{t}{L/R}} \quad t \geqslant 0_+ \tag{8-15}$$

从式(8-14)和式(8-15)可以得出结论：

（1）电压、电流是随时间按同一指数规律衰减的函数,如图 8-10 所示；

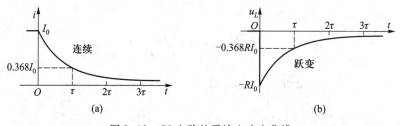

图 8-10　RL 电路的零输入响应曲线

（2）响应与初始状态呈线性关系,其衰减快慢与 L/R 有关。令 $\tau = L/R$,称为一阶 RL 电路的时间常数,τ 的单位为秒。

（3）在过渡过程中,电感释放的能量被电阻全部消耗,即

$$W_R = \int_0^\infty i^2 R\mathrm{d}t = \int_0^\infty \left(I_0 e^{-\frac{1}{L/R}t}\right)^2 R\mathrm{d}t = I_0^2 R\int_0^\infty e^{-\frac{2tR}{L}}\mathrm{d}t = \frac{1}{2}LI_0^2 \tag{8-16}$$

【例 8-5】　电路如图 8-11 所示,开关打开前电路已处于稳态,$t = 0$ 时,打开开关,求 $t > 0$ 电压表的电压随时间变化的规律,已知电压表内阻为 10 kΩ,电压表量程为 50 V。

解 电感电流的初值为

$$i_L(0_+) = i_L(0_-) = 1 \text{ A}$$

开关打开后为一阶 RL 电路的零输入响应问题，因此有

$$i_L = i_L(0_+) e^{-\frac{t}{\tau}} \quad t \geq 0$$

时间常数为

$$\tau = \frac{L}{R+R_V} \approx \frac{4}{10000} \text{ s} = 4 \times 10^{-4} \text{ s}$$

因此电压表电压

$$u_V = -R_V i_L = -10000 e^{-2500t} \text{ V} \quad t>0$$

当 $t = 0_+$ 时，电压达最大值

$$u_V(0_+) = -10000 \text{ V}$$

远超出电压表的承受范围，会造成电压表的损坏。

注意：本题说明 RL 电路在换路时会出现过电压现象，不注意会造成设备的损坏。

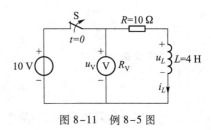

图 8-11 例 8-5 图

【例 8-6】 电路如图 8-12（a）所示原本处于稳态，$t=0$ 时，开关由 1 打向 2，求 $t>0$ 后的电感电压和电流及开关两端电压 u_{12}。

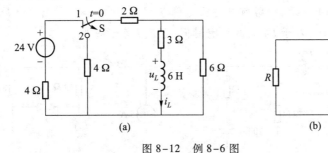

图 8-12 例 8-6 图

解 电感电流的初值为

$$i_L(0_+) = i_L(0_-) = \left(\frac{24}{4+2+3//6} \times \frac{6}{3+6} \right) \text{ A} = 2 \text{ A}$$

开关由 1 打向 2 后图 8-12（a）所示电路转化为一阶零输入 RL 电路，其等效电路如图 8-12（b）所示，等效电阻为

$$R = [3+(2+4)//6] \ \Omega = 6 \ \Omega$$

时间常数为

$$\tau = \frac{L}{R} = \frac{6}{6} \text{ s} = 1 \text{ s}$$

因此，电感电流和电压为

$$i_L = 2e^{-t} A \quad t \geq 0$$

$$u_L = L\frac{\mathrm{d}i_L}{\mathrm{d}t} = -12\mathrm{e}^{-t} \text{ V} \qquad t \geq 0_+$$

开关两端的电压

$$u_{12} = 24 + 4 \times \frac{i_L}{2} = (24 + 4\mathrm{e}^{-t}) \text{ V} \qquad t \geq 0_+$$

从上述分析可以发现,一阶电路的零输入响应是由储能元件的初值引起的响应,都是初始值衰减为零的指数衰减函数,其一般表达式可以写为

$$y(t) = y(0_+)\mathrm{e}^{-\frac{t}{\tau}} \qquad\qquad\qquad (8\text{-}17)$$

零输入响应的衰减快慢取决于时间常数 τ,其中 RC 电路 $\tau = RC$,RL 电路 $\tau = L/R$,R 为与动态元件相连的单口网络的等效电阻。同一电路中所有响应具有相同的时间常数。一阶电路的零输入响应和初始值成正比,称为零输入线性。

思考题

8-4　电路如图 8-13 所示,换路前电路已处稳态,开关 S 在 $t=0$ 时刻打开后,试求电容电压的初始值,时间常数 τ,以及对于 $t>0$ 的所有时间,电压 u 等于多少?

8-5　电路如图 8-14 所示,换路前电路已处稳态,开关 S 在 $t=0$ 时刻打开后,试求电感电流的初始值,时间常数 τ,以及对于 $t \geq 0_+$ 的所有时间,电流 i 等于多少?

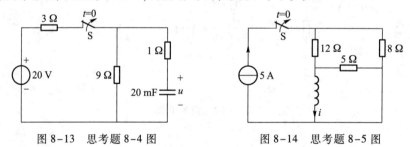

图 8-13　思考题 8-4 图　　　　图 8-14　思考题 8-5 图

8.3　一阶电路的零状态响应

一阶电路的零状态响应(zero-state response)是指动态元件初始能量为零,$t \geq 0_+$ 后由电路中外加输入激励作用所产生的响应。用经典法求零状态响应的步骤与求零输入响应的步骤相似,所不同的是零状态响应的微分方程是非齐次的。

8.3.1　RC 电路的零状态响应

如图 8-15 所示的 RC 充电电路在开关闭合前处于零初始状态,即电容电压 $u_C(0_-) = 0$,当开关闭合后,根据 KVL 可得

$$u_R + u_C = U_S$$

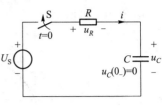

图 8-15 *RC* 充电电路

把

$$i = C\frac{\mathrm{d}u_C}{\mathrm{d}t}, u_R = Ri$$

代入上式得微分方程

$$RC\frac{\mathrm{d}u_C}{\mathrm{d}t} + u_C = U_S$$

其解答形式为

$$u_C = u_C' + u_C''$$

其中 u_C'' 为特解。一般地，全响应＝固有响应＋强制响应，包括暂态分量(transient component)和强制分量(forced component)；在直流或正弦交流激励时，全响应＝瞬态响应＋稳态响应，包括稳态分量和瞬态分量。强制分量或稳态分量，是与输入激励的变化规律有关的量。通过设微分方程中的导数项等于 0，可以得到任何微分方程的直流稳态分量，上述方程满足 $u_C'' = U_S$。另一个计算直流稳态分量的方法是在直流稳态条件下，把电感看成短路，电容视为开路再加以求解。u_C' 为齐次微分方程的通解，也称瞬态分量或自由分量。必须指出，稳态响应一定是强制响应，但强制响应不一定都是稳态的。

方程

$$RC\frac{\mathrm{d}u_C}{\mathrm{d}t} + u_C = 0$$

的通解为

$$u_C' = Ae^{-\frac{t}{RC}}$$

因此

$$u_C(t) = u_C' + u_C'' = U_S + Ae^{-\frac{t}{RC}}$$

由初始条件

$$u_C(0_+) = u_C(0_-) = 0$$

得积分常数

$$A = -U_S$$

则

$$u_C = U_S - U_S e^{-\frac{t}{RC}} \quad t \geq 0_+ \tag{8-18}$$

从式(8-18)可以得出电流

$$i = C\frac{\mathrm{d}u_C}{\mathrm{d}t} = \frac{U_S}{R}e^{-\frac{t}{RC}} \quad t \geq 0_+ \tag{8-19}$$

从式(8-18)和式(8-19)可以得出结论：

(1) 电压、电流是随时间按同一指数规律变化的函数，电容电压由稳态分量(强制分量)和暂态分量(自由分量)这两部分构成。各分量的波形及叠加结果如图 8-16(a)所示。电流波形如图 8–16（b）所示。

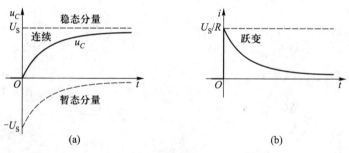

图 8–16 *RL* 电路零状态响应曲线

（2）响应变化的快慢，由时间常数 $\tau = RC$ 决定；τ 大，充电慢，τ 小，充电就快。

（3）响应与外加激励呈线性关系。

（4）充电过程的能量关系为：

电容最终储存能量

$$W_C = \frac{1}{2}CU_S^2 \qquad (8\text{–}20)$$

电源提供的能量

$$W = \int_0^\infty U_S i \mathrm{d}t = U_S q = CU_S^2 \qquad (8\text{–}21)$$

电阻消耗的能量

$$W_R = \int_0^\infty i^2 R \mathrm{d}t = \int_0^\infty \left(\frac{U_S}{R}\mathrm{e}^{-\frac{t}{RC}}\right)^2 R \mathrm{d}t = \frac{1}{2}CU_S^2 \qquad (8\text{–}22)$$

以上各式说明不论电路中电容 C 和电阻 R 的数值为多少，电源提供的能量总是一半消耗在电阻上，一半转换成电场能量储存在电容中，即充电效率为 50%。

8.3.2 *RL* 电路的零状态响应

我们可以用类似方法来分析图 8–17 所示的 *RL* 电路。电路在开关闭合前处于零初始状态，即电感电流 $i_L(0_-) = 0$，开关闭合后，根据 KVL 可得

$$u_R + u_L = U_S$$

把

$$u_L = L\frac{\mathrm{d}i}{\mathrm{d}t}, \quad u_R = Ri$$

代入上式得微分方程

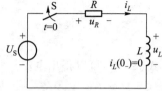

图 8–17 *RL* 零状态响应电路

$$L\frac{\mathrm{d}i_L}{\mathrm{d}t} + Ri_L = U_S$$

其解答形式为

$$i_L = i'_L + i''_L$$

令导数为零,得到稳态分量

$$i''_L = \frac{U_s}{R}$$

因此

$$i_L = \frac{U_s}{R} + A e^{-\frac{Rt}{L}}$$

由初始条件 $i_L(0_+) = 0$,得积分常数

$$A = -\frac{U_s}{R}$$

则

$$i_L = \frac{U_s}{R}(1 - e^{-\frac{Rt}{L}}) \qquad t \geqslant 0_+ \tag{8-23}$$

$$u_L = L\frac{\mathrm{d}i_L}{\mathrm{d}t} = U_s e^{-\frac{Rt}{L}} \qquad t \geqslant 0_+ \tag{8-24}$$

【例 8-7】 电路如图 8-18(a)所示,原本已经处于稳定状态,在 $t=0$ 时打开开关 S,求 $t>0$ 后 i_L 和 u_L 的变化规律。

解 这是一个 RL 电路零状态响应问题,$t>0$ 后的等效电路如图 8-18(b)所示,其中

$$R_{eq} = (80 + 120)\ \Omega = 200\ \Omega$$

因此时间常数为

$$\tau = \frac{L}{R_{eq}} = \frac{2}{200}\ \text{s} = 0.01\ \text{s}$$

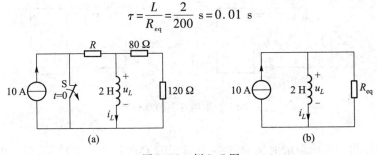

图 8-18 例 8-7 图

把电感短路得电感电流的稳态解

$$i_L(\infty) = 10\ \text{A}$$

则

$$i_L(t) = 10\ (1 - e^{-100t})\ \text{A} \qquad t \geqslant 0_+$$

$$u_L(t) = 10 \times R_{eq} e^{-100t} = 2000 e^{-100t}\ \text{V} \qquad t \geqslant 0_+$$

8.3.3　阶跃函数和阶跃响应

　　单位阶跃函数(unit-step function)是一种奇异函数,可用 $\varepsilon(t)$ 表示,如图 8-19(a)所示。该函数在 $t=0$ 时发生了阶跃,从幅值 0 突变到 1,可定义为

$$\varepsilon(t)=\begin{cases}0 & t<0 \\ 1 & t>0\end{cases} \tag{8-25}$$

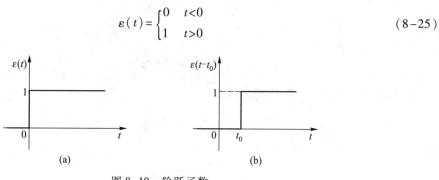

图 8-19　阶跃函数

　　任一时刻 t_0 起始的阶跃函数如图 8-19(b)所示,也称为延迟的单位阶跃函数,可定义为

$$\varepsilon(t-t_0)=\begin{cases}0 & t<t_0 \\ 1 & t>t_0\end{cases} \tag{8-26}$$

　　如果电路的初始状态为零,输入为单位阶跃信号,则相应的响应就称为单位阶跃响应,单位阶跃响应也是个很重要的概念。

　　单位阶跃函数的作用很多,以下举几个常见的例子。

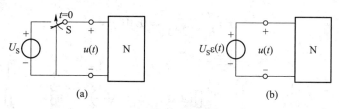

图 8-20　含电源开关的单口网络

　　(1)阶跃函数相当于电源瞬时接通网络,图 8-20(a)所示的开关动作,可以用图 8-20(b)表示,这样就省去了开关,同样表示 $t=0$ 时把网络 N 接到直流电源。

　　(2)阶跃函数可以用来起始一个任意函数,即

$$f(t)\varepsilon(t-t_0)=\begin{cases}0 & t<t_0 \\ f(t) & t>t_0\end{cases} \tag{8-27}$$

图 8-21 为单位阶跃函数起始一个正弦函数。

　　(3)阶跃函数可以用来延迟一个函数,如图 8-22 所示。

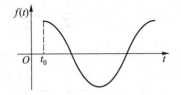

图 8-21 用阶跃函数起始的波形

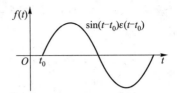

图 8-22 用阶跃函数延迟的波形

（4）阶跃函数可以用来表示复杂的信号，如图 8-23 所示的矩形脉冲函数可以写为

$$f(t) = \varepsilon(t) - \varepsilon(t - t_0)$$

电路中对单位阶跃函数输入的零状态响应称为阶跃响应。下面将以图 8-24 所示的 RC 电路受直流阶跃激励为例加以说明。

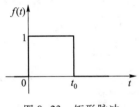

图 8-23 矩形脉冲

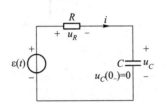

图 8-24 单位阶跃函数输入的 RC 电路

根据阶跃函数的性质得

$$u_C(0_-) = 0 \quad u_C(\infty) = 1$$

所以阶跃响应为

$$u_C(t) = (1 - e^{-\frac{t}{RC}})\, \varepsilon(t)$$

$$i(t) = \frac{1}{R} e^{-\frac{t}{RC}} \varepsilon(t)$$

响应的波形如图 8-25(a) 和 (b) 所示。

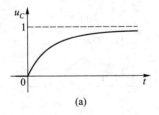

(a)

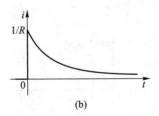

(b)

图 8-25 RC 电路的单位阶跃响应曲线

注意：$i(t) = e^{-\frac{t}{RC}} \varepsilon(t)$（初值为零）和 $i(t) = e^{-\frac{t}{RC}}$ $t \geqslant 0$（初值可以不为零）的区别。

若上述激励在 $t=t_0$ 时加入，如图 8-26 所示，则响应从 $t=t_0$ 开始。即

$$u_C(t) = \left(1 - e^{-\frac{t-t_0}{RC}}\right) \varepsilon(t-t_0)$$

$$i(t) = \frac{1}{R} e^{-\frac{t-t_0}{RC}} \varepsilon(t-t_0)$$

图 8-26　延迟单位阶跃输入的 RC 电路

注意：上式为延迟的阶跃响应，不要写为

$$u_C(t) = \left(1 - e^{-\frac{t}{RC}}\right) \varepsilon(t-t_0)$$

【例 8-8】　用阶跃函数表示图 8-27 所示函数 $f(t)$。

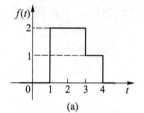
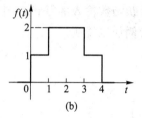

(a)　　　　　　　(b)

图 8-27　例 8-8 图

解　（a）$f(t) = 2\varepsilon(t-1) - \varepsilon(t-3) - \varepsilon(t-4)$

（b）$f(t) = \varepsilon(t) + \varepsilon(t-1) - \varepsilon(t-3) - \varepsilon(t-4)$

【例 8-9】　已知电压 $u(t)$ 的波形如图 8-28 所示，试画出下列电压的波形。

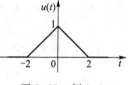

图 8-28　例 8-9

（1）$u(t)\varepsilon(t)$，（2）$u(t-1)\varepsilon(t)$，（3）$u(t-1)\varepsilon(t-1)$，（4）$u(t-2)\varepsilon(t-1)$。

解　根据阶跃函数的性质得所求波形分别如图 8-29（a）、（b）、（c）和（d）所示。

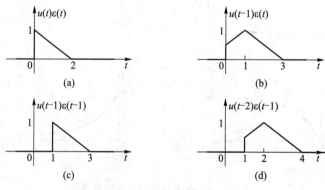

(a)　　　　　　　　　　(b)

(c)　　　　　　　　　　(d)

图 8-29　例 8-9 图

思考题

8-6 比较零输入响应、零状态响应、稳态响应、暂态响应、强制响应、自由响应之间的区别和联系。

8-7 阶跃响应在零状态的条件下加以定义,你是怎样理解的?

8-8 试用阶跃函数表示图 8-30 所示波形。

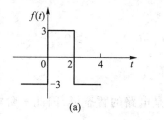 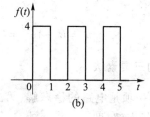

(a)   (b)

图 8-30 思考题 8-8

8.4 一阶电路的全响应

前面分别讨论了一阶电路的零输入响应和零状态响应,但是动态电路往往是非零原始状态,既具有初始条件又具有输入激励,它们共同作用引起的响应就是完全响应,简称全响应(complete response)。

8.4.1 一阶电路的全响应

一阶电路的全响应是指换路后电路的初始状态不为零,同时又有外加激励作用的电路中所产生的响应。下面以 RC 串联电路为例,电路如图 8-31 所示。

电路微分方程为

$$RC\frac{\mathrm{d}u_C}{\mathrm{d}t}+u_C=U_\mathrm{S}$$

方程的解为

$$u_C=u'_C+u''_C$$

令微分方程的导数为零,得到稳态解

$$u''_C=U_\mathrm{S}$$

暂态解

$$u'_C=A\mathrm{e}^{-\frac{t}{\tau}}$$

因此

$$u_C=U_\mathrm{S}+A\mathrm{e}^{-\frac{t}{\tau}}$$

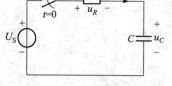

图 8-31 RC 串联电路

由初始值定常数 A。设电容原本充有电压

$$u_C(0_+) = u_C(0_-) = U_0$$

代入上述方程得

$$u_C(0_+) = A + U_S = U_0$$

解得

$$A = U_0 - U_S$$

所以电路的全响应为

$$u_C = U_S + A e^{-\frac{t}{\tau}} = U_S + (U_0 - U_S) e^{-\frac{t}{\tau}} \qquad t \geqslant 0 \tag{8-28}$$

8.4.2 一阶电路的三要素法

式(8-28)的第一项是电路的稳态解,第二项是电路的暂态解,因此一阶电路的全响应可以看成是稳态解加上暂态解,即

全响应 = 强制响应(稳态解) + 暂态响应(暂态解)

图 8-32 描绘了电容电压随时间变化的全响应曲线。也可以把式(8-28)改写成

$$u_C = U_S(1 - e^{-\frac{t}{\tau}}) + U_0 e^{-\frac{t}{\tau}} \qquad t \geqslant 0 \tag{8-29}$$

显然第一项是电路的零状态响应解,第二项是电路的零输入响应解,因此一阶电路的全响应也可以看成是零状态响应的解加上零输入响应的解,即

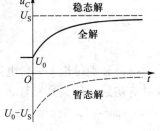

图 8-32 RC 串联电路的全响应

全响应 = 零状态响应 + 零输入响应

一阶电路的数学模型是一阶微分方程

$$a \frac{\mathrm{d}f}{\mathrm{d}t} + bf = c \tag{8-30}$$

其解答为稳态分量加暂态分量,即解的一般形式为

$$f(t) = f(\infty) + A e^{-\frac{t}{\tau}} \tag{8-31}$$

$t = 0_+$ 时有

$$f(0_+) = f(\infty) \Big|_{0_+} + A$$

则积分常数

$$A = f(0_+) - f(\infty) \Big|_{0_+}$$

代入方程得一阶电路全响应为

$$f(t) = f(\infty) + \left[f(0_+) - f(\infty) \Big|_{0_+} \right] e^{-\frac{t}{\tau}} \tag{8-32}$$

当电路激励为直流激励时有

$$f(\infty) = f(\infty) \Big|_{0_+}$$

以上式子表明分析一阶电路问题可以转为求解电路的初始值 $f(0_+)$、稳态值 $f(\infty)$ 以及时间常数 τ 的三个要素的问题。对于时间常数 τ，电容电路有 $\tau = RC$，电感电路有 $\tau = L/R$。三要素法提供了一阶电路在直流或正弦交流激励下求解某一支路响应的经典方法。

【例 8-10】 如图 8-33 所示电路原本处于稳定状态，$t=0$ 时开关 S 闭合，求 $t>0$ 后的电容电流 i_C、电压 u_C 和电流源两端的电压 u。已知：$u_C(0_-) = 1$ V，$C = 1$ F。

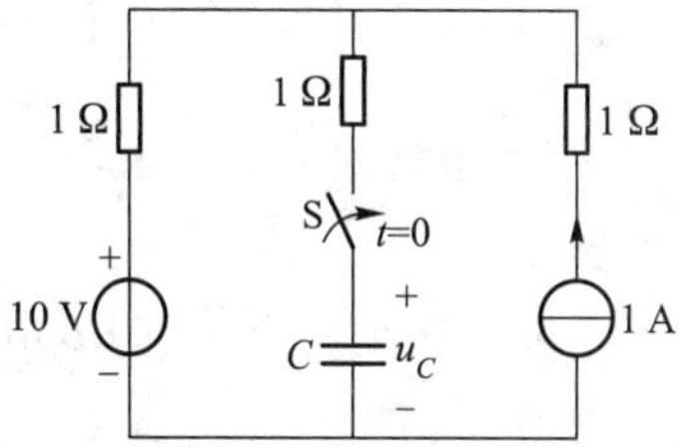

解 这是一个一阶 RC 电路全响应问题，其稳态解
$$u_C(\infty) = (10+1)\ \text{V} = 11\ \text{V}$$

时间常数为
$$\tau = RC = [(1+1) \times 1]\ \text{s} = 2\ \text{s}$$

则全响应为
$$u_C(t) = (11 + A\text{e}^{-0.5t})\ \text{V}$$

代入初值得
$$A = -10$$

所以
$$u_C(t) = (11 - 10\text{e}^{-0.5t})\ \text{V}$$

$$i_C(t) = C\frac{\text{d}u_C}{\text{d}t} = 5\text{e}^{-0.5t}\ \text{A}$$

电流源电压为
$$u(t) = 1 + 1 \times i_C + u_C = (12 - 5\text{e}^{-0.5t})\ \text{V}$$

【例 8-11】 如图 8-34 所示电路原本处于稳定状态，$t=0$ 时开关闭合，求 $t>0$ 后的电容电压 u_C 并画出波形图。

解 这是一个一阶 RC 电路全响应问题，应用三要素法进行求解。

电容电压的初始值为
$$u_C(0_+) = u_C(0_-) = 2\ \text{V}$$

稳态值为
$$u_C(\infty) = [(2//1) \times 1]\ \text{V} = 0.667\ \text{V}$$

时间常数为
$$\tau = R_{\text{eq}}C = \left(\frac{2}{3} \times 3\right)\ \text{s} = 2\ \text{s}$$

代入三要素公式
$$u_C(t) = u_C(\infty) + [u_C(0_+) - u_C(\infty)]\text{e}^{-\frac{t}{\tau}}$$

得到
$$u_C = (0.667 + 1.33\text{e}^{-0.5t})\ \text{V} \quad t \geq 0$$

电容电压随时间变化的波形如图 8-35 所示。

图右侧:

图 8-33　例 8-10 图

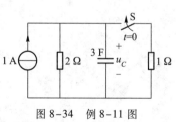

图 8-34　例 8-11 图

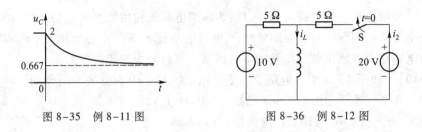

图 8-35　例 8-11 图　　　　　　　图 8-36　例 8-12 图

【例 8-12】　如图 8-36 所示的电路原本处于稳定状态,$t=0$ 时开关闭合,求 $t>0$ 后各支路的电流。

解　这是一个一阶 RL 电路全响应问题,应用三要素法进行求解。

$$i_L(0_+)=i_L(0_-)=\frac{10}{5}\ \text{A}=2\ \text{A}$$

$$i_L(\infty)=\left(\frac{10}{5}+\frac{20}{5}\right)\ \text{A}=6\ \text{A}$$

$$\tau=\frac{L}{R}=\frac{0.6}{5//5}\ \text{s}=0.2\ \text{s}$$

代入三要素公式

$$i_L(t)=i_L(\infty)+\left[i_L(0_+)-i_L(\infty)\right]\text{e}^{-\frac{t}{\tau}}$$

所以

$$i_L(t)=6+(2-6)\text{e}^{-5t}=(6-4\text{e}^{-5t})\ \text{A}\quad t\geqslant0_+$$

$$u_L(t)=L\frac{\text{d}i_L}{\text{d}t}=0.5\times(-4\text{e}^{-5t})\times(-5)=10\text{e}^{-5t}\ \text{V}\quad t\geqslant0_+$$

支路电流为

$$i_1(t)=\frac{10-u_L(t)}{5}=(2-2\text{e}^{-5t})\ \text{A}\quad t\geqslant0_+$$

$$i_2(t)=\frac{20-u_L(t)}{5}=(4-2\text{e}^{-5t})\ \text{A}\quad t\geqslant0_+$$

思考题

8-9　三要素法应用的条件是什么?三个要素各是什么?三个要素的求解要点是什么?

8-10　在 RC 一阶电路中,全响应 $u_C=(10-6\text{e}^{-10t})$ V,若初始状态不变而输入增加一倍,则全响应 u_C 此时变为多大?

8.5　二阶电路的暂态分析

前面几节的讨论完全集中在电阻加电容或者电感的电路分析,而没有对同时包含电容和电感的电路进行分析。在一个电路中同时包含电感和电容将至少得到二阶系统,它是一个包含二阶导数的线性微分方程,或者两个联立的一阶线性微分方程,阶数的增加要求必须计算两个待定常数;此外,还必须确定导数的初始条件,这种电路通常称作 *RLC* 电路,它不仅在实际应用中非常常见,而且可以作为其他系统的模型。例如,*RLC* 电路可以模拟汽车悬挂系统,以及用来描述控制半导体晶体生长速度的温度控制器的工作特性,或者可以描述飞机中对升降舵和副翼进行控制的响应。

需要用二阶微分方程描述的电路为二阶电路(second order circuit)。从电路结构来看,二阶电路包括有两个独立的动态元件。动态元件可以性质相同(如两个 *L* 或两个 *C*),也可以性质不同(如一个 *L* 和一个 *C*)。

二阶电路的分析方法与一阶电路并无不同,在用经典方法时,同样是先建立描述电路激励和响应关系的微分方程,然后求解满足初始条件的方程的解。全响应等于零输入响应和零状态响应的叠加。由于二阶电路的结构和参数的不同,使电路的两个固有频率有几种可能,从而形成不同的固有响应模式,这是与一阶电路不同的地方。下面主要通过 *RLC* 串联电路来说明求二阶电路响应的方法。

8.5.1　二阶电路的状态方程

如图 8–37 所示的电路,是由一个理想电阻、一个理想电感和一个理想电容组成的 *RLC* 串联电路,理想电阻可以表示连接到串联 *LC* 或者串联 *RLC* 电路的物理电阻,它可以表示电感中的欧姆损耗与铁磁损耗,也可以表示所有其他损耗能量的器件。假设电容电压的初始值为 $u_C(0_+) = u_C(0_-) = U_0$,电感电流的初始值为 $i_L(0_+) = i_L(0_-) = I_0$。换路过后 $u_S = 0$,电容和电感将通过电阻放电。由于电路中没有外加激励,且有耗能元件 *R*,所以电路中的初始储能将被电阻耗尽,电路中各电压、电流最终趋于零。但与一阶电路响应单调下降有所不同,*RLC* 串联电路中由于同时包含电容和电感元件,电场能量和磁场能量的互换可能使响应出现振荡的形式。

图 8–37 所示 *RLC* 串联电路的 KVL 方程为

$$u_R + u_L + u_C = u_S$$

各元件的 VCR 为

$$i = C\frac{\mathrm{d}u_C}{\mathrm{d}t} \quad u_R = Ri = RC\frac{\mathrm{d}u_C}{\mathrm{d}t} \quad u_L = L\frac{\mathrm{d}i}{\mathrm{d}t} = LC\frac{\mathrm{d}^2 u_C}{\mathrm{d}t^2}$$

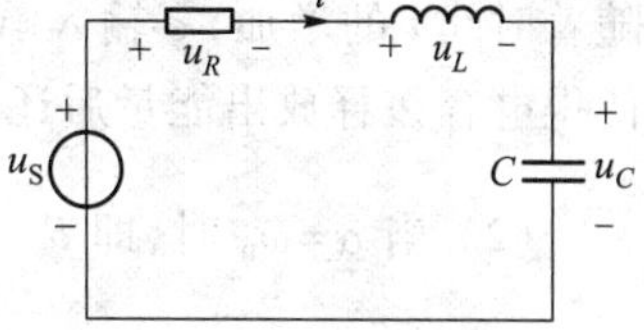

将 VCR 方程代入 KVL 方程中,得到以 u_C 为解变量的二阶微分方程

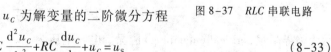

图 8–37　*RLC* 串联电路

$$LC\frac{\mathrm{d}^2 u_C}{\mathrm{d}t^2} + RC\frac{\mathrm{d}u_C}{\mathrm{d}t} + u_C = u_S \tag{8–33}$$

8.5.2　*RLC* 串联电路的零输入响应

在零输入条件下,由于换路后 $u_S = 0$,可以把式(8–33)改写为

$$\frac{d^2 u_C}{dt^2} + \frac{R}{L} \frac{du_C}{dt} + \frac{1}{LC} u_C = 0 \tag{8-34}$$

可以发现式(8-34)是一个二阶常系数线性齐次微分方程,解这个微分方程必须满足的两个初始条件为

$$u_C(0_+) = u_C(0_-) = U_0$$

$$\frac{du_C}{dt}\bigg|_{t=0+} = \frac{1}{C} i(0_+) = \frac{1}{C} i(0_-) = \frac{I_0}{C}$$

式(8-34)的特征方程为

$$s^2 + \frac{R}{L} s + \frac{1}{LC} = 0$$

特征根为

$$s_{1,2} = -\frac{R}{2L} \pm \sqrt{\left(\frac{R}{2L}\right)^2 - \frac{1}{LC}} = -\alpha \pm \sqrt{\alpha^2 - \omega_0^2} \tag{8-35}$$

其中

$$\alpha = \frac{R}{2L} \qquad \omega_0 = \frac{1}{\sqrt{LC}} \tag{8-36}$$

从式(8-35)可以发现,特征根 s_1、s_2 仅由电路结构和元件参数决定,与激励及初始储能无关,它反映了电路的固有特性,并且具有频率的单位,称为电路的固有频率。式中 α 称为衰减常数,ω_0 是 RLC 串联电路的谐振角频率。

当 R、L、C 分别取不同的值时,电路的特征根(固有频率)可能会出现以下几种不同的情况。

(1)当 $\alpha > \omega_0$ 时,即 $R > 2\sqrt{\dfrac{L}{C}}$,s_1 和 s_2 为两个不相等的负实根,称为过阻尼(overdamped)情况。电容电压为

$$u_C(t) = A_1 e^{s_1 t} + A_2 e^{s_2 t} \tag{8-37}$$

随着时间 t 的增加,零输入响应 $u_C(t)$ 趋于零,是一个非振荡的放电过程。这是因为电阻 R 较大,使得电容在释放出能量后还来不及从电感重新获取能量,电路中的能量就被电阻耗尽了。

(2)当 $\alpha = \omega_0$ 时,即 $R = 2\sqrt{\dfrac{L}{C}}$,s_1 和 s_2 为两个相等的负实根,即

$$s_1 = s_2 = -\alpha = -\frac{R}{2L}$$

称为临界阻尼(critically damping)情况。电容电压为

$$u_C(t) = (A_1 + A_2 t) e^{-\alpha t} \tag{8-38}$$

电路处于非振荡(nonoscillatory)放电状态,此时的电阻 R 仍旧较大,能量消耗也很快,使得电容、电感之间不能形成往返的能量交换,但是正处于非振荡与振荡的分界线上。

(3)当 $\alpha < \omega_0$ 时,即 $R < 2\sqrt{\dfrac{L}{C}}$,s_1 和 s_2 为一对共轭复数,即

$$s_{1,2} = -\alpha \pm j\sqrt{\omega_0^2 - \alpha^2} = -\alpha \pm j\omega_d \quad (\omega_d = \sqrt{\omega_0^2 - \alpha^2})$$

称为欠阻尼(underdamped)情况。电容电压为

$$u_C(t) = e^{-\alpha t}[A_1\cos(\omega_d t) + A_2\sin(\omega_d t)] = Ae^{-\alpha t}\cos(\omega_d t + \theta) \tag{8-39}$$

此时的响应是按照 $e^{-\alpha t}$ 衰减、角频率为 ω_d 的正弦函数,称为衰减振荡响应,形成这种振荡放电现象是由于电路中的电阻 R 比较小,耗能较慢,此时电容和电感之间有往返的能量交换。

(4) 当 $\alpha = 0$ 时,即 $R = 0$,s_1 和 s_2 为一对共轭虚数,即

$$s_{1,2} = \pm j\omega_0$$

称为无阻尼(undamped)情况。电容电压为

$$u_C(t) = A_1\cos(\omega_0 t) + A_2\sin(\omega_0 t) = A\cos(\omega_0 t + \theta) \tag{8-40}$$

此时的响应为等幅震荡,由于电路中电阻没有损耗,电路中的能量在电场和磁场之间循环往复的转移,振荡将无衰减的进行下去。

由以上的分析可知,二阶电路中响应的形式取决于电路的固有频率,它可以是实数、共轭复数或虚数,相对应的响应形式为非振荡、振荡或等幅振荡。

【例 8-13】 电路如图 8-37 所示,已知电路初始状态为 $u_C(0_-) = 2$ V,$i_L(0_-) = 0.25$ A,$R = 3$ Ω,$L = 0.5$ H,$C = 0.25$ F,求换路后的零输入响应 u_C 和 i_L。

解 由 KVL 得到方程

$$u_R + u_L + u_C = 0$$

各个元件的 VCR

$$i = C\frac{du_C}{dt} \quad u_R = Ri = RC\frac{du_C}{dt} \quad u_L = L\frac{di}{dt} = LC\frac{d^2 u_C}{dt^2}$$

由此可以得到以 u_C 为解变量的二阶微分方程

$$LC\frac{d^2 u_C}{dt^2} + RC\frac{du_C}{dt} + u_C = 0$$

代入数据并整理得到

$$\frac{d^2 u_C}{dt^2} + 6\frac{du_C}{dt} + 8u_C = 0$$

对应的特征方程为

$$s^2 + 6s + 8 = 0$$

求出特征根为

$$s_1 = -2 \quad s_2 = -4$$

属于过阻尼情况,因此电容电压为

$$u_C(t) = A_1 e^{s_1 t} + A_2 e^{s_2 t}$$

$$i_L(t) = C\frac{du_C(t)}{dt} = 0.25 \times (-2A_1 e^{-2t} - 4A_2 e^{-4t}) = -0.5A_1 e^{-2t} - A_2 e^{-4t}$$

电路的两个初始条件用来确定微分方程的积分常数 A_1 和 A_2,可得

$$u_C(0_+) = u_C(0_-) = 2 \text{ V}$$

$$\frac{\mathrm{d}u_C}{\mathrm{d}t}\bigg|_{t=0+} = \frac{1}{C}i(0_+) = \frac{1}{C}i(0_-) = 1$$

即有

$$\begin{cases} A_1 + A_2 = 2 \\ -0.5A_1 - A_2 = 1 \end{cases}$$

解得

$$\begin{cases} A_1 = 6 \\ A_2 = -4 \end{cases}$$

由此可得

$$u_C(t) = (6\mathrm{e}^{-2t} - 4\mathrm{e}^{-4t}) \text{ V} \quad t \geq 0$$

$$i_L(t) = -\frac{1}{2}A_1\mathrm{e}^{-2t} - A_2\mathrm{e}^{-4t} = (4\mathrm{e}^{-4t} - 3\mathrm{e}^{-2t}) \text{ A} \quad t \geq 0$$

u_C 和 i_L 的波形如图 8-38 所示。

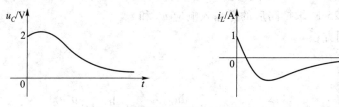

图 8-38　例 8-13 图

【例 8-14】　如图 8-39(a)所示电路原本已处稳态,在 $t=0$ 时打开开关,求电容电压 u_C 并画出其变化曲线。

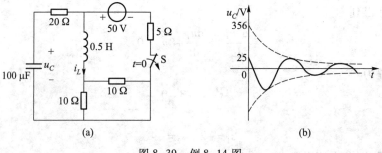

图 8-39　例 8-14 图

解　首先确定电路的初始值。利用换路前的稳态等效电路(即把电感短路,电容断路),得初值为

$$u_C(0_-) = 25 \text{ V} \quad i_L(0_-) = 5 \text{ A}$$

当开关打开,电路为 RLC 串联零输入响应问题,以电容电压为解变量的微分方程为

$$LC\frac{\mathrm{d}^2 u_c}{\mathrm{d}t^2}+RC\frac{\mathrm{d}u_c}{\mathrm{d}t}+u_c=0$$

代入参数并整理得特征方程为

$$50s^2+2500s+10^6=0$$

解得特征根

$$s=-25\pm\mathrm{j}139$$

由于特征根为一对共轭复根,所以电路处于振荡放电过程,电容电压的形式为

$$u_c(t)=Ae^{-25t}\cos(139t+\theta)$$

由初始条件确定常数 A 和 θ,即

$$u_c(0_+)=25,\frac{\mathrm{d}u_c}{\mathrm{d}t}\bigg|_{0_+}=i_L(0_+)/C=-50000$$

得到

$$A=356 \qquad \theta=176°$$

因此

$$u_c(t)=\left[356e^{-25t}\cos(139t+176°)\right]\text{ V}$$

电压随时间的变化波形如图 8-39(b)所示。

8.5.3 RLC 串联电路的全响应

如果二阶电路具有初始储能,又接入外加激励,则电路的响应称为二阶电路的全响应。全响应是零状态响应和零输入响应的叠加。如果在图 8-37 所示的电路中,$u_s=U_s(t\geqslant 0)$,则由式(8-33)可以得到电路的微分方程为

$$LC\frac{\mathrm{d}^2 u_c}{\mathrm{d}t^2}+RC\frac{\mathrm{d}u_c}{\mathrm{d}t}+u_c=U_s \tag{8-41}$$

这是一个二阶线性非齐次微分方程,其电容电压解的形式为

$$u_c(t)=u_{\mathrm{Ch}}(t)+u_{C_\mathrm{p}}(t) \tag{8-42}$$

其中 $u_{C_\mathrm{p}}(t)$ 是非齐次微分方程的任何一个特解,它的形式取决于外加激励。当外加激励为直流时,方程的特解也是直流,它实际上仍旧是换路后的稳态解

$$u_{C_\mathrm{p}}(t)=u_c(\infty)=U_s$$

$u_{\mathrm{Ch}}(t)$ 是齐次微分方程的通解,它的形式与二阶电路的零输入相应相同,即根据特征根的不同分为过阻尼、临界阻尼和欠阻尼等情况。最后将电路初始条件代入式(8-42),就可以确定系数的大小,求得二阶电路的全响应。

【例 8-15】 电路如图 8-40 所示,已知 $L=1$ H,$C=1$ F,$R=1$ Ω,$U_s=9$ V,换路前电路已处稳态,求换路后的响应 u_c。

解 根据 KVL 有

$$u_R + u_L + u_C = U_S$$

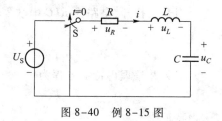

图 8-40　例 8-15 图

各元件 VCR 为

$$i = C\frac{\mathrm{d}u_C}{\mathrm{d}t} \quad u_R = Ri = RC\frac{\mathrm{d}u_C}{\mathrm{d}t} \quad u_L = L\frac{\mathrm{d}i}{\mathrm{d}t} = LC\frac{\mathrm{d}^2u_C}{\mathrm{d}t^2}$$

得到

$$LC\frac{\mathrm{d}^2u_C}{\mathrm{d}t^2} + RC\frac{\mathrm{d}u_C}{\mathrm{d}t} + u_C = U_S$$

将已知参数代入上式

$$\frac{\mathrm{d}^2u_C}{\mathrm{d}t^2} + \frac{\mathrm{d}u_C}{\mathrm{d}t} + u_C = 9$$

首先求齐次微分方程的通解 u_{Ch},特征方程为

$$s^2 + s + 1 = 0$$

求出特征根为

$$s_{1,2} = \frac{-1 \pm \sqrt{1-4}}{2} = -0.5 \pm \mathrm{j}0.866$$

为一对共轭复数,则响应的形式为

$$u_{Ch}(t) = A\mathrm{e}^{-\alpha t}\cos(\omega_d t + \theta) = A\mathrm{e}^{-0.5t}\cos(0.866t + \theta)$$

求特解 u_{Cp},可以取 u_C 的稳态值

$$u_{Cp}(t) = u_C(\infty) = 9 \text{ V}$$

所以全响应为

$$u_C(t) = [A\mathrm{e}^{-0.5t}\cos(0.866t + \theta) + 9] \text{ V}$$

由初始条件

$$\begin{cases} u_C(0_+) = A\cos\theta + 9 = 0 \\ \dfrac{\mathrm{d}u_C}{\mathrm{d}t}\bigg|_{0^+} = -0.5A\mathrm{e}^{-0.5t}\cos\theta - 0.866A\mathrm{e}^{-0.5t}\sin\theta = \dfrac{i(0_+)}{C} = 0 \end{cases}$$

得到

$$A = -6\sqrt{3} = -10.39 \quad \theta = -30°$$

全响应为

$$u_C(t) = [-10.39\mathrm{e}^{-0.5t}\cos(0.866t - 30°) + 9] \text{ V} \quad t \geq 0$$

【例 8-16】　电路如图 8-41 所示,已知 $L = 1$ mH,$C = 10$ μF,u_S 为幅度 5 V、频率 100 Hz、占空比 50% 的矩形波,当 R 分别取 5 Ω、20 Ω 和 50 Ω 时,试判断电路暂态过程的阻尼情况,并用 EWB 电路仿真软件的虚拟示波器观察电容电压的波形以验证判断的正确性。

解　电压源提供的矩形波频率为 100 Hz,即周期为 10 ms。占空比 50% 的矩形波表示电压源在一个周期的前半个周期提供 5 V 电压、后半个周期输出 0 V 电压,即后半个周期 RLC 串联电路有零输入响应。

根据题意 $L=1$ mH 和 $C=10$ μF，有 $R_d=2\sqrt{\dfrac{L}{C}}=2\sqrt{\dfrac{1\times10^{-3}}{10\times10^{-6}}}$ Ω$=20$ Ω。

（1）当 $R=5$ Ω 时，即 $R<R_d$ 时，电路的特征根为一对共轭复数，电路出现欠阻尼情况。EWB虚拟示波器观察电容电压如图 8-41(a)、(b)图所示，图中电容电压为一衰减振荡充放电过程，前半个周期和后半个周期的充放电过程大约持续 2.5 ms。

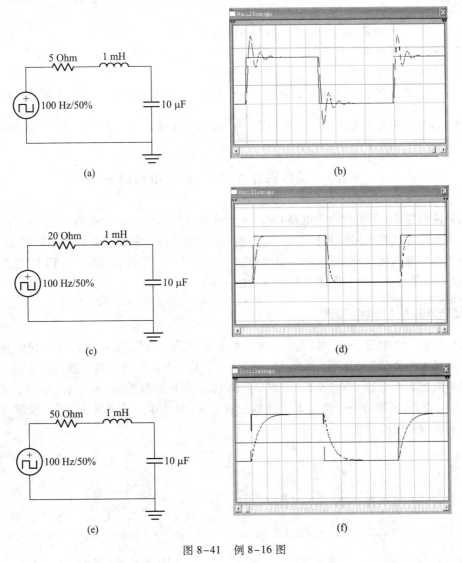

图 8-41　例 8-16 图

（2）当 $R=20$ Ω 时，即 $R=R_d$ 时，电路的特征根为两个相等的负实根，电路出现临界阻尼情况。EWB 虚拟示波器观察电容电压如图 8-41(c)、(d)图所示，图中电容电压为一个快速非振荡充放电过程,前半个周期和后半个周期的充放电过程大约持续 0.5 ms。

（3）当 $R=50\ \Omega$ 时,即 $R>R_d$ 时,电路的特征根为两个不相等的负实根,电路出现过阻尼情况。EWB 虚拟示波器观察电容电压如图 8-41(e)、(f)图所示,图中电容电压是一个过程较长的非振荡充放电过程,前半个周期和后半个周期的充放电过程大约持续 2.5 ms。

思考题

8-11 二阶电路的零输入响应有几种形式？如何判别？

8-12 RLC 串联电路的零输入响应原属于临界情况,此时增大或者减小 R 的数值,电路中的响应将分别改变为过阻尼还是欠阻尼？说明原因。

8-13 具有两个同类性质的独立储能元件的线性电路,其过渡过程会出现振荡情况吗？

8-14 二阶电路电容电压的微分方程为 $\dfrac{\mathrm{d}^2 u_C}{\mathrm{d}t^2}+6\dfrac{\mathrm{d}u_C}{\mathrm{d}t}+13u_C=0$,则此电路响应属于哪种情况？

*8.6 综合研究性学习:蔡氏电路研究

蔡氏混沌电路(以下简称蔡氏电路)是一种十分简单的非线性混沌电路,它只含有四个基本元件和一个有源非线性电阻即蔡氏二极管,实验电路制作简单,只通过对一个电阻的调节,便可从电路中观察到周期极限环、单涡旋和双涡旋混沌吸引子的非线性物理现象。因此,蔡氏电路已成为在数学、物理和实验等方面演示混沌现象的一个范例。

8.6.1 状态方程和 Matlab 仿真

蔡氏电路由一个电感、两个电容、一个电阻和一个蔡氏二极管组成,如图 8-42(a)所示。蔡氏二极管的伏安关系(即 VCR)如图 8-42(b)所示,它是一个由分段线性函数描述的非线性负电阻。电路中电感 L 和电容 C_2 构成了一个 LC 振荡电路,蔡氏二极管 R_N 和电容 C_1 组成了一个有源 RC 滤波电路,它们通过一个电阻 R 线性耦合在一起,形成了只有 5 个元件的、能够产生复杂混沌现象的非线性电路。

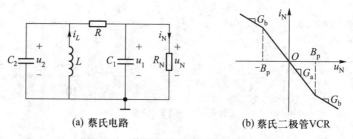

(a) 蔡氏电路 　　 (b) 蔡氏二极管VCR

图 8-42 蔡氏电路和蔡氏二极管 VCR

蔡氏电路有三个动态元件,分别是电容 C_1、C_2 和电感 L,对应的三个状态变量是电容两端的电压 u_1 和 u_2,流过电感的电流 i_L。根据电阻、电容和电感的元件伏安关系特性(即 VCR),应用基尔霍夫电压、电流定律(KVL 和 KCL),可以导出基于这三个状态变量的微分方程组:

$$\begin{cases} \dfrac{\mathrm{d}u_1}{\mathrm{d}t} = -\dfrac{u_1}{RC_1} + \dfrac{u_2}{RC_1} - \dfrac{f(u_1)}{C_1} \\[3mm] \dfrac{\mathrm{d}u_2}{\mathrm{d}t} = \dfrac{u_1}{RC_2} - \dfrac{u_2}{RC_2} + \dfrac{i_L}{C_2} \\[3mm] \dfrac{\mathrm{d}i_L}{\mathrm{d}t} = -\dfrac{u_2}{L} - \dfrac{r i_L}{L} \end{cases} \tag{8-43}$$

式中,$f(u_1)$ 是描述蔡氏二极管 R_N 的伏安关系特性函数,r 是电感的串联等效电阻值(图中没有画出)。

一般的蔡氏二极管是一个具有分段线性函数形式的非线性负电阻,其流过的电流 i_N 和两端的电压 u_N 之间的伏安关系表达式为:

$$i_N = f(u_N) = G_b u_N + 0.5(G_a - G_b)\left[\,|u_N + B_p| - |u_N - B_p|\,\right], \tag{8-44}$$

式中,G_a 是内区间电导,G_b 是外区间电导,B_p 是内外区间的转折点电压。

利用 Matlab 仿真软件平台,可以对由式(8-43)描述的系统进行数值仿真分析。这里,选择龙格库塔 ODE45 算法对系统方程求解,很容易获得蔡氏电路状态变量的相轨图和时域波形图。固定电路参数 $C_1 = 10$ nF、$C_2 = 100$ nF、$L = 17.2$ mH、$r = 0.5$ Ω、$G_a = -757.58$ μS、$G_b = -409.09$ μS 和 $B_p = 1.075$ V,选择电阻值 R 可变,数值仿真可得到在不同 R 时蔡氏电路的运行状态,譬如各种周期状态和混沌状态。当电阻 $R = 1.58$ kΩ 时,蔡氏电路可生成一个典型的双涡卷混沌吸引子,在 u_1-u_2 平面的投影如图 8-43(a)所示,所对应的两个电容电压 u_1 和 u_2 的时域波形如图 8-43(b)所示。

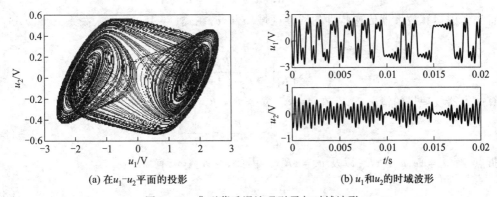

(a) 在 u_1-u_2 平面的投影　　　　(b) u_1 和 u_2 的时域波形

图 8-43　典型蔡氏混沌吸引子与时域波形

8.6.2 蔡氏二极管的等效电路

非线性电阻——蔡氏二极管是蔡氏电路产生混沌现象的重要元件,可采用多种方式实现,一种较为简单的实现电路如图8-44(a)所示。图中,蔡氏二极管 R_N 是由两个运算放大器和六个电阻元件等效电路实现的,可看成是两个非线性电阻 R_{N1} 和 R_{N2} 并联而成。利用运算放大器的输出饱和电压特性,可等效电路实现由式(8-44)描述的伏安关系。

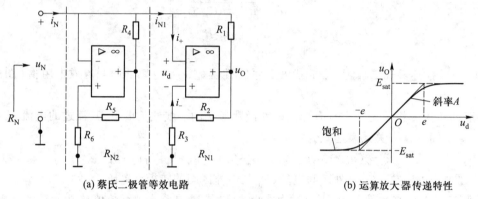

(a) 蔡氏二极管等效电路 (b) 运算放大器传递特性

图 8-44 蔡氏二极管等效电路和运算放大器传递特性

这里,以非线性电阻 R_{N1} 的等效电路实现分析为例。运算放大器的传递特性如图 8-44(b)所示,设 $Ae = E_{sat}$,其中 E_{sat} 是运算放大器的饱和电压,为一个常数,A 和 e 是运算放大器的放大倍数和输入端的误差电压。由此可得,若 $|u_d| < e$,则 $u_O = Au_d$;若 $u_d \geq e$,则 $u_O = E_{sat}$;若 $u_d \leq -e$,则 $u_O = -E_{sat}$。考虑到运算放大器的虚断特性,即 $i_+ = i_- = 0$,从图8-44(a)电路中,由 KVL 可得

$$u_d = u_N - \frac{R_3}{R_2+R_3}u_O, \quad i_{N1} = \frac{u_N-u_O}{R_1} \tag{8-45}$$

首先考虑运算放大器传递特性的线性区域 $|u_d| < e$,在式(8-45)中代入关系式 $u_O = Au_d$ 并整理得

$$i_{N1} = u_N\left[\frac{1}{R_1}\left(1 - \frac{A(R_2+R_3)}{R_2+(A+1)R_3}\right)\right]$$

在运算放大器较理想的情况下,存在 $A \to \infty$,并令 $R_1 = R_2$,则有

$$G_{a1} = \frac{i_{N1}}{u_N} = -\frac{R_2}{R_1R_3} = -\frac{1}{R_3} \tag{8-46}$$

在转折点,有 $u_d = \pm e, u_O = \pm E_{sat}$ 以及 $u_N = \pm B_{p1}$。因此,对 $A \to \infty$,有

$$B_{p1} = \frac{R_3}{R_2+R_3}E_{sat} \tag{8-47}$$

在饱和区域 $|u_d| \geq e$,有 $u_O = \pm E_{sat}$,因此

$$i_{N1} = \frac{u_N \mp E_{sat}}{R_1} = G_{b1} u_N \mp \frac{E_{sat}}{R_1} \tag{8-48}$$

式中,

$$G_{b1} = \frac{1}{R_1} \tag{8-49}$$

由式(8-46)~(8-49),可以画出 R_{N1} 的伏安关系曲线如图8-45所示,它是一条类似于 N 型的具有非线性负阻区域的特性曲线。

同样的,令 $R_4 = R_5$,可以得到描述非线性电阻 R_{N2} 的关系式:

$$G_{a2} = -\frac{1}{R_6}, \quad G_{b2} = \frac{1}{R_4}, \quad B_{p2} = \frac{R_6}{R_5 + R_6} E_{sat} \tag{8-50}$$

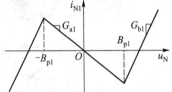

图8-45 R_{N1} 的 VCR

两个非线性电阻 R_{N1} 和 R_{N2} 并联后,构成了一个具有五段分段线性函数形式的非线性电阻。与式(8-44)作比较,由图8-44(a)等效电路实现的蔡氏二极管的电路参数为:

$$G_a = G_{a1} + G_{a2} = -\frac{1}{R_3} - \frac{1}{R_6} \tag{8-51}$$

$$G_b = G_{b1} + G_{b2} = -\frac{1}{R_3} + \frac{1}{R_4} \tag{8-52}$$

$$B_p = B_{p2} = \frac{R_6}{R_5 + R_6} E_{sat} \tag{8-53}$$

选择 $R_1 = R_2 = 220\ \Omega$、$R_4 = R_5 = 22\ k\Omega$、$R_3 = 2.2\ k\Omega$、$R_6 = 3.3\ k\Omega$,由式(8-51)和式(8-52)可计算得 $G_a = -757.58\ \mu S$、$G_b = -409.09\ \mu S$。

8.6.3 蔡氏电路的实验结果

在蔡氏电路实际制作调试过程中,可以分步骤进行。

首先,按照图8-44(a)中蔡氏二极管等效电路制作实际的蔡氏二极管电路。等效电路中各电阻元件采用上述给定值的误差范围为 ±1% 的精密电阻器,两个运算放大器采用型号为TL082CP的集成运算放大器芯片。运算放大器的工作电源设定为 ±9 V,由实验可测得 $E_{sat} \approx 7.5$ V,并由式(8-53)可计算得 $B_p \approx 1.075$ V。

其次,自行绕制电感线圈,经测试电感值约为17.2 mH,电感线圈的寄生电阻约0.5 Ω;选择两只精度较高的独石电容,电容值分别为 10 nF 和 100 nF;另选择一只阻值可调的精密电位器,用于实验观察时调节电阻值。

实验观察设备采用 Tek 双通道数字示波器,通道 1 测试图8-42(a)电路中电容 C_1 端电压,通道 2 测试电容 C_2 端电压,当电位器 R 调节到不同阻值时,在示波器上可观察到蔡氏电路的不同运行状态,其变化趋势与上述 Matlab 数值仿真结果一致。当 $R = 1.58$ kΩ 时,可观察到该电路所产生的相轨图和时域波形图分别如图8-46(a)和图8-46(b)所示。图8-46(a)中的相轨图是一个奇怪双涡卷混沌吸引子,图 8-46(b)中电压的时域波形图是非周期信号。

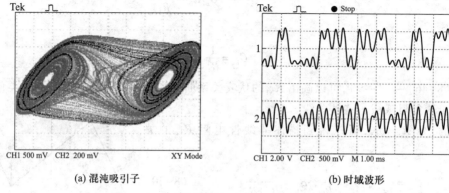

(a) 混沌吸引子　　　　　　　　　　　　　(b) 时域波形

图 8-46　典型相轨图与时域波形图的实验输出

习　题　8

8-1　电路如题 8-1 图所示,开关 S 在 $t=0$ 时合上,已知换路前电路已处于稳定。求 i_1、i_2 和 i_3 的初始值。

8-2　电路如题 8-2 图所示,开关 S 在 $t=0$ 时合上,已知换路前电路已处于稳定。求 u_{L1} 和 u_{L2} 的初始值。

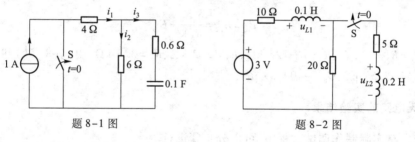

题 8-1 图　　　　　　　　　　　　　　题 8-2 图

8-3　电路如题 8-3 图所示,开关在 $t=0$ 时由"1"打向"2",已知开关在"1"时电路已处于稳定。求 u_C、i_C、u_L 和 i_L 的初始值。

8-4　电路如题 8-4 图所示,开关 S 在 $t=0$ 时闭合,已知换路前电路已稳定且电容未储能。求 i 和 u 的初始值。

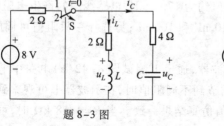
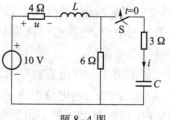

题 8-3 图　　　　　　　　　　　　　　题 8-4 图

8-5　电路如题 8-5 图所示,开关 S 在 $t=0$ 时打开,已知换路前电路已处于稳定。求 u_C、u_L、i_L、i_1 和 i_C 的初始值。

8-6　电路如题 8-6 图所示,开关 S 在 $t=0$ 时合上,已知换路前电路已处于稳态。求 u_C、i_C、u_L 和 i_L 的初始值。

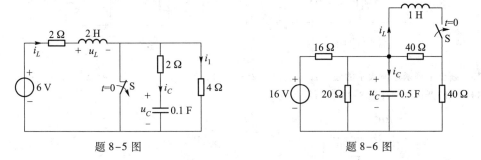

題 8-5 图　　　　　　　　　題 8-6 图

8-7　电路如题 8-7 图所示,开关 S 在 $t=0$ 时合上,已知换路前电路已处于稳态。求换路后电容电压 $u_C(t)$ 及电流 $i(t)$。

8-8　电路如题 8-8 图所示,开关 S 在 $t=0$ 时打开,已知换路前电路已处于稳态。求换路后的 $i_L(t)$ 及 $u(t)$。

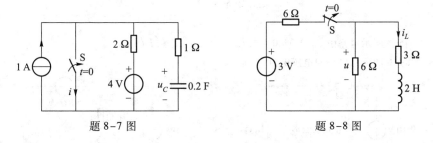

題 8-7 图　　　　　　　　　題 8-8 图

8-9　电路如题 8-9 图所示,开关 S 在 $t=0$ 时合上,已知换路前电路已处于稳态。已知 $u_C(0_-)=6\text{ V}$,求 $t>0$ 时的 $i(t)$。

8-10　电路如题 8-10 图所示,开关 S 在 $t=0$ 时合上,已知换路前电路已处于稳态。求换路后的零状态响应 $i(t)$。

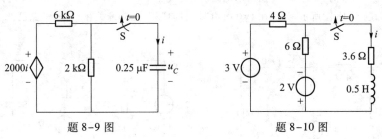

題 8-9 图　　　　　　　　　題 8-10 图

8-11　电路如题 8-11 图所示,开关闭合前电感、电容均无储能,$t=0$ 时开关闭合。求 $t>0$ 时输出响应 u。

8-12　电路如题 8-12 图所示,换路前电路已处于稳态,$t=0$ 时开关闭合。求换路后电容电压 u_C 及 i_C。

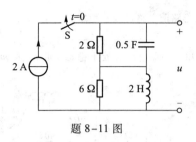

题 8-11 图

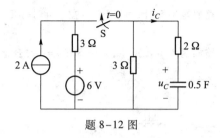

题 8-12 图

8-13　画出下列函数所表示的波形:(1) $f_1(t)=2t\varepsilon(t-2)$,(2) $f_2(t)=e^{-2t}\sin(4t)\varepsilon(t)$。

8-14　用阶跃函数描述题 8-14 图所示各波形。

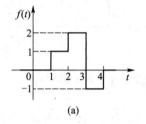

8-15　题 8-15 图所示电路中 $u_C(0_-)=0$。求 $t\geqslant 0$ 时的 $u_C(t)$ 和 $i_C(t)$。

8-16　求题 8-16 图所示电路的电感电流 i_L。

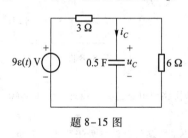

题 8-15 图

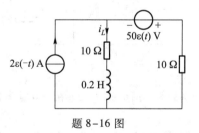

题 8-16 图

8-17　在开关 S 闭合前,如题 8-17 图所示电路已处于稳态,$t=0$ 时开关闭合。求开关闭合后的电流 i_L。

8-18　电路如题 8-18 图所示,开关在 $t=0$ 时由"1"打向"2",已知开关在"1"时电路已处于稳定。求 $t>0$ 电容电压 u_C。

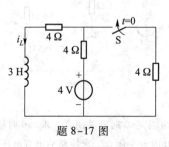

题 8-17 图

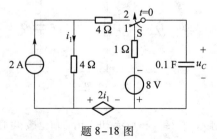

题 8-18 图

8-19 电路如题 8-19 图所示，$t=0$ 时开关 S 闭合。已知换路前电路已处稳态，求开关闭合后的电流 i 和 u_c。

8-20 电路如题 8-20 图所示，开关在 $t=0$ 时由"1"打向"2"，开关 S 在"1"时电路已处于稳定。已知 $u_{S1} = 3$ V、$u_{S2} = 6$ V、$R_1 = R_2 = 2$ Ω、$R_3 = 1$ Ω、$L = 0.01$ H，试求开关闭合后的 i_L 和 i_1。

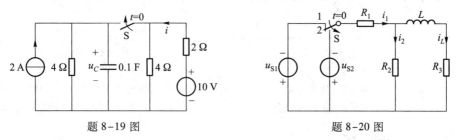

题 8-19 图　　　　　　　　　　　　题 8-20 图

8-21 电路如题 8-21 图所示，开关在 $t=0$ 时由"1"打向"2"，开关 S 在"1"时电路已处于稳定。求开关闭合后的电流 i 和 u_c。

8-22 电路如题 8-22 图所示，电感电流 $i_L(0_-) = 0$，$t=0$ 时开关 S_1 闭合，经过 0.1 秒，再闭合开关 S_2，同时断开 S_1。试求电感电流 i_L。

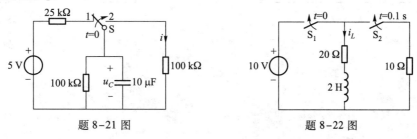

题 8-21 图　　　　　　　　　　　　题 8-22 图

8-23 电路如题 8-23 图所示，开关 S 在 $t=0$ 时打开，已知换路前电路已处于稳态。求 $t>0$ 的 i_L 及 u_L。

8-24 电路如题 8-24 图所示为 300 kW 汽轮发电机励磁电路，开关 S 在 $t=0$ 时打开，已知换路前电路已处于稳态。求 $t>0$ 的 i 及 u。

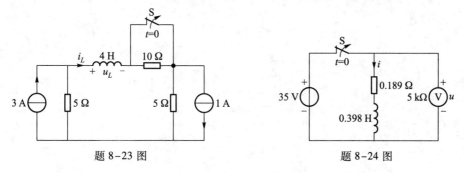

题 8-23 图　　　　　　　　　　　　题 8-24 图

8-25 电路如题 8-25 图所示，$t=0$ 时开关 S 闭合。已知换路前电路已处稳态，求开关闭合后的电流 i_L。

8-26 电路如题 8-26 图所示，已知 $u(0_-) = 10$ V，求 u。

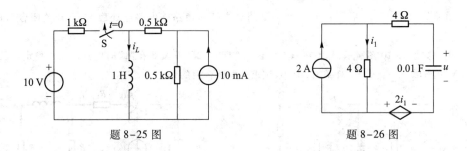

题 8-25 图　　　　　　　　题 8-26 图

8-27　电路如题 8-27 图所示,开关 S 在 $t=0$ 时打开,已知换路前电路已处于稳态。求 $t>0$ 的 i_L 及 u_C。

8-28　电路如题 8-28 图所示,开关 S 闭合前电路为稳态,$t=0$ 时开关闭合,试求 $t>0$ 时的 u_C、i_C 及 i_L。

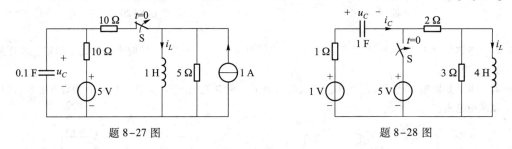

题 8-27 图　　　　　　　　题 8-28 图

附录 A　国际单位制

附表 A.1　SI 基本单位

量的名称	单位名称	单位符号
长度	米	m
质量	千克	kg
时间	秒	s
电流	安[培]	A
热力学温度	开[尔文]	K
物质的量	摩[尔]	mol
发光强度	坎[德拉]	cd

附表 A.2　SI 导出单位

量的名称	单位名称(符号)	用 SI 基本单位和 SI 导出单位表示
频率	赫[兹](Hz)	$1\ Hz = 1\ s^{-1}$
力	牛[顿](N)	$1\ N = 1\ kg \cdot m/s^2$
能[量]或功	焦[耳](J)	$1\ J = 1\ N \cdot m$
功率	瓦[特](W)	$1\ W = 1\ J/s$
电荷[量]	库[仑](C)	$1\ C = 1\ A \cdot s$
电位	伏[特](V)	$1\ V = 1\ W/A$
电阻	欧[姆](Ω)	$1\ \Omega = 1\ V/A$
电导	西[门子](S)	$1\ S = 1\ \Omega^{-1}$
电容	法[拉](F)	$1\ F = 1\ C/V$
磁通[量]	韦[伯](Wb)	$1\ Wb = 1\ V \cdot s$
电感	亨[利](H)	$1\ H = 1\ Wb/A$

附表 A.3 SI 词头

中文名称	符号	因数
阿[托]	a	10^{-18}
飞[母托]	f	10^{-15}
皮[可]	p	10^{-12}
纳[诺]	n	10^{-9}
微	μ	10^{-6}
毫	m	10^{-3}
厘	c	10^{-2}
分	d	10^{-1}
十	da	10
百	h	10^{2}
千	k	10^{3}
兆	M	10^{6}
吉[咖]	G	10^{9}
太[拉]	T	10^{12}

附录 B 常用的标准元件值

电阻(精度 5%) [Ω]					
10	100	1.0 k	10 k	100 k	1.0 M
	120	1.2 k	12 k	120 k	
15	150	1.5 k	15 k	150 k	1.5 M
	180	1.8 k	18 k	180 k	
22	220	2.2 k	22 k	220 k	2.2 M
	270	2.7 k	27 k	270 k	
33	330	3.3 k	33 k	330 k	3.3 M
	390	3.9 k	39 k	390 k	
47	470	4.7 k	47 k	470 k	4.7 M
	560	5.6 k	56 k	560 k	
68	680	6.8 k	68 k	680 k	6.8 M

电容		
10 pF	22 pF	47 pF
100 pF	220 pF	470 pF
0.001 μF	0.0022 μF	0.0047 μF
0.01 μF	0.022 μF	0.047 μF
0.1 μF	0.22 μF	0.47 μF
1 μF	2.2 μF	4.7 μF
10 μF	22 μF	47 μF
100 μF	220 μF	470 μF

电感	
值	额定电流
10 μH	3 A
100 μH	0.91 A
1 mH	0.15 A
10 mH	0.04 A

部分习题答案

习题 **1**

1-1 (a) $I=1$ mA, (b) $I=1$ mA, (c) $p_{吸}=-5$ μW, (d) $p_{吸}=5$ μW, (e) $U=2$ kV, (f) $U=2$ kV

1-2 $I_2=-30$ A, $I_5=-19$ A, $I_6=11$ A, $I_8=-3$ A, $I_9=-2$ A, $I_{11}=-24$ A, $I_{12}=-5$ A

1-3 $U_5=-5$ V, $U_{10}=-14$ V, $U_{11}=10$ V, 若要求剩余三个电压, 则必须知道这三个中任意一个的值。

1-4 $I_4=-4$ A

1-5 $I_3=-10$ A, $I_5=4$ A, $I_6=2$ A

1-6 $p_1=-20$ W, $p_2=30$ W, $p_3=-15$ W, $p_4=5$ W

1-7 $P_R=49$ W, 负载选功率 50 W 的电阻。

1-8 $U_{ab}=0$ V

1-9 (1) $U_{ab}=15$ V, $U_{cd}=5$ V, (2) $U_{S3}=15$ V

1-10 $U_{ac}=3$ V, $U_{ad}=-2$ V

1-11 (1) $i=\dfrac{7}{4}\cos(2t)$ A, (2) $p=\dfrac{9\cos^2(2t)}{5}$ W

1-12 $R=4$ Ω

1-13 $I_1=5$ A, $I_2=0.5$ A, $I_3=-5.5$ A, $I_4=2$ A, $I_5=2.5$ A, $I_6=3$ A

1-14 $P_{S1}=30$ W, $P_{S2}=-75$ W

1-15 $P_{2V}=1$ W 发出, $P_{1V}=0.5$ W 发出, $P_{2\Omega}=0.5$ W 吸收, $P_{1\Omega}=1$ W 吸收

1-16 $P_1=360$ W, $P_2=48$ W, $P_3=16$ W, $P_4=8$ W, $P_u=-432$ W

1-17 以右上角节点为参考点: $I_X=1$ A, $I=7$ A, $U_X=-20$ V, $U=-45$ V

1-18 $I_S=3.5$ A, $R=50$ Ω

1-19 $P_{2V}=-3$ W, $P_{2A}=18$ W

1-20 $I=4$ A

1-21 $I_1=2.222$ A, $U_{ab}=0.899$ V

1-22 $I=-0.5$ A

1-23 $I_1=1.3$ A

1-24　$I_1 = 7$ A

1-25　$U = -18$ V, $R = 12$ Ω

1-26　$I_1 = 1$ A, $I_2 = 1$ A, $U_a = 1$ V, $U_b = 1$ V

1-27　$U_{ab} = 5$ V

1-28　开关断开时：$U_a = -6$ V, 开关闭合时：$U_a = -8$ V

1-29　开关断开时：$U_{amin} = 5$ V、$U_{amax} = 10$ V, 开关闭合时：$U_{amin} = 3.75$ V、$U_{amax} = 7.5$ V

1-30　$U = -4$ V

习题 2

2-1　$I_1 = 6$ A, $I_2 = -2$ A, $I_3 = 4$ A

2-2　$I_1 = 2$ A, $I_2 = 6$ A, $I_3 = 8$ A

2-3　$I_1 = 28.3$ A, $I_2 = -46.6$ A, $I_3 = -18.3$ A

2-4　$I_1 = -0.8$ A, $I_2 = -0.2$ A, $I_3 = 0.6$ A

2-5　$I_1 = 6$ A, $I_2 = -2$ A, $I_3 = 4$ A

2-6　$I_1 = 28.3$ A, $I_2 = -46.6$ A, $I_3 = -18.3$ A

2-7　$I = -120$ A, $U = -195$ V

2-8　$I = 3$ A

2-9　$I = -3$ A

2-10　$I_1 = 2$ A, $I_3 = 8$ A

2-11　$I = 3$ A

2-12　$U = 2$ V

2-13　$I_1 = 1.33$ A, $I_2 = 4$ A

2-14　$I_1 = -2$ A, 20 V 的电压源发出功率 40 W

2-15　$I = 2$ A

2-16　$I = 1.6$ A

2-17　(1) 节点电压法合适, (2) 20 V 的电压源吸收的功率为 480 mW

2-18　(1) 网孔电路法合适, (2) 1 kΩ 电阻上消耗功率为 4 mW, (3) 网孔电路法合适, (4) 10 mA 电流源产生的功率为 200 mW

2-19　(1) 网孔电路法合适, (2) $U_1 = 112.3$ V、$U_2 = 120$ V、$U_3 = 232.4$ V, (3) 释放到负载 R_1、R_2、R_3 上的功率分别为 1370.8 W, 750 W, 4656 W, (4) 电源产生的功率有 92.6% 释放到负载上, (5) 如果中性导线开路, 则无法为负载 R_1、R_2 提供 125 V 电源

2-20　$I_S = -10.8$ A

2-21　$u_O = \dfrac{R_2(R_3 + R_4)}{R_2 R_4 - R_1 R_3} u_S$

2-22　$u_0 = -\dfrac{R_2 + R_3 + R_2 R_3 / R_4}{R_1} u_i$

2-23　开关 S 断开时，$\dfrac{u_0}{u_1} = -5$，开关 S 闭合时，$\dfrac{u_0}{u_1} = -\dfrac{10}{3}$

2-24　$u_0 = (1+k)(u_{I2} - u_{I1})$

2-25　(1) $u_0 = -15$ V　(2) $u_0 = -10$ V　(3) $u_0 = -4$ V　(4) $u_0 = 7$ V　(5) $u_0 = 15$ V
　　　(6) -1.08 V $\leqslant u_1 \leqslant 4.92$ V

2-26　$i_0 = -0.25$ mA

2-27　(1) 输入电阻为 3.3 kΩ，反馈电阻为 3 个 3.3 kΩ 的电阻串联　(2) 电源的最小值
　　　是 ±15 V

2-28　$R_F = 10$ kΩ，$R_1 = 3.3$ kΩ，$R_2 = 2$ kΩ(1.8 kΩ 电阻和 220 Ω 电阻串联)，$R_3 = 2.5$ kΩ
　　　(2.2 kΩ 电阻和 330 Ω 电阻串联)，$R_4 = 5$ kΩ(4.7 kΩ 电阻和 330 Ω 电阻串联)

2-29　(1) 输入电阻为 3.3 kΩ，反馈电阻为 3 个 3.3 kΩ 的电阻串联　(2) -3 V $\leqslant u_i \leqslant 3$ V

2-30　(1) $R_1 = 30$ kΩ，$R_3 = 10$ kΩ　(2) $i_1 = -3.3$ μA，$i_2 = -26.7$ μA，$i_3 = 30$ μA

习题 3

3-1　$I = 1.6$ A

3-2　$U = 7$ V

3-3　$U = 50$ V，10 Ω 电阻上的功率损耗为 250 W

3-4　$U = 16$ V

3-5　$U = 7.67$ V

3-6　$I = -5$ A

3-7　$U = 10$ V

3-8　$U = 50$ V

3-9　$I = 1$ A

3-10　5 Ω 电阻上消耗的功率为 80 W

3-11　$R_1 = 2.1$ Ω，$R_2 = 1.5$ Ω，$R_3 = 3.6$ Ω

3-12　(1) $R_1 = 750$ Ω，$R_2 = 250$ Ω　(2) $R_1 = 750$ Ω，$R_2 = 250$ Ω

3-13　(1) $R_V = 49980$ Ω　(2) $R_V = 4980$ Ω　(3) $R_V = 230$ Ω　(4) $R_V = 5$ Ω

3-14　(1) $R_A = 5$ mΩ　(2) $R_A = 50.1$ mΩ　(3) $R_A = 1.04$ Ω　(4) $R_A = \infty$

3-15　$U_1 = 23.2$ V，$U_2 = 21$ V

3-16　$I = 0.048$ A，理想电流源释放的功率为 72.96 W

3-19　(a) $R_{AB} = 6$ Ω，(b) $R_{AB} = 4$ Ω

3-20　$I = -0.5$ A

3-21　$U = 12$ V

3-22 (a) $I = 0.2$ A,(b) $I = 0.5$ A

3-23 (a) $U = 9$ V,(b) $U = 4$ V

3-24 (a) 27 V 电压源(下端为正)与 9 Ω 电阻串联

　　 (b) 18 V 电压源(上端为正)与 10.6 Ω 电阻串联

　　 (c) 16 V 电压源(上端为正)与 3 Ω 电阻串联

3-25 (a) 30 V 电压源(上端为正)与 3 Ω 电阻串联

　　 (b) 4 V 电压源(上端为正)与 8 Ω 电阻串联

　　 (c) 0.5 V 电压源(下端为正)与 1/6 Ω 电阻串联

3-26 $I = 5/9$ A

3-27 $I = 5$ A

3-28 $U = 2$ V

3-29 $I = 2.5$ A

3-30 $I = 2/3$ A

3-31 $U = 2$ V

3-32 $I = 3$ A

3-33 (a) 3 A 电流源(方向由上向下)与 9 Ω 电阻并联

　　 (b) 1.7 A 电流源(方向由下向上)与 10.6 Ω 电阻并联

　　 (c) 16/3 A 电流源(方向由下向上)与 3 Ω 电阻并联

3-34 (a) 10 A 电流源(方向由下向上)与 3 Ω 电阻并联

　　 (b) 0.5 A 电流源(方向由下向上)与 8 Ω 电阻并联

　　 (c) 3 A 电流源(方向由上向下)与 1/6 Ω 电阻并联

3-35 $I = 5/9$ A

3-36 $I = 5$ A

3-37 $I = 2.5$ A

3-38 $I = 3$ A

3-39 电池的戴维宁等效电路为 12.6 V 电压源(上端为正)与 0.05 Ω 电阻串联,电池的诺顿等效电路为 252 A 电流源(方向由下向上)与 0.05 Ω 电阻并联

3-40 $R = 9$ Ω,$P_{max} = 16$ W

3-41 $R = 16$ Ω,$P_{max} = 9/16$ W

3-42 $R = 1$ Ω,$P_{max} = 9$ W

3-43 $R = 5$ Ω,$P_{max} = 28.8$ W

习题 4

4-1 (1) u_1 滞后 u_2 150°,(2) i_1 滞后 i_2 110°,(3) u 滞后 i 15°,(4) 不能比较相位差

4-2 (1) $14.5\sqrt{2}\cos(314t + 39.9°)$,(2) $159.4\sqrt{2}\cos(t + 79.2°)$,(3) 0

4-3　-4.25 V

4-4　(1) 50 Hz、-90°,(2) 10 Ω、j10 Ω,(3) 31.8 mH

4-5　(1) 50 Hz、90°,(2) -j15.92 Ω、15.92 Ω,(3) 200 μF

4-6　(a) 0.98 $\underline{/11.3°}$ Ω,(b) 5.39 $\underline{/21.8°}$ Ω,(c) 8.50 $\underline{/-118.1°}$ Ω

4-7　该元件是电感,其参数为:8.0 mH

4-8　(1) $i(t)=\sqrt{2}\cos(314t-45°)$ mA、保持不变,

　　(2) $i(t)=1.59\sqrt{2}\cos(314t-135°)$ A、$i(t)=0.795\sqrt{2}\cos(314t-135°)$ A,

　　(3) $i(t)=1.57\sqrt{2}\cos(314t+45°)$ mA、$i(t)=3.14\sqrt{2}\cos(314t+45°)$ mA

4-9　$10\underline{/45°}$ A

4-10　$\dot{I}=0.2\underline{/6.9°}$ A,$i(t)=0.2\sqrt{2}\cos(\omega t+6.9°)$ A,$\dot{U}_R=3\underline{/6.9°}$ V,

　　　$u_R(t)=3\sqrt{2}\cos(\omega t+6.9°)$ V,$\dot{U}_L=9\underline{/96.9°}$ V,$u_L(t)=9\sqrt{2}\cos(\omega t+96.9°)$ V,

　　　$\dot{U}_C=5\underline{/-83.1°}$ V,$u_C(t)=5\sqrt{2}\cos(\omega t-83.1°)$ V

4-11　V_1、V_2、V_5 的读数均为 10 V,V_3 的读数为 0 V,V_4 的读数为 14.1 V

4-12　A_1、A_2、A_4、A_5 的读数均为 1 A,A_3 的读数为 0 A

4-13　$I=10$ A,$X_C=X_L=R_2=11.42$ Ω

4-14　$I=14.1$ A,$X_L=7.07$ Ω,$X_C=14.14$ Ω,$R=14.14$ Ω

4-15　A_1 读数为 15.5 A,电流表 A_2 读数为 11 A,A 读数也为 11 A,V 读数为 220 V,$R=$ 10 Ω,$L=31.8$ mH,$C=159$ μF

4-16　$\dot{U}=\sqrt{5}\underline{/63.4°}$ V

4-17　(1) $P_{R1}=1$ W、$P_{R2}=0.5$ W,(2) $Q_L=1$ var、$Q_C=-0.5$ var,(3) $P=1.5$ W、$Q=$ 0.5 var、$S=1.58$ V·A,(4) $\cos\varphi=0.95$

4-18　$R=250$ Ω,$|Z|=500$ Ω,$\cos\varphi=0.5$

4-19　$P=255.4$ W,$P'=15.3$ W

4-20　(1) 38.3 A,(2) 23.98 kW·h

4-21　$I=87.72$ A,$\cos\varphi=0.9$,$I'=58.48$ A

4-22　(1) $I_负=43.64$A,$I_额=45.45$A,日光灯的总电流没有超过电源的额定电流,(2) N=123 支

4-23　功率表的读数为 19.8 kW,电流表的读数为 91.79 A,$\cos\varphi=0.981$

4-24　网孔电流方程为:$(j5-j5)\dot{I}_{m1}-(-j5)\dot{I}_{m2}=10\underline{/0°}$,$\dot{I}_{m2}=g\dot{U}_0$,

　　　辅助方程为:$\dot{U}_0=j5\dot{I}_{m1}+\dot{I}_{m2}$

　　　节点电压方程为:$\dot{U}_{n1}=\dot{U}_s=10\underline{/0°}$,$-\dfrac{1}{j5}\dot{U}_{n1}+\left(\dfrac{1}{j5}+1-\dfrac{1}{j5}\right)\dot{U}_{n2}-\dot{U}_{n3}=0$,

　　　　　　　$-\dot{U}_{n2}+\dot{U}_{n3}=-g\dot{U}_0$,

　　　辅助方程为:$\dot{U}_{n1}-\dot{U}_{n3}=\dot{U}_0$

4-25 $\quad \dot{I} = 0.60 \underline{/52.2°}$ A, $\dot{I}_1 = 0.57 \underline{/69.9°}$ A, $\dot{I}_2 = 0.18 \underline{/-20.1°}$ A

4-26 $\quad \dot{I} = 1.13 \underline{/81.9°}$ A

4-27 $\quad \dot{U}_o = 30\sqrt{2} \underline{/45°}$ V, $Z_{eq} = 50\sqrt{2} \underline{/45°}$ Ω

4-28 $\quad \dot{I}_2 = \dfrac{19\sqrt{3}}{15} \underline{/30°}$ A

4-29 $\quad \beta = -41$

4-30 $\quad \overline{S}_1 = (7500+j5000)$ V·A, $\overline{S}_2 = (-7000-j2500)$ V·A, $\overline{S}_3 = (500+j2500)$ V·A

4-31 $\quad Z_L = Z_{eq}^* = (2-j2)$ Ω, $P_{max} = 1$ W

4-32 $\quad Z_L = Z_{eq}^* = (4+j4)$ Ω, $P_{max} = 25$ W

4-33 $\quad$（1）$Q_1 = 20$ kvar、$Q_2 = 7.5$ kvar $\quad$（2）$\cos \varphi = 0.89$ $\quad$（3）$I_{负} = 28$A, $I_{额} = 30$A, 电路电流没有超过电源的额定电流

习题 5

5-1 $\quad \dot{U}_{A'N'} = 220 \underline{/0°}$ V, $\dot{U}_{B'N'} = 220 \underline{/-120°}$ V, $\dot{U}_{C'N'} = 220 \underline{/120°}$ V, $\dot{U}_{A'B'} = 380 \underline{/0°}$ V,

$\dot{U}_{B'C'} = 380 \underline{/-90°}$ V, $\dot{U}_{C'A'} = 380 \underline{/150°}$ V, $\dot{I}_{A'N'} = 11 \underline{/-53.1°}$ A,

$\dot{I}_{B'N'} = 11 \underline{/-173.1°}$ A, $\quad \dot{I}_{C'N'} = 11 \underline{/66.9°}$ A, $\dot{I}_{N'N} = 0$

5-2 $\quad \dot{I}_{A'N'} = 8.8 \underline{/-53.1°}$ A, $\dot{I}_{B'N'} = 8.8 \underline{/-173.1°}$ A, $\dot{I}_{C'N'} = 8.8 \underline{/66.9°}$ A, $\dot{I}_{N'N} = 0$,

$\dot{U}_{A'N'} = 176 \underline{/0°}$ V, $\dot{U}_{B'N'} = 176 \underline{/-120°}$ V, $\dot{U}_{C'N'} = 176 \underline{/120°}$ V, $\dot{U}_{A'B'} = 304.8 \underline{/30°}$ V,

$\dot{U}_{B'C'} = 304.8 \underline{/-90°}$ V, $\dot{U}_{C'A'} = 304.8 \underline{/150°}$ V

5-3 $\quad \dot{U}_{A'B'} = 380 \underline{/0°}$ V, $\dot{U}_{B'C'} = 380 \underline{/-120°}$ V, $\dot{U}_{C'A'} = 380 \underline{/120°}$ V,

$\dot{I}_{A'B'} = 19 \underline{/-53.1°}$ A, $\dot{I}_{B'C'} = 19 \underline{/-173.1°}$ A, $\dot{I}_{C'A'} = 19 \underline{/66.9°}$ A,

$\dot{I}_{A'} = 32.9 \underline{/-83.1°}$ A, $\dot{I}_{B'} = 32.9 \underline{/156.9°}$ A, $\dot{I}_{C'} = 32.9 \underline{/36.9°}$ A

5-4 $\quad \dot{I}_A = 19 \underline{/-53.1°}$ A, $\dot{I}_B = 19 \underline{/-173.1°}$ A, $\dot{I}_C = 19 \underline{/66.9°}$ A,

$\dot{I}_{A'B'} = 11.0 \underline{/-23.1°}$ A, $\dot{I}_{B'C'} = 11.0 \underline{/-143.1°}$ A, $\dot{I}_{C'A'} = 11.0 \underline{/96.9°}$ A,

$\dot{U}_{A'B'} = 220 \underline{/30°}$ V, $\dot{U}_{B'C'} = 220 \underline{/-90°}$ V, $\dot{U}_{C'A'} = 220 \underline{/150°}$ V

5-5 $\quad$设 $\dot{U}_A = 220 \underline{/0°}$ V 时, $\dot{I}_A = 3.67 \underline{/0°}$ A, $\dot{I}_B = 3.67 \underline{/-120°}$ A, $\dot{I}_C = 3.86 \underline{/115.3°}$ A,

$\dot{I}_N = 0.36 \underline{/60°}$ A

5-6 $\quad$（1）相电流 13.2 A, 线电流 22.8 A,

$\quad$（2）相电流 0 A、13.2 A、13.2 A, 线电流 13.2 A、13.2 A、22.8 A,

$\quad$（3）相电流 6.6 A、13.2 A、6.6 A, 线电流 0 A、19.8 A、19.8 A

5-7　$\dot{I}_A = 17.32\ \underline{/-30°}$ A，$\dot{I}_B = 17.32\ \underline{/-150°}$ A，$\dot{I}_C = 17.32\ \underline{/90°}$ A

5-8　19.32 A

5-9　(1) 电路图略，(2) 45.45 A、0，(3) 34.55 V、345.45 V

5-10　$P = 11.61$ kW，$Q = 8.72$ kvar，$S = 14.52$ V·A，$\cos\varphi = 0.8$
　　　三相负载改为三角形联结时，计算结果不变。

5-11　(1) 采用星形联结，
　　　(2) 相电压 220 V、相电流 = 线电流 = 11 A、线电压 380 V，
　　　(3) $P = 4356$ W、$Q = 5808$ var、$S = 7260$ V·A、$\cos\varphi = 0.6$

5-12　392 V

5-13　$\dot{I} = 73.4\ \underline{/-135°}$ A

5-14　(1) $\dot{I}_A = 11.93\ \underline{/-30.5°}$ A、$\dot{I}_B = 10.1\ \underline{/-156.9°}$ A、$\dot{I}_C = 10.1\ \underline{/83.1°}$ A，
　　　(2) 2.2 A

5-17　(1) 11.55 A，(2) 0 W、6581.8 W

5-18　$\dot{I}_{A1} = 2.57\ \underline{/-20.56°}$ A，$\dot{I}_{A2} = 5.68\ \underline{/-36.9°}$ A，$\dot{I}_{A3} = 2.2\ \underline{/0°}$ A，
　　　$\dot{I}_A = 10.11\ \underline{/-25.22°}$ A

5-19　31.815 kW

5-20　(1) $W_1 = 0$、$W_2 = 3939$ W（设 $\dot{U}_{AB} = 380\ \underline{/30°}$ V），(2) $W_1 = W_2 = 1313$ W

习题 6

6-1　$\dfrac{\dot{U}_2}{\dot{U}_1} = \dfrac{1}{4(1+j\omega)}$，$\dfrac{\dot{I}_1}{\dot{U}_1} = \dfrac{1+j2\omega}{4(1+j\omega)}$

6-2　高通电路，$\omega_c = \dfrac{1}{RC}$

6-3　(a) $H(j\omega) = \dfrac{\dot{U}_2}{\dot{U}_1} = \dfrac{j\omega L}{R+j\omega L} = \dfrac{1}{1+\dfrac{R}{j\omega L}}$、高通电路、通频带：$\dfrac{R}{L} \sim \infty$，

　　　(b) $H(j\omega) = \dfrac{\dot{U}_2}{\dot{U}_1} = \dfrac{R}{R+j\omega L} = \dfrac{1}{1+\dfrac{j\omega L}{R}}$、低通电路、通频带：$0 \sim \dfrac{R}{L}$

6-4　$i(t) = [2.5+1.06\cos(2t+15°)+0.224\cos(4t-93.5°)]$ A

6-5　$u(t) = [5+1.33\cos(5t)]$ V

6-6　$i(t) = [0.894\sin(100t-26.6°)+0.005\sin(200t-60.3°)]$ A

6-7　(1) 15.81 A，(2) 18.37 A

6-8   （1）$U=30$ V、$I=11$ A，（2）$P=173$ W

6-9   13. 7 W，2. 61 A

6-10 $I=2.5$ mA，$Q=241.3$，$U_L=U_C=1.21$ V

6-11   （1）$R=503$ Ω，$C=0.103$ μF、$Q=3.5$，（2）$U_L=U_C=81.2$ V、$P=1.07$ W，

　　　 （3）$P=0.535$ W

6-12 $R=10^5$ Ω，$C=0.1$ μF，$L=10$ H

习题 7

7-1   （a）a 和 c 端是异名端、a 和 d 或 b 和 c 是同名端

　　　 （b）a 和 c 端是异名端、a 和 d 或 b 和 c 是同名端

7-2   （a）$u_1(t)=L_1\dfrac{\mathrm{d}i_1}{\mathrm{d}t}-M\dfrac{\mathrm{d}i_2}{\mathrm{d}t}$，$u_2(t)=-L_2\dfrac{\mathrm{d}i_2}{\mathrm{d}t}+M\dfrac{\mathrm{d}i_1}{\mathrm{d}t}$

　　　 （b）$u_1(t)=L_1\dfrac{\mathrm{d}i_1}{\mathrm{d}t}-M\dfrac{\mathrm{d}i_2}{\mathrm{d}t}$，$u_2(t)=L_2\dfrac{\mathrm{d}i_2}{\mathrm{d}t}-M\dfrac{\mathrm{d}i_1}{\mathrm{d}t}$

7-3 $0\leqslant t\leqslant 1$ s 时，$u_{CD}=M\dfrac{\mathrm{d}(10t)}{\mathrm{d}t}=10$ V；$1\leqslant t\leqslant 2$ s 时，$u_{CD}=M\dfrac{\mathrm{d}(-10t+20)}{\mathrm{d}t}=-10$ V；$t\geqslant 2$ s

　　　 时，$u_{CD}=0$ V。

7-4 $M=0.1$ H，$L_1=L_2=0.2$ H

7-5   两线圈在顺接串联时的谐振角频率为 $\omega_0=1000$ rad/s，两线圈在反接串联时的谐振角
　　　 频率为 $\omega_0'=2236$ rad/s。

7-6 $L_{ab}=\left(3-\dfrac{1^2}{2}\right)$ H $=2.5$ H

7-7 $Z=(66+\mathrm{j}112)$ Ω $=130\;\underline{/59.5°}$ Ω，$\dot{I}_1=0.77\;\underline{/-59.5°}$ A，$\dot{I}_2=0.688\;\underline{/-86.1°}$ A

7-8 $\dot{I}_1=0$ A，$\dot{U}_2=32\;\underline{/0°}$ V

7-9 $\dot{I}_1=2.25\;\underline{/0°}$ A，$\dot{U}_2=57.5\;\underline{/0°}$ V，$P_L=25.4$ W

7-10 $\dot{U}_C=1.88\;\underline{/-131.2°}$ V

7-11   由 $\dfrac{1\;Ω}{n^2}=10^4$ 得 $n=0.01$，$\dot{U}_1=(100\;\underline{/0°}\times0.5)$ V $=50\;\underline{/0°}$ V，

　　　 $\dot{U}_2=\dot{U}_1\times n=(50\;\underline{/0°}\times0.01)$ V $=0.5\;\underline{/0°}$ V，$P=\dfrac{U_2^2}{1\;Ω}=0.25$ W

7-12 $\dot{I}=2\;\underline{/0°}$ A

7-13   （1）$Z=\begin{bmatrix}1 & 1\\0.5 & 1.5\end{bmatrix}$，（2）$Y=\begin{bmatrix}1.5 & -1\\-0.5 & 1\end{bmatrix}$，（3）$T=\begin{bmatrix}2 & 2\\2 & 3\end{bmatrix}$，（4）$H=\begin{bmatrix}\dfrac{2}{3} & \dfrac{2}{3}\\[2mm]-\dfrac{1}{3} & \dfrac{2}{3}\end{bmatrix}$

7-14　$R_1 = 5\ \Omega, R_2 = 5\ \Omega, R_3 = 5\ \Omega, r = 3\ \Omega$

习题 8

8-1　$i_1(0_+) = -1.2\ \text{A}, i_2(0_+) = 0.8\ \text{A}, i_3(0_+) = -2\ \text{A}$

8-2　$u_{L1}(0_+) = 0\ \text{V}, u_{L2}(0_+) = 2\ \text{V}$

8-3　$u_C(0_+) = 4\ \text{V}, i_C(0_+) = -1\ \text{A}, u_L(0_+) = -4\ \text{V}, i_L(0_+) = 2\ \text{A}$

8-4　$u(0_+) = 4\ \text{V}, i(0_+) = \dfrac{2}{3}\ \text{A}$

8-5　$u_C(0_+) = 0, i_C(0_+) = 2\ \text{A}, u_L(0_+) = -4\ \text{V}, i_L(0_+) = 3\ \text{A}, i_1(0_+) = 1\ \text{A}$

8-6　$u_C(0_+) = 8\ \text{V}, i_L(0_+) = 0\ \text{A}, u_L(0_+) = 4\ \text{V}, i_C(0_+) = 0\ \text{A}$

8-7　$u_C(t) = 6\mathrm{e}^{-5t}\ \text{V}, i(t) = (3 + 6\mathrm{e}^{-5t})\ \text{A}$

8-8　$i_L(t) = \dfrac{1}{4}\mathrm{e}^{-4.5t}\ \text{A}, u(t) = -\dfrac{3}{2}\mathrm{e}^{-4.5t}\ \text{V}$

8-9　$i(t) = -6\mathrm{e}^{-4\times10^3 t}\ \text{mA}$

8-10　$i(t) = \dfrac{1}{6}(1 - \mathrm{e}^{-12t})\ \text{A}$

8-11　$u(t) = (4 - 4\mathrm{e}^{-t} + 12\mathrm{e}^{-3t})\ \text{V}$

8-12　$u_C(t) = 6(1 - \mathrm{e}^{-\frac{1}{1.75}t})\ \text{V}, i_C(t) = \dfrac{12}{7}\mathrm{e}^{-\frac{1}{1.75}t}\ \text{A}$

8-14　(a) $\varepsilon(t-1) + \varepsilon(t-2) - 3\varepsilon(t-3) + \varepsilon(t-4)$,

　　　(b) $\dfrac{A}{2}[\varepsilon(t) - \varepsilon(t-2)] + \left(-\dfrac{A}{4}t + \dfrac{3}{2}A\right)[\varepsilon(t-2) - \varepsilon(t-6)]$

8-15　$u_C(t) = 6(1 - \mathrm{e}^{-t})\varepsilon(t)\ \text{V}, i_C(t) = 3\mathrm{e}^{-t}\varepsilon(t)\ \text{A}$

8-16　$i_L(t) = [\varepsilon(-t) + (-2.5 + 3.5\mathrm{e}^{-100t})\varepsilon(t)]\ \text{A}$

8-17　$i_L(t) = \left(\dfrac{1}{3} + \dfrac{1}{6}\mathrm{e}^{-2t}\right)\ \text{A}$

8-18　$u_C(t) = (12 - 20\mathrm{e}^{-t})\ \text{V}$

8-19　$u_C(t) = (7 + \mathrm{e}^{-10t})\ \text{V}, i(t) = (1.5 - 0.5\mathrm{e}^{-10t})\ \text{A}$

8-20　$i_L(t) = (1.5 - 2.25\mathrm{e}^{-200t})\ \text{A}, i_1(t) = (2.25 - 1.125\mathrm{e}^{-200t})\ \text{A}$

8-21　$u_C(t) = 4\mathrm{e}^{-2t}\ \text{V}, i(t) = 0.04\mathrm{e}^{-2t}\ \text{mA}$

8-22　$i_L(t) = 0.5(1 - \mathrm{e}^{-10t})\ \text{A}\ (0.1\ \text{s} \geqslant t \geqslant 0), i_L(t) = 0.316\mathrm{e}^{-15(t-0.1)}\ \text{A}\ (t \geqslant 0.1\ \text{s})$

8-23　$i_L(t) = (1 + \mathrm{e}^{-5t})\ \text{A}, u_L(t) = -20\mathrm{e}^{-5t}\ \text{V}$

8-24　$i(t) = 185.2\mathrm{e}^{-\frac{t}{\tau}}\ \text{A}, u(t) = -926\mathrm{e}^{-\frac{t}{\tau}}\ \text{kV}$

8-25 $i_L(t) = (15-10e^{-500t})$ mA

8-26 $u(t) = (12-2e^{-10t})$ V

8-27 $u_C(t) = (5-2.5e^{-t})$ V, $i_L(t) = (1+0.25e^{-5t})$ A

8-28 $u_C(t) = (-4+5e^{-t})$ V, $i_C = -5e^{-t}$ A, $i_L(t) = 2.5(1-e^{-0.3t})$ A

中英文名词对照

B

并联	parallel connection

C

参考方向	reference direction
参考点	reference point
差分输入电压	differential input voltage
超前	lead
初相位	initial phase
串联	series connection

D

单口网络	one-port network
单相电路	single-phase circuit
单相电压	single-phase voltage
单位阶跃函数	unit-step function
电路	electric circuit
电路模型	circuit model
电阻	resistor
电流	current
电容	capacitor
电源	source
电压	voltage
电流控制电压源	current controlled voltage source, CCVS
电流控制电流源	current controlled current source, CCCS
电压控制电压源	voltage controlled voltage source, VCVS
电压控制电流源	voltage controlled current source, VCCS

电能量	electric energy
电位	potential
电压跟随器	voltage follower
电感	inductance
独立源	independent source
戴维宁等效电路	Thevenin's equivalent circuit
戴维宁定理	Thevenin's theorem
等效变换	equivalent transformation
等效电阻	equivalent resistance
等效网络	equivalent network
叠加定理	superposition theorem
等效阻抗	equivalent impedance
等效导纳	equivalent admittance
导纳	admittance
低通滤波电路	low-pass filter circuit
定子	stator
动态元件	dynamic element
动态电路	dynamic circuit
对偶电路	dual circuit
对称三相电源	symmetrical three-phase source
对称三相负载	symmetrical three-phase load
对称三相电路	symmetrical three-phase circuit

E

二端网络	two terminal network
二阶电路	second order circuit

F

反相输入端	inverting input terminal
方均根值	root-mean-square value, RMS
非线性	nonlinear
分流公式	current-divider equation
分压公式	voltage-divider equation
复功率	complex power
反相	phase inversion

负序	negative sequence
幅频特性	magnitude-frequency characteristic
伏安关系	voltage-current relation，VCR
非振荡	nonoscillatory
负载	load

G

功率	power
关联参考方向	associated reference direction
广义节点	generalized node
功率因数	power factor，PF
功率因数角	power factor angle
共轭匹配	conjugate match
功率表	power meter
感抗	inductive reactance
高通电路	high-pass filter circuit
过阻尼	overdamped

H

| 回路 | loop |
| 换路 | switching |

J

基尔霍夫电流定律	Kirchhoff's current law，KCL
基尔霍夫电压定律	Kirchhoff's voltage law，KVL
激励	excitation
集中参数电路	lumped parameter circuit
角频率	angular frequency
节点	node
节点电压法	node-analysis method
节点电压	node voltage

K

| 可加性 | additivity |

L

理想电路元件	ideal circuit element
理想电流源	ideal current source
理想电压源	ideal voltage source
临界阻尼	critically damping
零输入响应	zero-input response
零状态响应	zero-state response

M

模	modulus

N

诺顿等效电路	Norton's equivalent circuits
诺顿定理	Norton's theorem

P

平均功率	average power
频率	frequency
频率特性	frequency characteristic
频率响应	frequency response
品质因数	quality factor

Q

齐次性	homogeneity
强制分量	forced component
欠阻尼	underdamped
全响应	complete response

R

容抗	capacitive reactance

S

三角形(Δ形)联结	Δinterconnection
三相电压	three-phase voltage

三相电路	three-phase circuit
三相四线制	three-phase four-wire system
三相三线制	three-phase three -wire system
视在功率	apparent power
实部	real part
时变	timevarying
受控源	controlled source
瞬时值	instantaneous value
瞬时功率	instantaneous power
输出端	output terminal
输入阻抗	input impedance

T

替代定理	substitution theorem
同相输入端	noninverting input terminal
同相	in phase

W

网络	network
网孔	mesh
网孔电流法	mesh-analysis method
网孔电流	mesh current
网络函数	network function
无功功率	reactive power
无阻尼	undamped

X

线性	linear
线性元件	linear element
线性电路	linear circuit
星形(Y 形)联结	Y interconnection
响应	response
相位差	phase difference
相量	phasor
相量图	phasor diagram

相量模型	phasor model
相序	phase sequence
相线	phase line
相电压	phase voltage
线电压	line voltage
线电流	line current
相电流	phase current
相频特性	phase-frequency characteristic
谐振电路	resonance circuit
谐振曲线	resonance curve
虚部	imaginary part

Y

一阶电路	first order circuit
忆阻元件	memristor
忆阻	memristance
忆导	memductance
有源单口网络	active one-port network
有效值	effective value
有效值相量	effective value phasor
有功功率	active power
运算放大器	operational amplifier

Z

暂态分量	transient component
振幅	amplitude
正交	phase quadrature
正弦稳态电路	sinusoidal steady-state circuit
正弦量	sinusoid
正序	positive sequence
支路	branch
支路电流法	branch current method
支路电压法	branch voltage method
滞后	lag
中性点	neutral point

中性线	neutral line
周期	period
转子	rotor
阻抗	impedance
阻抗角	impedance angle
最大功率传输定理	maximum power transfer theorem

参 考 文 献

[1]　李翰荪.电路分析基础[M].4 版.北京:高等教育出版社,2006.

[2]　邱关源,罗先觉.电路[M].5 版.北京:高等教育出版社,2006.

[3]　孙雨耕.电路基础理论[M].北京:高等教育出版社,2011.

[4]　J. W. Nilsson, S. A. Riedel. Electric Circuits[M]. 9th ed. 周玉坤等译.北京:电子工业出版社,2012.

[5]　陈娟.电路分析基础[M].北京:高等教育出版社,2010.

[6]　W. H. Hayt, J. E. Kemmerly, S. M. Durbin. Engeneering Circuit Analysis[M]. 7th ed. 周玲玲,蒋乐天等译.北京:电子工业出版社,2011.

[7]　陈洪亮,田社平,吴雪等.电路分析基础[M].北京:清华大学出版社,2009.

[8]　贺洪江,王振涛.电路基础[M].2 版.北京:高等教育出版社,2011.

[9]　沈元隆,刘陈.电路分析(修订本)[M].北京:人民邮电出版社,2004.

[10]　金波.电路分析.北京:高等教育出版社,2011.

[11]　江辑光,刘秀成等.电路原理[M].北京:清华大学出版社,2007.

[12]　于歆杰,朱桂萍等.电路原理[M].北京:清华大学出版社,2007.

[13]　龚余才.电路理论基础[M].北京:清华大学出版社,2007.

[14]　岩泽孝治,中村征寿.电工电路[M].李福寿译.北京:科学出版社,2009.

[15]　王慧玲.电路基础[M].2 版.北京:高等教育出版社,2007.

[16]　孙宪君.工程电路分析[M].南京:东南大学出版社,2007.

[17]　秦曾煌.电工学(上册)[M].7 版.北京:高等教育出版社,2009.

[18]　邹玲,罗明.电路理论[M].2 版.武汉:华中科技大学出版社,2009.

[19]　包伯成.混沌电路导论[M].北京:科学出版社,2013.